石油和化工行业"十四五"规划教材

工业分析化学实验

Industrial Analytical Chemistry Experiments

第三版

刘淑娟　罗明标　张　燮　主编

化学工业出版社

·北京·

内容简介

《工业分析化学实验》（第三版）共6章，系统介绍了水质分析、金属材料分析、岩石矿物土壤及工业原料分析、化工产品分析、食品分析等内容。全书涵盖重量法、滴定法、分光光度法、荧光光谱法、红外光谱法、原子吸收光谱法、发射光谱法、色谱法、电化学分析法、质谱法等现代分析技术实验项目。本次修订在延续前版科学性和系统性的基础上，新增10个关键实验操作视频（通过二维码嵌入），以强化对直观教学与自主学习的支持；增设7个综合探究，涉及钢铁、食品、环境等实际应用场景，旨在提升学生分析问题和解决问题的能力。

本书结构清晰、实用性强，可作为高等学校化学、化工、食品、商检等相关专业本科生实验课教材，也可供相关领域技术人员参考。

图书在版编目（CIP）数据

工业分析化学实验 / 刘淑娟，罗明标，张燮主编. 3版. -- 北京：化学工业出版社，2025. 12. --（石油和化工行业“十四五”规划教材）. -- ISBN 978-7-122-49615-7

Ⅰ. TB4－33

中国国家版本馆CIP数据核字第2025GF7728号

责任编辑：马泽林　杜进祥　　装帧设计：刘丽华
责任校对：宋　玮

出版发行：化学工业出版社
（北京市东城区青年湖南街13号　邮政编码100011）
印　　装：北京科印技术咨询服务有限公司数码印刷分部
787mm×1092mm　1/16　印张12　字数307千字
2026年3月北京第3版第1次印刷

购书咨询：010-64518888　售后服务：010-64518899
网　　址：http://www.cip.com.cn
凡购买本书，如有缺损质量问题，本社销售中心负责调换。

定　　价：36.00元　

前言

《工业分析化学实验》自 2007 年 5 月首次出版以来，经过多次印刷和修订，一直是我校应用化学专业的必修课教材，深受师生好评，并被国内多所高校选作教材或参考书。第二版教材在保持第一版编写体系的基础上，结合工业分析技术的新发展和教学需求，对内容进行了全面更新与优化。随着教育理念的进步和工业分析技术的革新，为进一步提升教材的实用性和教学效果，编者启动了第二版修订工作。本次修订在延续前两版优点的基础上，重点从以下几个方面进行了改进和完善：

为帮助学生更直观地掌握实验操作步骤，本次修订新增了十个实验操作视频。这些视频详细展示了实验的关键操作流程，能够有效避免因文字描述不足导致的操作失误。视频以二维码形式嵌入教材相应位置，学生扫码即可观看，既方便课前预习，又利于课后复习。

为培养学生的综合分析能力和实践应用能力，本次修订在每章结尾新增了综合探究内容，共 7 个案例，涵盖钢铁成分分析、食品检测、环境监测等多个领域。其中，第四章新增 2 个综合探究，其他章节各新增 1 个。这些案例紧密结合实际工业分析场景，旨在提高学生将理论知识转化为解决实际问题的能力。同时，在综合探究内容后以二维码形式提供参考答案，方便学生随时对照学习，及时查漏补缺。

为平衡高效检测与基础技能训练，本次修订重新引入盐酸萘乙二胺法测定亚硝酸盐，与快速检测技术并列呈现。该方法系统涵盖显色反应机理、标准曲线绘制及误差分析等关键环节，通过完整实验流程帮助学生夯实基础操作与理论根基。二者互补，既保留现代检测的高效优势，又强化学生对核心原理的深入理解。

本教材第一、三章由张夔编写，第二章由彭雪娇编写，第四章由刘淑娟编写，第五、六章由牛建国编写。教学团队成员林海禄协助完成实验操作视频拍摄工作，王丽和罗建强参与了习题的修订和增补工作，全书由刘淑娟、罗明标、张夔统稿。在修订过程中，得到了东华理工大学重点教材建设项目、江西省一流学科（化学）和国家级一流本科专业（应用化学）建设经费的资助，同时参考了同行专家相关书籍、期刊和标准方法等资料，在此一并致以诚挚的感谢。

限于编者水平，书中仍可能存在未及发现的瑕疵，恳请广大读者与同行不吝指正，以使本教材在持续打磨中愈加完善。

编者

2025 年 7 月于东华理工大学

第一版前言

《工业分析化学实验》是理论课《工业分析化学》的配套实验教材，也是我校应用化学专业的工业分析方向和进出口商品检验方向的必修课（专业实验）教材。

本教材的编写原则：（1）作为实验课教材，要有其科学性、系统性和实际可操作性；（2）既要考虑实验内容的广泛性、实际操作能力的训练多样性，循序渐进，做好素质教育和技能培养，又要考虑设计、开发能力的训练。重点放在化学分析技能训练和分析与解决问题能力的培养上。

本教材内容选择与编排上考虑到不同行业工业分析的不同对象编排了六章。第一章绪论，介绍专业实验的目的要求及它与本专业开设的其他课的关系；工业分析化学实验的基础知识和安全知识。第二章水质分析，选择天然水、饮用矿泉水、用水与污水中主要常见组分测定方法，共16个实验。第三章金属材料分析，安排了钢铁分析和铝及铝合金分析实验14个。第四章岩石矿物、土壤、工业原料分析，安排了常见组分和铀、钍、稀土、金等微量组分分析，共21个实验。第五章化工产品分析，安排了无机和有机化工产品检验中10个项目的12个实验。第六章食品分析，安排了13个实验。全书所选编的76个实验，涵盖了重量法、滴定法、分光光度法、荧光光度法、红外吸收法、火焰光度法、原子吸收分光光度法、薄层色谱法、高效液相色谱法、等离子体发射光谱法、电化学分析法等。在教学内容安排上，实验可分为三部分，第一部分为工业分析方向和商品检验方向的必做实验；第二部分为不同专业方向的选做实验；第三部分为综合实验和设计性实验的参考内容。这样编排虽然篇幅大了些，但为不同行业的相关专业选用本教材提供了条件。

本教材第一、三章由张燮编写，第二章由彭雪娇编写，第四章由刘淑娟编写，第五、六章由牛建国编写。全书由张燮统稿，罗明标审校。

由于编者水平所限，书中不妥之处，望读者批评指正。

编者
2007年2月于东华理工大学

目录

第五章　化工产品分析　130

第六章　食品分析　150

第一章　绪　　论

第一节　导　　言

“工业分析化学实验”是一门实践性专业课程，是和专业理论课密切联系、加深对理论课的理解和掌握，完成专业培养计划对学生的素质教育和专业技能训练必不可少的教学环节。为此，每一位学生都必须明确专业实验的目的和要求，了解本课程与其他课程之间的联系，认真按要求做好每一次实验。

一、专业实验与本专业开设的其他课程的关系

工业分析化学实验作为一门实践性强的专业课程，首先与专业理论课“工业分析”、“商品检验概论”、“环境监测”有着十分密切的联系。专业理论课是专业实验的理论基础。因此在学习专业实验课的过程中一定要不断学习专业理论课知识，并用它来指导实验，分析与解决实验过程中遇到的各种现象与问题。

同时，专业实验是建立在无机化学实验、有机化学实验、分析化学实验等基础课和专业基础课实验基础上。要充分运用基础化学和仪器分析实验中学到的知识和技能来解决专业实验中的问题。

专业实验是本专业实验课教学中最后一门综合性的实验课，其内容安排包括指定实验、选做实验和设计性实验等，要通过实验综合培养学生各种操作技能和严谨的实事求是作风，学会应用理论知识解决实际问题的方法，提高分析与解决问题的能力，为生产实习、毕业实习、毕业论文及将来工作打下良好的基础。

因此，专业实验在本专业实践性教学环节和专业能力培养中具有承前启后的作用。

二、专业实验的目的和要求

工业分析和商品检验两个方向的专业实验内容，包括水质分析、金属材料分析、岩矿分析、化工产品分析和食品分析等。要求学生通过本课程的学习，了解工业分析和商品检验的全过程及其特点，熟悉样品的采集、制备和预处理的主要方法，熟练掌握干法和湿法分解样品方法，沉淀分离、溶剂萃取、柱色谱分离等分离富集方法以及有关项目测定方法的原理和实验技术；培养熟练的分析化学操作技能和严谨的工作作风；学习分析问题和解决问题的方法。

为了上好每一堂实验课，使实验达到预期目的，要求每个学生必须遵守以下要求。

① 实验前，必须认真预习实验教材，理解实验原理，理解并熟悉操作步骤，找出实验关键，了解每种试剂与操作的作用，熟悉仪器原理和操作方法，了解所用器皿的性质及其使用注意事项，写出预习报告。

预习报告内容：实验原理、简要操作步骤、主要试剂及其配制方法，并完成教师布置的预习作业题。

对于设计性实验，学生必须按教师提出的要求，广泛查阅资料，并将资料加以整理分析

后，提出自己的实验方案提纲，经教师审查批准后，写出具体实验操作方案作为预习报告。

② 实验过程中，要做好实验工作安排，尽可能使分析流程设计及工作安排合理化、做到紧张而不忙乱，快而准；要细心操作、仔细观察，善于发现和解决实验中出现的各种现象和问题，并及时作出必要的记录（注意：必须有专门的原始记录本，或与预习报告合为一本，不能使用零星纸张）；要正确操作仪器，如实地、正确地读取和记录实验数据（实验过程中对已记下的实验数据要纠正、修改时，要在原数据上划一道线，将改正结果写在旁边）；要尊重指导教师的指导，遵守实验操作规程和实验室规章制度；注意做好器皿清洗工作和保持台面整洁；注意节约试剂和用水；保持实验室整洁、安静；切实注意安全。

③ 实验后，要及时处理实验数据，认真总结实验成果并按要求撰写出实验报告。

在数据处理中，要按规范取舍实验数据和对数字进行运算及修约；要用图或表直观表述的，既要写出原始数据，又要按要求制作出规范化的图或表。

实验报告的内容及要求是：简明扼要地写出实验方法提要，写出实验数据处理方法及结果，大胆讨论实验中的问题和解释实验过程中遇到的重要的正常与异常现象，并对实验课教学提出意见和建议。

三、教材中使用的有关名词术语

本教材中每个实验的内容分为方法原理（原理或方法提要）、仪器试剂、分析步骤（操作步骤、操作手续）、结果计算、附注（注释、讨论）、思考题六部分。

方法原理和方法提要是相近而又不同的两个概念。方法原理一般是指分析方法的测定部分的基本原理，包括重要化学反应式及结构式、关键的实验条件等，可以不包括试样分解、分离富集原理。而方法提要是分析方法的全过程的摘要描述，可以定性描述原理，不写化学反应式。本教材编写中两者均用，未统一，目的在于让学生理解两者的含义。

仪器试剂部分，仪器只列出大型仪器或特殊仪器，普通仪器（天平、分光光度计等）和玻璃仪器一般不列出，以节省篇幅。化学试剂则全部列出，并写明标准溶液和主要试剂配制方法。

分析步骤（操作手续、操作步骤）是实验过程必须严格遵守的实验程序，光度分析方法还附有工作曲线绘制步骤。这里要特别强调的是工作曲线（校准曲线、校正曲线）和标准曲线的相近与区别。相似的是两者均为吸光度对浓度的曲线；不同的是标准曲线是按测定部分（不包括试样分解、分离富集等预处理）操作制得，而工作曲线制作过程与试样分析全过程操作一致（包括试样分解、分离富集等预处理过程）。工业分析实验使用的是工作曲线。

结果计算有的列出计算公式，有的未列出计算公式（较简单的由学生自行确定计算公式），一般不写出计算公式的由来。结果表示形式，对固体试样一般用质量分数（即质量百分含量）表示，固体试样中微量组分用 μg/g 表示；气体和液体试样用浓度表示，即 g/L 或 mg/L。教材中结果计算有的单列一项，有的附在分析步骤后。

附注（或称注释、讨论）是对本实验方法中基本原理或操作中某些环节作进一步的解释或说明，以帮助学生理解和掌握实验方法。

思考题是学生预习实验教材、准备实验必须理解和把握的重要问题，也可以作为预习的作业题。

实验教材所涉及的其他术语如下。

① 岩石、矿物、土壤等无机固体非金属试样，除特殊规定外，均应在称样前于 105～110℃烘干，称样精确到小数点后第四位。

② 分析试剂。除特殊注明者外，一般为“二级试剂”（分析纯）。配制标准溶液一般为

"一级试剂"（优级纯），特殊的用基准试剂或色谱纯或光谱纯试剂。

③ 分析用水，除特殊注明外，均为一次蒸馏水，或离子交换水。

④ 标准溶液标定至少平行 4 份，相对误差不大于 0.3%。

⑤ 分析方法中未注明浓度的常用试剂，均为出厂的原始浓度。

⑥ 分析方法中所用的溶液，除特别指明某种溶剂外，均为水溶液。比例溶液是用容量比浓度表示的溶液，即液体试剂相互混合或用溶剂（大多为水）稀释时的表示方法。如任何一种液体溶剂的体积（前项）与水的体积（后项）之比。

⑦ 重量法中"称至恒重"表示前后两次称量之差不超过±0.2mg。

⑧ 方法中"空白试验"是指与试样同时进行的试验，除不含分析试样外，所采用的分析手续、试剂用量与试样完全一致。

第二节　工业分析实验室基础知识

一、玻璃仪器

（一）仪器玻璃

实验室中大量使用玻璃仪器，是因为玻璃具有一系列可贵的性质，如它有很高的化学稳定性、热稳定性，有很好的透明度、一定的机械强度和良好的绝缘性能等。玻璃原料来源方便，并可以用多种方法按需要制成各种不同形状的产品。用于制作玻璃仪器的玻璃称为"仪器玻璃"，用改变玻璃化学组成的方法可以制作出适应各种不同要求的仪器玻璃。

玻璃的化学成分主要是 SiO_2、CaO、Na_2O、K_2O。引入 B_2O_3、Al_2O_3、ZnO、BaO 等可使玻璃具有不同的性质和用途。表 1-1 列出了各种仪器玻璃的化学组成、性质及用途。

从表 1-1 中可以看出，特硬玻璃和硬质玻璃含 SiO_2 和 B_2O_3 较高，均属于高硼硅酸盐玻璃一类。它们具有较高的热稳定性，在化学稳定性方面耐酸、耐水性能好，耐碱性能稍差。一般仪器玻璃和量器玻璃为软质玻璃，其热稳定性及耐腐蚀性稍差。

表 1-1　仪器玻璃的化学组成、性质及用途

玻璃名称	通称	化学组成(质量分数)/%						线胀系数	耐热(急变)温差/℃	软化点/℃	主要用途
		SiO_2	Al_2O_3	B_2O_3	$R_2O(Na_2O,K_2O)$	CaO	ZnO				
特硬玻璃	特硬料	80.7	2.1	12.8	3.8	0.6	—	32×10^{-7}	≥270	820	制作烧器类耐热产品
硬质玻璃	九五料	79.1	2.1	12.5	5.7	0.6	—	$(41\sim42)\times10^{-7}$	≥220	770	制作烧器类及各种玻璃
一般仪器玻璃	管料	74	4.5	4.5	12	3.3	1.7	71×10^{-7}	≥140	750	制作滴管、吸管及培养皿等
量器玻璃	白料	73	5	4.5	13.2	3.8	0.5	73×10^{-7}	≥120	740	制作量器等

玻璃的化学稳定性较好，但并不是绝对不受侵蚀，而是其受侵蚀的程度符合一定的标准。因玻璃被侵蚀而有痕量离子进入溶液中，与玻璃表面吸附溶液中的待测离子反应，是微量分析要注意的问题。氢氟酸能很强烈地腐蚀玻璃，故不能用玻璃仪器进行含有氢氟酸的实验。碱液特别是浓的或热的碱液对玻璃有明显腐蚀。储存碱液的玻璃仪器如果是磨口仪器，

还会使磨口粘在一起无法打开。因此，玻璃容器不能长时间存放碱液。

石英玻璃属于特种仪器玻璃，其理化性能与玻璃有同有异，它具有极其优良的化学稳定性和热稳定性，但价格较贵。石英制品在实验室中也占有重要的地位，将在后面讲述。

（二）常用玻璃仪器

实验室所用到的玻璃仪器种类很多，不同专业的实验室还会用到一些特殊的玻璃仪器，这里主要介绍一般通用的玻璃仪器及一些磨口玻璃仪器的知识。常用玻璃仪器的名称、规格和用途见表 1-2。

表 1-2 常用玻璃仪器的名称、规格和用途

名 称	规 格	主要用途	使用注意
(1)烧杯	容量/mL：10、15、25、50、100、250、400、500、600、1000、2000	配制溶液、溶样等	加热时应置于石棉网上，使其受热均匀，一般不可烧干
(2)锥形瓶(三角烧瓶)	容量/mL：50、100、250、500、1000	加热处理试样和容量分析滴定	除有与烧杯相同的要求外，磨口锥形瓶加热时要打开塞，非标准磨口要保持原配塞
(3)碘量瓶	容量/mL：50、100、250、500、1000	碘量法或其他生成挥发性物质的定量分析	同锥形瓶
(4)圆(平)底烧瓶	容量/mL：250、500、1000；可配橡皮塞：5～6、6～7、8～9	加热及蒸馏液体；平底烧瓶又可自制洗瓶	一般避免直接火焰加热，隔石棉网或各种热套加热浴加热
(5)圆底蒸馏烧瓶	容量/mL：30、60、125、250、500、1000	蒸馏，也可作少量气体发生器	同圆底烧瓶
(6)凯氏烧瓶	容量/mL：50、100、300、500	消解有机物质	置石棉网上加热，瓶口方向勿对向自己及他人
(7)洗瓶	容量/mL：250、500、1000	装纯水洗涤仪器或装洗涤液洗涤仪器及沉淀	玻璃制的带磨口塞；也可用锥形瓶自己装配；可置石棉网上加热
(8)量筒	容量/mL：5、10、25、50、100、250、500、1000、2000；量出式、量入式	粗略地量取一定体积的液体	沿壁加入或倒出溶液，不能加热
(9)量杯			
(10)容量瓶	容量/mL：5、10、25、50、100、250、500、1000、2000；量入式；无色，棕色	配制标准溶液	不能在其内直接配制溶液，不能用于量取含氟化物的溶液
(11)滴定管	容量/mL：5、10、25、50、100 无色、棕色；量出式 酸式、碱式（或聚四氟乙烯活塞）	容量分析滴定操作	活塞要原配；漏水的不能使用；不能加热；碱管不能长期存入碱液，不能放与橡皮作用的标准溶液
(12)座式滴定管、微量滴定管	容量/mL：1、2、5、10；量出式	微量或半微量分析滴定操作	只有活塞式，其余注意事项同滴定管
(13)自动滴定管	滴定管容量 25mL；储液瓶容量 1000mL；量出式	自动滴定，可用于滴定液需隔绝空气的操作	除有与一般滴定管相同的要求外，注意成套保存，要配打气用双连球
(14)移液管（标线吸量管）	容量/mL：1、2、5、10、15、20、25、50、100；量出式	准确地移取一定量的液体	不能加热或量取热溶液；不能用于含氟化物溶液的量取
(15)刻度吸量管	容量/mL：0.1、0.2、0.25、0.5、1、2、5、10、25、50；完全流出式，不完全流出式	准确地移取各种不同量的液体	同移液管

续表

名　称	规　格	主要用途	使用注意
(16)称量瓶	扁形： 容量/mL　瓶高/mm　直径/mm 10　25　35 15　25　40 30　30　50 … 高形： 10　40　25 20　50　30	扁形用作测定水分或在烘箱中烘干基准物；高形用于称量基准物、样品	不可盖紧磨口塞烘烤，磨口塞要原配
(17)试剂瓶、细口瓶、广口瓶、下口瓶	容量/mL：30、60、125、250、500、1000、2000、10000、20000 无色、棕色	细口瓶用于存放液体试剂；广口瓶用于装固体试剂；棕色瓶用于存放见光易分解的试剂	不能加热；不能在瓶内配制在操作过程放出大量热量的溶液；磨口塞要保持原配；不要长期存放碱性溶液，存放时应使用橡皮塞
(18)滴瓶	容量/mL：30、60、125 无色、棕色	装需滴加的试剂	同试剂瓶
(19)漏斗	长颈：口径/mm 50、60、75；管长/mm 150 短颈：口径/mm50、60；管长/mm 90、120，锥体均为60°	长颈漏斗用于定量分析，过滤沉淀；短颈漏斗用作一般过滤	不可直接用火加热
(20)分液漏斗	容量/mL：50、100、250、500、1000 玻璃活塞或聚四氟乙烯活塞	分开两种互不相溶的液体；用于萃取分离和富集；制备反应中加液体（多用球形及滴液漏斗）	磨口旋塞必须原配，漏水的漏斗不能使用；不可加热
(21)试管、普通试管、离心试管	容量/mL：试管 10、20；离心试管 5、10、15；带刻度、不带刻度	硬质试管用于试管反应；离心试管可在离心机中借离心作用分离溶液和沉淀	硬质玻璃制成的试管可直接用火焰加热，但不能骤冷；离心管只能水浴加热
(22)比色管	容量/mL：10、25、50、100；带刻度、不带刻度；具塞、不具塞	目视比色、光度分析	不可直接用火加热，非标准磨口塞必须原配；注意保持管壁透明，不可用去污粉刷洗，以免磨伤透光面
(23)吸收管	全长/mm：173、233；多孔滤板吸收管 185，波片 1#	吸收气体样品中的被测物质	通过气体的流速要适当；两只串联使用；磨口塞要原配；不可直接用火加热；多孔滤板吸收管吸收效率较高，可单只使用
(24)冷凝管	全长/mm：320、370、490 直形、球形、蛇形、空气冷凝管	用于冷却蒸馏出的液体，蛇形管用于冷凝低沸点液体蒸气，空气冷凝管用于冷凝沸点低于150℃的液体	不可骤冷骤热；注意从下口进冷却水，上口出水
(25)抽气管	伽氏、艾氏、改良式	上端接自来水龙头，侧端接抽滤瓶，射水造成负压，抽滤	不同样式甚至同型号产品抽力不一样，选用抽力大的
(26)抽滤瓶	容量/mL：250、500、1000、2000	抽滤时接收滤液	属于厚壁容器，能耐负压；不可加热
(27)表面皿	直径/mm：45、60、75、90、100、120	盖烧杯及漏斗等	不可直接用火加热，直径要略大于所盖容器

续表

名　称	规　格	主要用途	使用注意
(28)研钵	厚料制成；内底及杆均匀磨砂 直径/mm：70、90、105	研磨固体试剂及试样等用；不能研磨与玻璃作用的物质	不能撞击；不能烘烤
(29)干燥器	直径/mm：150、180、210 无色、棕色	保持烘干或灼烧过的物质的干燥；也可干燥少量样品	底部放变色硅胶或其他干燥剂，盖磨口处涂适量凡士林；不可将红热的物体放入，放入热的物体后要时时开盖，以免盖子跳起
(30)蒸馏水蒸馏器	烧瓶容量/mL：500、1000、2000	制取蒸馏水	防止暴沸(加素瓷片)；要隔石棉网用火焰均匀加热或用电热套加热
(31)砂芯玻璃漏斗(细菌漏斗)	容量/mL：35、60、140、500 滤板 1# ～6#	过滤	必须抽滤；不能骤冷骤热；不能过滤氢氟酸、碱等；用毕立即洗净
(32)砂芯玻璃坩埚	容量/mL：10、15、30 滤板：1# ～6#	重量分析中烘干需称量的沉淀	同砂芯玻璃漏斗
(33)标准磨口组合仪器	磨口表示方法：上口内径/磨面长度，单位为 mm 长颈系列：ϕ10/19、ϕ14.5/23、ϕ19/26、ϕ24/29、ϕ29/32…	有机化学及有机半微量分析中制备及分离	磨口处无须涂润滑剂；安装时不可受歪斜压力；要按所需装置配齐购置

（三）玻璃仪器的洗涤方法

在分析工作中，洗净玻璃器皿不仅是一个实验前必须做的准备工作，也是一项技术性的工作。仪器洗涤是否符合要求，对分析结果的准确度和精密度均有影响。不同分析工作（如工业分析、一般化学分析、微量分析等）有不同的仪器洗净的要求。

1. 洗涤仪器的一般步骤

(1) 水刷洗　准备一些用于洗涤各种形状仪器的毛刷，如试管刷、烧杯刷、瓶刷等。首先用毛刷蘸水刷洗仪器，用水冲去可溶性物质及刷去表面黏附的灰尘。

(2) 用低泡沫洗涤液刷洗　用低泡沫洗涤液和水摇动，必要时可加入滤纸碎块，或用毛刷刷洗，温热的洗涤液去油能力更强，必要时可短时间浸泡。去污粉因含有细砂等固体摩擦物，有损玻璃，一般不要使用。冲净洗涤剂，再用自来水洗 3 遍。

将滴管、吸量管、小试管等仪器浸于温热的洗涤剂水溶液中，在超声波清洗机液槽中洗数分钟，洗涤效果更佳。

洗净的仪器倒置时，水流出后器壁应不挂水珠。至此再用少量纯水涮洗仪器 3 次，洗去自来水带来的杂质，即可使用。

2. 各种洗涤液的使用

针对仪器沾污物的性质，采用不同洗涤液通过化学或物理作用能有效地洗净仪器。几种常用的洗涤液见表 1-3。要注意在使用各种性质不同的洗液时，一定要把上一种洗涤液除净后再用另一种，以免相互作用，生成的产物更难洗净。

洗涤液的使用要考虑能有效地除去污染物，不引进新的干扰物质（特别是微量分析），又不应腐蚀器皿。强碱性洗液不应在玻璃器皿中停留超过 20min，以免腐蚀玻璃。

铬酸洗液因毒性较大尽可能不用，近年来多以合成洗涤剂、有机溶剂等来去除油污，但有时仍要用到铬酸洗液，故也列入表内。

表 1-3　几种常用的洗涤液

洗涤液及其配方	使用方法
(1)铬酸洗涤(尽量不用) 研细的重铬酸钾 20g 溶于 40mL 水中，慢慢加入 360mL 浓硫酸	用于除去器壁上残留的油污，用少量洗液涮洗或浸泡一夜，洗液可重复使用 洗涤废液经处理解毒后方可排放
(2)工业盐酸[浓或(1+1)]	用于洗去碱性物质及大多数无机物残渣
(3)纯酸洗液 (1+1)、(1+2)或(1+9)的盐酸或硝酸(除去 Hg、Pb 等重金属杂质)	用于除去微量的离子 常法洗净的仪器浸于纯酸洗液中 24h
(4)碱性洗液 10%氢氧化钠溶液	水溶液加热(可煮沸)使用，其去油效果较好；注意，煮的时间太长会腐蚀玻璃
(5)氢氧化钠-乙醇(或异丙醇)洗液 120g NaOH 溶于 150mL 水中，用 95%乙醇稀释至 1L	用于洗去油污及某些有机物
(6)碱性高锰酸钾洗液 30g/L 的高锰酸钾溶液和 1mol/L 的氢氧化钠的混合溶液	清洗油污或其他有机物质，洗后容器沾污处有褐色二氧化锰析出，再用浓盐酸或草酸洗液、硫酸亚铁、亚硫酸钠等还原剂去除
(7)酸性草酸或酸性羟胺洗液 称取 10g 草酸或 1g 盐酸羟胺溶于 100mL(1+4)盐酸溶液中	洗涤氧化性物质，如洗涤高锰酸钾洗液后产生的二氧化锰，必要时加热使用
(8)硝酸-氢氟酸洗液 50mL 氢氟酸、100mL HNO_3、350mL 水混合，储于塑料瓶中盖紧	利用氢氟酸对玻璃的腐蚀作用有效地去除玻璃、石英器皿表面的金属离子
(9)碘-碘化钾溶液 1g 碘和 2g 碘化钾溶于水中，用水稀释至 100mL	洗涤用过硝酸银滴定液后留下的黑褐色沾污物，也可用于清洗沾过硝酸银的白瓷水槽
(10)有机溶剂 汽油、二甲苯、乙醚、丙酮、二氯乙烷等	可洗去油污或可溶于该溶剂的有机物质，用时要注意其毒性及可燃性 用乙醇配制的指示剂溶液的干渣可用盐酸-乙醇(1+2)洗液洗涤
(11)乙醇、浓硝酸 (不可事先混合!)	用一般方法很难洗净的少量残留有机物可用此法：于容器内加入不多于 2mL 的乙醇，加入 4mL 浓硝酸，静置片刻，立即发生激烈反应，放出大量热及二氧化氮，反应停止后再用水冲洗，操作应在通风橱中进行，不可塞住容器，做好防护

3. 砂芯玻璃滤器的洗涤

① 新的滤器使用前应以热的盐酸或铬酸洗液边抽滤边清洗，再用蒸馏水洗净。可正置或倒置用水反复抽洗。

② 针对不同的沉淀物采用适当的洗涤剂先溶解沉淀，或反置用水抽洗沉淀物，再用蒸馏水冲洗干净，在 110℃烘干，升温和冷却过程都要缓慢进行，以防裂损。然后保存在无尘的柜或有盖的容器中，不然积累的灰尘和沉淀堵塞滤孔很难洗净。表 1-4 列出洗涤砂芯玻璃滤器的洗涤液可供选用。

表 1-4　洗涤砂芯玻璃滤器常用的洗涤液

沉淀物	洗涤液
AgCl	(1+1)氨水或 10%$Na_2S_2O_3$ 水溶液
$BaSO_4$	100℃浓硫酸或用 EDTA-NH_3 水溶液 (3%EDTA 二钠盐 500mL 与浓氨水 100mL 混合)加热近沸
汞渣	热浓 HNO_3
有机物质	铬酸洗液浸泡或温热洗液抽洗
脂肪	CCl_4 或其他适当的有机溶剂
细菌	化学纯浓 H_2SO_4 5.7mL、化学纯 $NaNO_3$ 2g、纯水 94mL 充分混匀，抽气并浸泡 48h 后以热蒸馏水洗净

4. 吸收池（比色皿）的洗涤

吸收池（比色皿）是光度分析中最常用的器件，要注意保护好透光面，拿取时手指应捏住毛玻璃面，不要接触透光面。

玻璃或石英吸收池在使用前要充分洗净，根据污染情况，可以用冷的或温热的（40～50℃）含阴离子表面活性剂的碳酸钠溶液（2%）浸泡，可加热 10min 左右。也可用硝酸、重铬酸钾洗液（测铬和紫外区测定时不用）、磷酸三钠、有机溶剂等洗涤。对于有色物质的污染可用 HCl（2mol/L）-乙醇（1+1）溶液洗涤。用自来水、实验室用纯水充分洗净后倒立在纱布或滤纸上控去水，如急用，可用乙醇、乙醚润洗后用吹风机吹干。

光度测定前可用柔软的棉织物或纸吸去光学窗面的液珠，将擦镜纸折叠为四层，轻轻擦拭至透明。

5. 特殊的洗涤方法

① 水蒸气洗涤法。有的玻璃仪器，主要是成套的组合仪器，可安装起来，用水蒸气蒸馏法洗涤一定时间。如凯氏微量定氮仪，使用前用装置本身发生的蒸气处理 5min。

② 测定微量元素用的玻璃器皿用 10% HNO_3 溶液浸泡 8h 以上，然后用纯水冲净。测磷用的仪器不可用含磷酸盐的商品洗涤剂洗。测铬、锰的仪器不可用铬酸洗液、$KMnO_4$ 洗液洗涤。

测铁用的玻璃仪器不能用铁丝柄毛刷刷洗，测锌、铁用的玻璃仪器酸洗后不能再用自来水冲洗，必须直接用纯水洗涤。

③ 测定分析水中微量有机物的仪器可用铬酸洗液浸泡 15min 以上，然后用水、蒸馏水洗净。

④ 用于环境样品中痕量物质提取的索氏提取器，在分析样品前，先用乙烷和乙醚分别回流 3～4h。

⑤ 有细菌的器皿，可在 170℃用热空气灭菌 2h。

⑥ 严重沾污的器皿可置于高温炉中于 400℃加热 15～30min。

（四）玻璃仪器的干燥和存放

1. 玻璃仪器的干燥

实验中经常要用到的仪器应在每次实验完毕后洗净备用。用于不同实验的仪器对干燥有不同的要求，一般定量分析中用的烧杯、锥形瓶等仪器洗净即可使用，而用于有机化学实验或有机分析的仪器很多是要求干燥的，有的要求没水迹，有的则要求无水。应根据不同的要求来干燥仪器。

（1）晾干　不急等用的要求一般干燥仪器，可在纯水涮洗后在无尘处倒置控去水分，然后自然干燥。可用带有透气孔的玻璃柜旋转仪器。

（2）烘干　洗净的仪器控去水分，放在电烘箱或红外灯干燥箱中烘干，烘箱温度为 105～120℃，烘 1h 左右。称量用的称量瓶等在烘干后放在干燥器中冷却和保存。砂芯玻璃滤器、带实心玻璃塞的及厚壁的仪器烘干时要注意慢慢升温并且温度不可过高，以免烘裂。玻璃量器的烘干温度不得超过 150℃，以免引起容积变化（GB 12810—2021）。

（3）吹干　急需干燥又不便于烘干的玻璃仪器可以使用电吹风机吹干。

用少量乙醇、丙酮（或最后用乙醚）倒入仪器中润洗，流净溶剂，再用电吹风机吹。开始先用冷风，然后吹入热风至干燥，再用冷风吹去残余溶剂蒸气。此法要求通风好，要防止中毒，并要避免接触明火。

2. 玻璃仪器的保管

在贮藏室里玻璃仪器要分门别类地存放，以便取用。一些仪器的保管方法如下。

(1) 移液管　洗净后置于防尘的盒中。

(2) 滴定管　用毕洗去内装的溶液，用纯水涮洗后注满纯水，上盖玻璃短试管或塑料套管，也可倒置夹于滴定管夹上。

(3) 比色皿　用毕后洗净，先放在垫有滤纸的小瓷盘或塑料盘中，倒置晾干，然后收于比色皿盒或洁净的器皿中。

(4) 带磨口塞的仪器　容量瓶或比色管等最好在清洗前就用小线绳或塑料细套管把塞和管口拴好，以免打破塞子或互相弄混。需长期保存的磨口仪器要在塞间垫一张纸片，以免日久粘住。长期不用的滴定管、分液漏斗要除掉凡士林后垫纸，用皮筋拴好活塞保存。磨口塞间如有砂粒不要用力转动，以免影响其精度。同理，不要用去污粉擦洗磨口部位。

(5) 成套仪器　索氏提取器、气体分析器等成套仪器用完要立即洗净，放在专门的纸盒里保存。

总之，要本着对工作负责的精神，对所用的一切玻璃仪器用完后要清洗干净，按要求保管，养成良好的工作习惯，不要在容器里遗留油脂、酸液、腐蚀性物质（包括浓碱酸）或有毒药品，以免造成后患。

二、其他器皿

（一）石英玻璃仪器

石英玻璃的化学成分是二氧化硅。由于原料不同，石英玻璃可分为“透明石英玻璃”和半透明、不透明的“熔融石英”。透明石英玻璃理化性能优于半透明石英，主要用于制造实验室玻璃仪器及光学仪器等。由于石英玻璃能透过紫外线，在分析仪器中常用来制作紫外范围应用的光学零件。

石英玻璃的线胀系数很小（5.5×10^{-7}），仅为特硬玻璃的1/5，因此它耐急冷急热，将透明石英玻璃烧至红热，放到冷水里也不会炸裂。石英玻璃的软化温度是1650℃，由于它具有耐高温性能，能在1100℃下使用，短时间可用到1400℃。

石英玻璃的纯度很高，二氧化硅含量在99.95%以上，具有相当好的透明度。它的耐酸性能非常好，除氢氟酸和磷酸外，任何浓度的有机酸和无机酸甚至在高温下都极少和石英玻璃作用。因此，石英是痕量分析用的好材料，在高纯水和高纯试剂的制备中也常采用石英器皿。

石英玻璃不能耐氢氟酸的腐蚀，磷酸在150℃以上也能与其作用，强碱溶液包括碱金属碳酸盐也能腐蚀石英，在常温时腐蚀较慢，温度升高腐蚀加快。因此，石英制品应避免用于上述场合。

在化验室中常用的石英玻璃仪器有石英烧杯、坩埚、蒸发皿、石英比色皿、石英舟、石英管、石英蒸馏水蒸馏器等。因其价格昂贵，应与玻璃仪器分别存放及保管。

不许带进杂质的操作中常使用玛瑙研钵，如发射光谱分析等。玛瑙是天然二氧化硅的一种，它的硬度很大，与很多药品都不能作用。使用时不可用力敲击，用后洗净。可用少量稀盐酸洗或用少许食盐研磨。玛瑙研钵不可加热，可以自然干燥或低温（60℃）慢慢烘干。

（二）其他非金属器皿

瓷制器皿能耐高温，可在高至1200℃的温度下使用，耐化学腐蚀性也比玻璃好，瓷制品比玻璃坚固，且价格便宜，在实验室中经常要用到。涂有釉的瓷坩埚灼烧后失重甚微，可在重量分析中使用。瓷制品均不耐苛性碱和碳酸钠的腐蚀，尤其不能在其中进行熔融操作，用一些不与瓷作用的物质，如MgO、炭粉等作为填垫剂，在瓷坩埚中用定量滤纸包住碱性熔剂熔融处理硅酸盐试样，可部分代替铂制品。

常用的瓷制器皿及非金属材料器皿见表 1-5。

表 1-5　常用的瓷制器皿及非金属材料器皿

名　　称	规　　格	一般用途
瓷蒸发皿	涂釉，容量/mL：15、30、60、100、250…	蒸发液体、熔融石蜡，用于标签刷蜡等
瓷坩埚	涂釉，容量/mL：10、15、20、25、30、40…	灼烧沉淀及高温处理试样，高形瓷坩埚用于隔绝空气条件下处理试样
研钵	除研磨面外均上釉，直径/mm：60、100、150、200	研磨固体试剂
布氏漏斗	上釉，直径/mm：51、67、85、106…	上铺 2 层滤纸用抽滤法过滤
玛瑙研钵	同“研钵”	研磨硬度大及不允许带进杂质的样品

难熔氧化物的坩埚，如主要成分是氧化铝的刚玉坩埚或主要成分为二氧化锆等氧化锆坩埚，可使用的温度更高。二氧化锆坩埚能耐过氧化钠的腐蚀。

热解石墨是在高温、低压、氮气下，由碳氢化合物裂解制成的。热解石墨坩埚致密、有金属光泽、渗透性小，易清洗，能耐 800℃高温，如外套一个瓷坩埚能耐 1000℃高温。它能耐除高氯酸以外的一切强酸（包括王水），耐中、低温下强碱作用、耐过氧化钠和高温熔盐的腐蚀，使用寿命长，可以代替一些贵金属坩埚使用。

塑料制品在实验室的应用日益增多，由于塑料具有一些特有的物理和化学性质，在实验室中可以作为金属、木材、玻璃等的代用品。某些塑料耐酸碱腐蚀性好，可应用于不能使用玻璃的场合。

聚乙烯可分为低密度、中密度和高密度聚乙烯，其软化点为 105～125℃。聚乙烯的最高使用温度为 70℃，耐一般酸、碱腐蚀，能被氧化性酸慢慢侵蚀。常温下不溶于一般的有机溶剂中，但与脂肪烃、芳香烃和卤代烃长时间接触，能溶胀。

等规聚丙烯可在 107～121℃下连续使用。除强氧化剂外与大多数介质均不起作用。

由于聚乙烯及聚丙烯耐碱和耐氢氟酸的腐蚀，常用来代替玻璃试剂瓶储存氢氟酸、浓氢氧化钠溶液及一些呈碱性的盐类（如硅酸钠等）。但要注意浓硫酸、硝酸、溴、高氯酸可以与聚乙烯和聚丙烯作用。

聚四氟乙烯也是热塑性塑料，色泽白，有蜡状感觉，耐热性好，最高工作温度为 250℃，除熔融态钠和液态氟外能耐一切浓酸、浓碱、强氧化剂的腐蚀，在王水中煮沸也不起变化，在耐腐蚀性上可称为塑料“王”。聚四氟乙烯的电绝缘性好，并能切削加工。

聚氯乙烯所含杂质多，一般不用于储存纯水和试剂。

化学实验中使用的塑料制品主要有聚乙烯烧杯、漏斗、量杯、试剂瓶、洗瓶和实验室用纯水储存桶等。聚四氟乙烯烧杯和坩埚均有产品，可用作氢氟酸处理样品的容器。有不锈钢外套的聚四氟乙烯坩埚在加压加热（一般要求低于 200℃）处理矿样和消解生物材料方面得到应用。聚四氟乙烯使用温度不可超过 250℃，超过此温度即开始分解，在 415℃以上急剧分解，放出极毒的全氟异丁烯气体。

塑料对各种试剂有渗透性，因而不易洗干净。它们吸附杂质的能力也较强，因此，为了避免交叉污染，在使用塑料瓶储存此类溶液时，应实行专用。

洗涤塑料器皿时一般可以用对该塑料无溶解性的溶剂，如乙醇等。如塑料器皿被金属离子或氧化物沾污，可用（1＋3）的盐酸洗涤。

（三）金属器皿

实验室中常用的金属器皿有铂、金、银、镍、铁等材料制成的坩埚、蒸发皿等。

1. 铂制品

铂又叫白金，比黄金更稀有，由于它具有许多优良的性质，尽管有各种代用品出现，但许多分析工作仍然离不了铂，铂的熔点很高（1773.5℃），在空气中灼烧不起变化，而且大多数试剂与它不发生作用。能耐熔融的碱金属碳酸盐及氟化氢的腐蚀是铂有别于玻璃、瓷等的重要性质。铂是热的良导体，它的表面吸附水汽很少。铂坩埚适于灼烧及称量沉淀用；铂制小舟、铂丝圈用于有机分析灼烧样品；铂丝、铂片常用作电化学分析中的电极。铂的线胀系数为 9×10^{-6}，可与软质玻璃很好地封接。

铂在高温下略有一些挥发性，灼烧时间久时要加以校正。$100cm^2$ 面积的铂在 1200℃灼烧 1h 约损失 1mg。900℃以下基本不挥发。

铂是贵重金属，它的领取、使用、消耗和回收都要有严格的制度，并遵守下述规则。

（1）铂在高温下能与下列物质作用，故不可接触这些物质。

① 固体 K_2O、Na_2O、KNO_3、$NaNO_3$、KCN、NaCN、Na_2O_2、$Ba(OH)_2$、LiOH 等（而 Na_2CO_3 和 K_2CO_3 则可使用）；

② 王水、卤素溶液或能产生卤素的溶液，如 $KClO_3$、$KMnO_4$、$K_2Cr_2O_7$ 等的盐酸溶液、$FeCl_2$ 的盐酸溶液；

③ 易还原金属的化合物及这些金属，如银、汞、铅、锑、锡、铋、铜等及其盐类（在高温下铂能与这些元素生成低熔点合金）；

④ 含碳的硅酸盐、磷、砷、硫及其化合物、Na_2S、NaSCN 等。

（2）铂很软，拿取铂坩埚时不能太用力，以免变形及引起凹凸。不可用玻璃棒等尖头物件从铂皿中刮出物质，如有凹凸可用木器轻轻整形。

（3）铂皿用燃气灯加热时，只可在氧化焰中加热，不能在含有炭粒和含碳氢化合物的还原焰中灼烧，以免炭与铂化合生成脆性的碳化铂。在铂皿中灰化滤纸时，不可使滤纸着火。红热的铂皿不可骤然浸入冷水中，以免产生裂纹。

（4）灼烧铂皿时不能与别的金属接触，因高温下铂能与其他金属生成合金，因此铂坩埚必须放在铂三角（或用粗铂丝拧成的三角）上灼烧，也可用清洁的石英三角或泥三角。取下灼热的铂坩埚时，必须用包有铂尖的坩埚钳，冷却至红热以下时才可用不锈钢坩埚钳或镊子夹取。

（5）未知成分的试样不能在铂皿中加热或溶解。

（6）铂皿必须保持清洁光亮，以免有害物质继续与铂作用。经常灼烧的铂皿表面可能由于结晶失去光泽，日久杂质会深入铂金属内部使铂皿变脆而破裂。可以在几次使用后用研细（通过 100 筛目，即 0.14mm 筛孔）的潮湿海砂轻轻擦亮。铂皿有斑点可单独用化学纯稀盐酸或稀硝酸处理，切不可将两种酸混合。若仍无效可用焦硫酸钾熔融处理。

2. 其他金属器皿

（1）金器皿　金也是贵金属，耐腐蚀性很强，但因其熔点较低（1063℃），限制了它的使用范围。熔融的碱金属氢氧化物对金不侵蚀，因此这种熔融用金坩埚较好，金蒸发皿适于蒸发酸碱溶液。金在高温燃气灯上加热时会熔化。要注意绝不可使黄金接触王水，因为金遇王水会很快被腐蚀。

（2）银器皿　银比金价廉，它也不受氢氧化钾或钠的侵蚀，在熔融状态下仅在接近空气的边缘略起作用。但银的熔点为 960℃，不能在火上直接加热，银加热后表面生成一层氧化银，氧化银在高温下不稳定，在 200℃以下稳定。银易与硫作用生成硫化银，不可在银坩埚中分解和灼烧含硫的物质，不可使用碱性硫化熔剂。熔融状态时熔融硼砂，浸取熔融物时不可使用酸，特别是不可接触浓酸。银坩埚的质量经灼烧会变化，故不适于沉淀的称量。银皿可用于蒸发碱性溶液。

(3) 镍器皿　镍的熔点较高，为1455℃，强碱与镍几乎不起作用，镍坩埚可用于氢氧化钠熔融。过氧化钠熔融也可用镍坩埚，在这些过程中镍坩埚虽有腐蚀，但仍可使用多次。少量镍进入熔块，成为测定中的干扰组分时，必须考虑相应的去除方法；镍坩埚亦不能作恒重沉淀用。不能在镍坩埚中熔融含铝、锌、锡、铅、汞等的金属盐和硼砂。镍易溶于酸，浸取熔块时不可用酸。镍坩埚使用前可放在水中煮沸数分钟，以除去污物，必要时可加少量盐酸煮沸片刻。新的镍坩埚使用前应先在高温中烧2～3min，以除去油污并使表面氧化，延长使用寿命。

(4) 铁器皿　铁虽然易生锈，耐碱腐蚀性不如镍，但是因为它价格低廉，仍可在做过氧化钠熔融时代替镍坩埚使用。新的或使用过的铁坩埚进行烤蓝处理，可防止其在保存过程中生锈。

根据测定要求和实验室条件，用熔融法分解试样时，可采用上述不同金属制的坩埚。

三、工业分析实验室用水

在分析工作中经常要用到水，什么样的水才能符合要求呢？大家知道，自来水是将天然水经过初步净化处理制得的，它仍然含有各种杂质，主要有各种盐类、有机物、颗粒物质和微生物等，因此只能用于初步洗涤仪器，作冷却或加热浴用水等，不能用于配制溶液及分析工作，为此，需要将水纯化，制备能满足分析实验室工作要求的纯水，这种纯水称为"分析实验室用水"，为了叙述方便，本章中也简称为"纯水"。

"分析实验室用水"有相应的国家标准，规定了其质量，具有一定的级别，可视为用量最大的试剂。不同的分析方法，如化学分析和仪器分析、常量分析和痕量分析等，要求使用不同级别的"分析实验室用水"。

关于目前市场上出售的作为饮用水的"纯净水"、"蒸馏水"能否作为实验室用水，达到国家标准规定的水方可用于化验工作。而分析实验室用水并不控制细菌等指标，因而不能作为饮用水。

（一）分析实验室用水的规格

我国国家标准GB 6682—2008《分析实验室用水规格和试验方法》将适用于化学分析和无机痕量分析等试验用水分为3个级别：一级水、二级水和三级水。表1-6列出了各级分析实验室用水的规格。

表1-6　分析实验室用水的规格

项　目		一级水	二级水	三级水
外观(目视观察)		无色透明液体		
pH值范围(25℃)		—①	—①	5.0～7.5
电导率(25℃)/(mS/m)	≤	0.01②	0.10②	0.50
可氧化物质[以(O)计]/(mg/L)	≤	—③	0.08	0.4
吸光度(254nm,1cm光程)	≤	0.001	0.01	—
蒸发残渣(105℃±2℃)/(mg/L)	≤	—③	1.0	2.0
可溶性硅[以(SiO_2)计]/(mg/L)	<	0.01	0.02	—

① 由于在一级水、二级水的纯度下，难以测定其真实的pH值，因此，对一级水、二级水的pH值范围不做规定。

② 一级水、二级水的电导率需用新制备的水"在线"测定。

③ 由于在一级水的纯度下，难以测定可氧化物质和蒸发残渣，对其限量不做规定，可用其他条件和制备方法来保证一级水的质量。

（二）分析实验室用水的检验方法

1. pH 值范围

量取 100mL 水样，用 pH 计测定 pH 值（详见 GB 9724—2007）。

2. 电导率

用电导仪测定电导率。一级、二级水测定时，配备电极常数为 0.01～0.1cm^{-1} 的“在线”电导池，使用温度自动补偿。三级水测定时，配备电极常数为 0.1～1cm^{-1} 的电导池。

3. 可氧化物质

量取 1000mL 二级水（或 200mL 三级水）置于烧杯中，加入 5.0mL（20%）硫酸（三级水加入 1.0mL 硫酸），混匀。加入 1.00mL 高锰酸钾标准滴定溶液 [$c_{(1/5KMnO_4)}$ = 0.01mol/L]，混匀，盖上表面皿，加热至沸并保持 5min，溶液粉红色不完全消失。

4. 吸光度

将水样分别注入 1cm 和 2cm 比色皿中，于 254nm 处，以 1cm 比色皿中的水样为参比，测定 2cm 比色皿中水样的吸光度。若仪器灵敏度不够，可适当增加测量比色皿的厚度。

5. 蒸发残渣

量取 1000mL 二级水（三级水取 500mL），分几次加入到旋转蒸发器的 500mL 蒸馏瓶中，于水浴上减压蒸发至剩约 50mL 时转移至一个已于（105±2)℃烘至质量恒定的玻璃蒸发皿中，用 5～10mL 水样分 2～3 次冲洗蒸馏瓶，洗液合并入蒸发皿，于水浴上蒸干，并在(105±2)℃的电烘箱中干燥至恒重。残渣质量不得大于 1.0mg。

6. 可溶性硅

所用试剂如下。

① 二氧化硅标准溶液：0.01mg/mL SiO_2。

② 仲钼酸铵溶液：5g $(NH_4)_6Mo_7O_{24}\cdot 4H_2O$，加水溶解，加入 20mL H_2SO_4(20%) 稀释至 100mL。

③ 50g/L 草酸。

④ 对甲氨基酚硫酸盐（米吐尔）溶液：取 0.020g 对甲氨基酚硫酸盐，加 20.0g 焦亚硫酸钠，溶解并稀释至 100mL。有效期为 2 周。

以上 4 种溶液均储存于聚乙烯瓶中。

测定：量取 520mL 一级水（二级水取 270mL），注入铂皿中，在防尘条件下亚沸蒸发至约 20mL，加 1.0mL 仲钼酸铵溶液，摇匀，放置 5min 后，加 1.0mL 草酸溶液，摇匀，再放置 1min 后，加 1.0mL 对甲氨基酚硫酸盐溶液，摇匀，转移至 25mL 比色管中，定容。于 60℃水浴中保温 10min，目视比色，溶液所呈蓝色不得深于 0.50mL 0.01mg/mL SiO_2 标准溶液用水稀释至 20mL 经同样处理的标准比对溶液。

7. 简易检验方法

上述标准检验方法严格但很费时，一般化验工作用的纯水可以只用电导率法或以下的化学方法检验：

（1）阳离子的检验　取水样 10mL 于试管中，加入 2～3 滴氨缓冲液[1]（pH=10），2～3 滴铬黑 T 指示剂[2]，如水呈现蓝色，表明无金属阳离子（含有阳离子的水呈现紫红色）。

（2）氯离子的检验　取水样 10mL 于试管中，加入数滴硝酸银水溶液（1.7g 硝酸银溶

---

[1] 54g 氯化铵溶于 200mL 水中，加入 350mL 浓氨水，用水稀释至 1L。

[2] 0.5g 铬黑 T 加入 20mL 二级三乙醇胺，以 95%乙醇溶解并稀释至 1L，也可在铬黑 T 指示剂溶液中每 100mL 加入 2～3mL 浓氨水，试验中免去加氨缓冲溶液。

于水中，加浓硝酸 4mL，用水稀释至 100mL），摇匀，在黑色背景下看溶液是否变为白色浑浊，如无氯离子应为无色透明（注意：如硝酸银溶液未经硝酸酸化，加入水中可能出现白色或变为棕色沉淀，这是氢氧化银或碳酸银造成的）。

（3）指示剂法检验 pH 值　取水样 10mL，加甲基红指示剂❶ 2 滴不显红色。另取水样 10mL，加溴麝香草酚蓝指示剂❷ 5 滴，不显蓝色即符合要求。

用于测定微量硅、磷等的纯水，应该先对水进行空白试验，才可应用于配制试剂。

（三）分析实验室用水的储存和选用

经过各种方法制得的各种级别的分析实验室用水，纯度越高要求储存的条件越严格，成本也越高，应根据不同分析方法的要求合理选用。表 1-7 列出了国家标准中规定的各级水的制备方法、储存条件及使用范围。

表 1-7　分析实验室用水的制备、储存及使用

级　别	制备与储存①	使　用
一级水	可用二级水经过石英设备蒸馏或离子交换混合床处理后，再经 0.2μm 微孔滤膜过滤制取 不可储存，使用前制备	有严格要求的分析实验，包括对颗粒有要求的试验，如高压液相色谱分析用水
二级水	可用多次蒸馏或离子交换等方法制取 储存于密闭的、专用聚乙烯容器中	无机痕量分析等试验，如原子吸收光谱分析用水
三级水	可用蒸馏或离子交换等方法制取 储存于密闭的、专用聚乙烯容器中，也可使用密闭的、专用玻璃窗口储存	一般化学分析试验

① 储存水的新容器在使用前需用盐酸溶液（20%）浸泡 2～3 天，再用待储存的水反复冲洗，然后注满，浸泡 6h 以上方可使用。

四、化学试剂

化验室的分析测试工作经常要使用化学试剂，因此，了解化学试剂的分类、规格、性质及使用知识是非常必要的。

（一）化学试剂的分类和规格

1. 化学试剂的分类

化学试剂品种繁多，目前还没有统一的分类方法，表 1-8 按试剂的化学组成或用途进行分类，可分为 10 类。

表 1-8　化学试剂的分类

序号	名　称	说　明
1	无机试剂	无机化学品。可细分为金属、非金属、氧化物、酸、碱、盐等
2	有机试剂	有机化学品。可细分为烃、醇、醚、醛、酮、酸、酯、胺等
3	基准试剂	我国将滴定分析用标准试剂称为基准试剂。pH 基准试剂用于 pH 计的校准（定位）。基准试剂是化学试剂中的标准物质。其主成分含量高，化学组成恒定
4	特效试剂	在无机分析中用于测定、分离被测组分的专用的有机试剂。如沉淀剂、显色剂、螯合剂、萃取剂等

❶ 甲基红指示剂的变色范围 pH=4.2～6.3，红→黄。称取甲基红 0.100g 于研钵中研细，加 18.6mL 0.02mol/L 氢氧化钠溶液，研至完全溶解，加纯水稀释至 250mL。

❷ 溴麝香草酚蓝指示剂变色范围 pH=6.0～7.6，黄→蓝。称取溴麝香草酚蓝 0.100g，加入 8.0mL 0.02mol/L 氢氧化钠溶液，同❶法操作，加纯水稀释至 250mL。

续表

序号	名　称	说　明
5	仪器分析试剂	用于仪器分析的试剂，如色谱试剂和制剂、核磁共振分析试剂等
6	生化试剂	用于生命科学研究的试剂
7	指示剂和试纸	滴定分析中用于指示滴定终点，或用于检验气体或溶液中某些物质存在的试剂 试纸是用指示剂或试剂溶液处理过的滤纸条
8	高纯物质	用于某些特殊需要的材料，如半导体和集成电路的化学品、单晶，痕量分析用试剂，其纯度一般在4个“9”(99.99%)以上，杂质总量在0.01%以下
9	标准物质	用于分析或校准仪器用的有定值的化学标准品
10	液晶	既具有流动性、表面张力等液体的特征，又具有光学各向异性、双折射等固态晶体的特征

2. 化学试剂的规格

化学试剂的规格反映试剂的质量，试剂规格一般按试剂的纯度及杂质含量划分为若干级别。为了保证和控制试剂产品的质量，国家或有关部门制订和颁布了国家标准（代号GB）、原化学工业部部颁标准（代号HG）和原化学工业部部颁暂行标准（代号QB）。为了促进技术进步，增强产品竞争能力，我国化学试剂国家标准的修订逐步采用了国际标准或国外先进标准。

我国的化学试剂规格按纯度和使用要求分为高纯（有的叫超纯、特纯）、光谱纯、分光纯、基准、优级纯、分析纯和化学纯7种。国家和主管部门颁布质量指标的主要是后3种即优级纯、分析纯、化学纯。

国际纯粹化学和应用化学联合会（IUPAC）对化学标准物质分级的规定如表1-9所示。

表1-9　IUPAC对化学标准物质的分级

A级	原子量标准
B级	和A级最接近的基准物质
C级	含量为(100±0.02)%的标准试剂
D级	含量为(100±0.05)%的标准试剂
E级	以C级或D级试剂为标准进行的对比测定所得的纯度或相当于这种纯度的试剂，比D级的纯度低

我国试剂标准的基准试剂（纯度标准物质）相当于C级和D级。

为了满足各种分析检验的需要，我国已生产了很多种属于标准物质的标准试剂，现列于表1-10中。

下面介绍各种规格试剂的应用范围。

基准试剂（容量）是一类用于标定滴定分析标准溶液的标准物质，可作为滴定分析中的基准物用，也可精确称量后用直接法配制标准溶液。基准试剂主成分含量一般为99.95%～100.05%，杂质含量略低于优级纯或与优级纯相当。

优级纯主成分含量高，杂质含量低，主要用于精密的科学研究和测定工作。

表1-10　主要的国产标准试剂

类　别	相当于IUPAC的级	主 要 用 途
容量分析第一基准	C	工作基准试剂的定值
容量分析工作基准	D	容量分析标准溶液的定值
杂质分析标准溶液		仪器及化学分析中作为微量杂质分析的标准

续表

类　　别	相当于 IUPAC 的级	主　要　用　途
容量分析标准溶液	E	容量分析法测定物质的含量
一级 pH 基准试剂	D	pH 计的校准(定位)
热值分析标准		热值分析仪的标定
气相色谱标准		气相色谱法进行定性和定量分析的标准
临床分析标准溶液		临床化验
农药分析标准		农药分析
有机元素分析标准	E	有机物元素分析

分析纯主成分含量略低于优级纯，杂质含量略高，用于一般的科学研究和重要的测定工作。

化学纯品质较分析纯差，但高于实验试剂，用于工厂、教学实验的一般分析工作。

实验试剂杂质含量更多，但比工业品纯度高。主要用于普通的实验或研究。

高纯、光谱纯及纯度 99.99%（4 个 9 也用 $4N$ 表示）以上的试剂，主要成分含量高，杂质含量比优级纯低，且规定的检验项目多。主要用于微量及痕量分析中试样的分解及试液的制备。

分光纯试剂要求在一定波长范围内干扰物质的吸收小于规定值。

3. 化学试剂的包装与标志

我国国家标准 GB 15346—2012《化学试剂、包装及标志》规定用不同的颜色标记化学试剂的等级及门类，见表 1-11。

表 1-11　化学试剂的标签颜色

级别(沿用)	中 文 标 志	英文标志(沿用)	标 签 颜 色
一级	优级纯	GR	深绿色
二级	分析纯	AR	金光红色
三级	化学纯	CP	中蓝色
	基准试剂		深绿色
	生物染色剂		玫瑰红色

在购买化学试剂时，除了了解试剂的等级外，还需要知道试剂的包装单位，化学试剂的包装单位是指每个包装容器内盛装化学试剂的净质量（固体）或体积（液体）。包装单位的大小根据化学试剂的性质、用途和经济价值而定。

我国规定化学试剂以下列 5 类包装单位（固体产品以 g 计，液体产品以 mL 计）包装：

第一类：0.1g、0.25g、0.5g、1g 或 0.5mL、1mL；

第二类：5g、10g、25g 或 5mL、10mL、20mL、25mL；

第三类：50g、100g 或 50mL、100mL；

第四类：250g、500g 或 250mL、500mL；

第五类：1000g、2500g、5000g 或 1000mL、2500mL、5000mL。

值得指出的是，近年来，对于某些难于提纯和保存的试剂，价格较高，使用时配制较烦琐或用量一般不大的标准物质，有些研究单位和销售单位进行分装或配成溶液后小包装销售。如 5mg，50μg/mL。

应该根据用量决定购买量，以免造成浪费。如过量储存易燃易爆品，不安全；易氧化及变质的试剂，过期失效；标准物质等贵重试剂，积压浪费等。

（二）化学试剂的合理选用

应根据不同的工作要求合理地选用相应级别的试剂。因为试剂的价格与其级别及纯度关系很大，在满足实验要求的前提下，选用试剂的级别就低不就高。痕量分析要选用高纯或优级纯试剂，以降低空白值和避免杂质干扰，同时，对所用纯水的制取方法和仪器的洗涤方法也应有特殊的要求。化学分析可使用分析纯试剂。有些教学实验，如酸碱滴定也可用化学纯试剂代替。但配位滴定最好选用分析纯试剂，因试剂中有些杂质金属离子封闭指示剂，使终点难以观察。

对分析结果准确度的要求高的工作，如仲裁分析、进出口商品检验、试剂检验等，可选用优级纯、分析纯试剂。车间控制分析可选用分析纯、化学纯试剂。制备实验、冷却浴或加热浴用的药品可选用工业品。

表 1-12 汇集了我国国家标准中提到的部分仪器分析方法要求使用的试剂规格，供选用试剂时参考。

表 1-12　部分仪器分析方法应选用的试剂规格

分析方法	试剂规格	引用标准
气相色谱法	标准样品主体含量不得低于 99.9%	GB/T 9722—2023
分子吸收分光光度法(紫外可见)	规定了有机溶剂在使用波长下的吸光度	GB/T 9721—2006
电感耦合等离子体原子发射光谱法	用亚沸蒸馏法纯化分析纯盐酸、硝酸	GB/T 23942—2009
阳极溶出伏安法	汞及用量较大的试剂用高纯试剂	GB/T 3914—2008

化学试剂虽然都按国家标准检验，但不同制造厂或不同产地的化学试剂在性能上有时表现出某种差异。有时因原料不同，非控制项目的杂质会造成干扰或使实验出现异常现象。故在做科学实验时要注意产品厂家。另外，在标签上都印有“批号”，不同批号的产品因其制备条件不同，性能也有不同，在某些工作中，不同批号的试剂应做对照试验。在选用紫外光谱用溶剂、液相色谱流动相、色谱载体、吸附剂、指示剂、有机显色剂及试纸时应注意试剂的生产厂及批号并做好记录，必要时应作专项检验和对照试验。

应该指出，未经药理检验的化学试剂是不能作为医药使用的。

（三）化学试剂的使用方法

为了保持试剂的质量和纯度，保证化验室人员的人身安全，要掌握化学试剂的性质和使用方法，制订出安全守则，并要求有关人员共同遵守。

应熟知最常用的试剂的性质，如市售酸碱的浓度，试剂在水中的溶解性，有机溶剂的沸点，试剂的毒性及其化学性质等。有危险性的试剂可分为易燃易爆危险品、毒品、强腐蚀剂 3 类，使用与保管注意事项请参阅第三节有关内容。

要注意保护试剂瓶的标签，它表明试剂的名称、规格、质量，万一掉失应照原样贴牢。分装或配制试剂后应立即贴上标签。绝不可在瓶中装上不是标签指明的物质。掉失标签的试剂可取小样检定，不能用的要慎重处理，不应乱倒。

为保证试剂不受沾污，应当用清洁的牛角勺从试剂瓶中取出试剂，绝不可用手抓取，如试剂结块可用洁净的粗玻璃棒或瓷药铲将其捣碎后取出。液体试剂可用洗干净的量筒和量杯倒取，不要用吸管伸入原瓶试剂中吸取液体，取出的试剂不可倒回原瓶。打开易挥发的试剂瓶塞时不可把瓶口对准脸部。在夏季由于室温高试剂瓶中很易冲出气体，最好把瓶子在冷水中浸一段时间，再打开瓶塞。取完试剂后要盖紧塞子，不可换错瓶塞。会放出有毒、有味气体的瓶子还应该用蜡封口。

不可用鼻子对准试剂瓶口猛吸气，如果必须嗅试剂的气味，可将瓶口远离鼻子，用手在试剂瓶上方煽动，使空气流吹向自己而闻出其味。绝不可用舌头品尝试剂。

五、实验室的分类及设计要求

（一）化验室的分类及职责

分析测试工作是科研和生产中的“眼睛”，国计民生的许多行业都有分析实验室，国家及各地还有很多分析测试中心。根据分析实验室所承担的任务不同，大致可分为四类。

① 分析测试中心（有国家的、地方的、行业的不同）。对外承担分析测试任务，须经过计量认证、实验室认可，提供的分析测试数据具有法律效力。

② 工厂化验室（含其他行业实验室）常设中心实验室和车间化验室，车间化验室主要承担生产过程中工艺控制分析；中心实验室主要担负原材料分析、产品质量检验任务，并担负分析方法研究、改进、推广任务及车间化验室所用标准溶液的配制、标定等工作。

③ 科研院所化验室主要为科学研究课题担负测试任务，也进行分析化学的研究工作。

④ 高等学校分析实验室的任务有三：一是作为学生进行分析化学类专业实验的教学基地；二是作为教师及学生从事分析化学研究的基地；三是可能情况下对外承担分析测试任务。

（二）实验室设计要求

实验室应有足够的场所满足各项实验的需要。每一类分析操作均应有单独的、适宜的区域，各区域间最好具有物理分隔。

根据实验任务需要，实验室有贵重的精密仪器和各种化学药品，其中包括易燃及腐蚀性药品。另外，在操作中常产生有害的气体或蒸气。因此，对实验室的房屋结构、环境、室内设施等有其特殊的要求，在筹建新实验室或改建原有实验室时都应考虑。

实验室的设计要就以下内容提出说明：仪器布置图、地面加固、电气工程、照明、空调、给排水、房间间隔、防噪声设计、气体管路、电话和网络线路等。

实验室用房大致分为三类：精密仪器实验室、化学分析实验室及辅助室（办公室、储藏室、钢瓶室等）。

实验室要求远离灰尘、烟雾、噪声和有振动源的环境，因此实验室不应建在交通要道、锅炉房、机房及生产车间近旁（车间化验室除外）。为保持良好的气象条件，一般应为南北方向。

1. 精密仪器室

精密仪器室要求具有防火、防振、防电磁干扰、防噪声、防潮、防腐蚀、防尘、防有害气体侵入的功能，室温尽可能保持恒定。为保持一般仪器良好的使用性能，温度应在15～30℃，有条件的最好控制在18～25℃。湿度在60%～70%，需要恒温的仪器可装双层门窗及空调装置。

仪器室可用水磨石地或防静电地板，不推荐使用地毯，因地毯易积聚灰尘，还会产生静电。

大型精密仪器室的供电电压应稳定，一般允许电压波动范围为±10%。必要时要配备附属设备（如稳压电源等）。为保证供电不间断，可采用双电源供电或备用电源。应设计有专用地线，接地极电阻小于100Ω（有的精密仪器要求小于1Ω）。

气相色谱室及原子吸收分析室因要用到高压钢瓶，最好设在就近室外能建钢瓶室（方向朝北）的位置。放仪器用的实验台与墙距离 50cm，以便于操作与维修。室内要有良好的通风。原子吸收仪器上方设局部排气罩。

微型计算机和微机控制的精密仪器对供电电压和频率有一定要求。为防止电压瞬变、瞬时停电、电压不足等影响仪器工作，可根据需要选用不间断电源（UPS）。

在设计专用的仪器分析室的同时，就近配套设计相应的化学处理室。这在保护仪器和加强管理上是非常必要的。

2. 化学分析室

在化学分析室中进行样品的化学处理和分析测定，工作中常使用一些小型的电器设备及各种化学试剂，如操作不慎也具有一定的危险性。针对这些使用特点，在化学分析室设计上应注意以下要求。

（1）建筑要求　化学分析室的建筑应耐火或用不易燃烧的材料建成，隔断和顶棚也要考虑到防火性能。可采用水磨石地面，窗户要能防尘，室内采光要好。门应向外开，大实验室应设两个出口，以利于发生意外时人员的撤离。

（2）供水和排水　供水要保证必需的水压、水质和水量，应满足仪器设备正常运行的需要。室内总阀门应设在易操作的显著位置。下水道应采用耐酸碱腐蚀的材料，地面应有地漏。

（3）通风设施　由于实验工作中常常产生有毒或易燃的气体，因此实验室要有良好的通风条件，通风设施一般有以下 3 种。

① 全室通风　采用排风扇或通风竖井，换气次数一般为 5 次/h。

② 局部排气罩　一般安装在大型仪器产生有害气体部位的上方。在教学实验室中产生有害气体的上方，设置局部排罩以减轻室内空气的污染。

③ 通风橱　这是实验室常用的一种局部排风设备。内有加热源、气源、水源、照明等装置。可采用防火防爆的金属材料制作通风橱，内涂防腐涂料，通风管道要能耐酸碱气体腐蚀。风机可安装在顶层机房内，并应有减少振动和噪声的装置，排气管应高于屋顶 2m 以上。一台排风机连接一个通风橱较好，不同房间共用一个风机和通风管道易发生交叉污染。通风橱在室内的正确位置是放在空气流动较小的地方，不要靠近门窗。通风橱台面高度 850mm，宽 800mm，橱内净高 1200～1500mm，操作口高度 800mm，柜长 1200～1800mm。条缝处风速 5m/s 以上。挡板后风道宽度等于缝宽 2 倍以上。

（4）燃气与供电　有条件的实验室可安装管道燃气。实验室的电源分照明用电和设备用电。照明最好采用荧光灯。设备用电中，24h 运行的电器如冰箱单独供电，其余电器设备均由总开关控制，烘箱、高温炉等电热设备应有插座、开关及熔断器。在室内及走廊上安置应急灯，备夜间突然停电时使用。

（5）实验台　实验台主要由台面、台下的支架和器皿柜组成。为方便操作台上可设置药品架，台的两端可安装水槽。

实验台一般宽 750mm，长根据房间尺寸，可为 1600～3200mm，高可为 800～900mm。材质为全钢或钢木结构。台面应平整、不易碎裂、耐酸碱及溶剂腐蚀，耐热，不易碰碎玻璃仪器等。加热设备可置于砖砌底座的水泥台面上，高度为 500～700mm。

3. 辅助用室

（1）药品储藏室　由于很多化学试剂都是易燃、易爆、有毒或腐蚀性物品，故不要购置过多。储藏室仅用于存放少量近期要用的化学药品，且要符合危险品存放安全要求。要具有防明火、防潮湿、防高温、防阳光直射、防雷电的功能。药品储藏室房间应朝北、干燥、通风良好，顶棚应遮阳隔热，门窗应坚固，窗应为高窗，门窗应设遮阳板。门应朝外开。易燃液体储藏室室温一般不许超过28℃，爆炸品不许超过30℃。少量危险品可用铁板柜或水泥柜分类隔离储存。室内设排气降温风扇，采用防爆型照明灯具。备有消防器材。亦可以符合上述条件的半地下室为药品储藏室。

（2）钢瓶室　易燃或助燃气体钢瓶要求安放在室外的钢瓶室内。钢瓶室要求远离热源、火源及可燃物仓库。钢瓶室要用非燃或难熔材料构造，墙壁用防爆墙，轻质顶盖，门朝外开。要避免阳光照射，并有良好的通风条件。钢瓶距明火热源10m以上，室内设有直立稳固的铁架用于放置钢瓶。

六、实验室的管理

为了确保化验室工作达到质量保证的要求，应该有一整套的规章制度，包括：

① 各级人员的岗位责任制度；

② 检验工作的质量保证制度；

③ 测试仪器设备的购置申请、验收、保管、使用、维修、校准、计量检定制度；

④ 检验标准、操作规程、精密仪器档案、原始记录、检验报告等资料的管理制度；

⑤ 危险物品、贵重物品和试剂的管理制度；

⑥ 安全和三废的管理制度等。

本节仅涉及仪器、药品和其他物品的管理。

（一）精密仪器的管理

安放仪器的房间应符合该仪器的要求，以确保仪器的精度及使用寿命。做好仪器室的防振、防尘、防腐蚀工作。

建立专人管理责任制，仪器的名称、规格、数量、单价、出厂和购置的年月都要登记准确。

大型精密仪器每台建立技术档案，内容包括：

① 仪器说明书、装箱章、零配件清单；

② 安装、调试、性能鉴定、验收记录、索赔记录；

③ 使用规程、保养维修规程；

④ 使用登记本、检修记录。

大型仪器使用、维修应由专人负责，使用维修人员经考核合格后方可独立操作使用。如确需拆卸、改装应有一定的审批手续。

（二）化学药品的管理

化验室所需的化学药品及试剂溶液品种很多，化学药品大多具有一定的毒性及危险性，对其加强管理不仅是保证分析数据质量的需要，也是确保安全的需要。

化验室宜存放少量短期内需用的药品。化学药品存放时要分类，无机物可按酸、碱、盐分类，盐类可按周期表中金属元素的顺序排列，如钾盐、钠盐等，有机物可按官能团分类，如烃、醇、酚、醛、酮、酸等。另外也可按应用分类，如基准物、指示剂、色谱固定液等。

1. 常用危险化学药品的分类

按化学品的危险性，我国将危险化学品分为8类。

① 爆炸品　在外界作用下（如受热、受压、撞击等）能发生剧烈的化学反应，瞬时产生大量气体和热量发生爆炸的物品。一般含有以下结构：O—O（过氧化物）、O—Cl（氯酸或过氯酸化合物）、N—X（氮的卤化物）、N═O（硝基或亚硝基化合物）、N≡N（叠氮或重氮化合物）、N═C（雷酸盐化合物）、C≡C（炔类化合物等）。

② 压缩气体和液化气体　乙炔、氢气、氧气、氧化亚氮等钢瓶气体。

③ 易燃液体　闭杯试验闪点等于或低于 61℃的液体。

④ 易燃固体、自燃物品和遇湿易燃物品，如碱金属的氢化物、碳化钙、白磷等。

⑤ 氧化剂和有机过氧化物。

⑥ 有毒品　经口摄取固体 LD_{50}（半致死剂量）≤500mg/kg，液体 LD_{50}≤2000mg/kg；经皮接触 24h，LD_{50}≤1000mg/kg；粉尘、烟雾及蒸气吸入 LC_{50}（半致死浓度）≤10mg/L 的固体或液体。

⑦ 放射性物品　放射性比活度大于 7.4×10^4 Bq/kg 的物品。

⑧ 腐蚀品　指能灼伤人体组织及对金属物品造成损坏的固体或液体。

2. 化验室试剂存放要求

① 易燃易爆试剂应储于铁柜（壁厚 1mm 以上）中，柜的顶部有通风口。严禁在实验室存放大于 20L 的瓶装易燃液体。易燃易爆药品不要放在冰箱内（防爆冰箱除外）。

② 相互混合或接触后可以产生激烈反应、燃烧、爆炸、放出有毒气体的两种或两种以上的化合物，不能混放。这种化合物系多为强氧化性物质与还原性物质。

③ 腐蚀性试剂宜放在塑料或搪瓷的盘或桶中，以防因瓶子破裂造成事故。

④ 要注意化学药品的存放期限，一些试剂在存放过程中会逐渐变质，甚至形成危害物。醚类、四氢呋喃、二氧六环、烯烃、液体石蜡等在见光条件下若接触空气可形成过氧化物，放置愈久愈危险。乙醚、异丙醚、丁醚、四氢呋喃、二氧六环等若未加阻化剂（对苯二酚、连苯三酚、硫酸亚铁等）存放期限不得超过 1 年。已开过瓶的乙醚若加 1,2,3-苯三酚（每 100mL 加 0.1mg）存放期限可达 2 年。

⑤ 药品柜和试剂溶液均应避免阳光直晒及靠近暖气等热源。要求避光的试剂应装于棕色瓶中或用黑纸或黑布包好存于暗柜中。

⑥ 发现试剂瓶上标签掉落或将要模糊时应立即贴制标签。无标签或标签无法辨认的试剂都要当成危险物品重新鉴别后小心处理，不可随便乱扔，以免引起严重后果。

⑦ 剧毒品应锁在专门的毒品柜中，建立领用需经申请、审批、双人登记签字的制度。

（三）其他实验物品的管理

除精密仪器外可以把其他实验物品分为三类：低值品、易耗品和材料。材料一般指消耗品，如金属、非金属原材料、试剂等；易耗品指玻璃仪器、元器件等；低值品则指价格不够固定资产标准又不属于材料范围的用品，如电表、工具等。这些物品使用频率高，流动性大，管理上要以心中有数，方便使用为目的。要建立必要的账目。在仪器柜和实验柜中分门别类存放，对工具、电料等都要养成取用完放回原处的习惯。有腐蚀性蒸气的酸应注意密封，定时通风，勿与精密仪器置于同一室中。

第三节　工业分析实验室安全知识

我们国家一贯重视安全与劳动保护工作。保护实验人员的安全和健康，防止环境污染，保证实验室工作安全而有效的进行是实验室管理工作的重要内容。根据化学分析化验工作的特点，实验室安全包括防火、防爆、防毒、防腐蚀、保证压力窗口和气瓶的安全、电气安全和防止环境污染等方面。

一、防止中毒、化学灼伤、割伤

① 一切药品和试剂要有与其内容相符的标签。剧毒药品严格遵守保管、领用制度。发

生撒落时，应立即收起并做解毒处理。

② 严禁试剂入口及以鼻直接接近瓶口进行鉴别。如需鉴别，应将试剂瓶口远离鼻子，以手轻轻扇动，稍闻即止。

③ 处理有毒的气体、产生蒸气的药品及有毒有机溶剂（如氮氧化物、溴、氯、硫化物、汞、砷化物、甲醇、乙腈、吡啶等），必须在通风橱内进行。取有毒试样时必须站在上风口。

④ 取用腐蚀性药品，如强酸、强碱、浓氨水、浓过氧化氢、氢氟酸、冰乙酸和溴水等，尽可能戴上防护眼镜和手套，操作后立即洗手。如瓶子较大应一手托住底部，一手拿住瓶颈。

⑤ 稀释硫酸时，必须在烧杯等耐热容器中进行，必须在玻璃棒不断搅拌下，缓慢地将酸加入到水中！溶解氢氧化钠、氢氧化钾等时，大量放热，也必须在耐热的容器中进行。浓酸和浓碱必须在各自稀释后再进行中和。

⑥ 取下沸腾的水或溶液时，需先用烧杯夹夹住摇动后再取下，以防使用时液体突然剧烈沸腾溅出伤人。

⑦ 切割玻璃管（棒）及将玻璃管、温度计插入橡皮塞时易受割伤，应按规程操作，垫以厚布。向玻璃管上套橡皮管时，应选择合适直径的橡皮管，玻璃管口先烧圆滑并以水、肥皂水润湿。把玻璃管插入橡皮塞时，应握住塞子的侧面进行。

二、防火、防爆

① 实验室内应备有灭火用具、急救箱和个人防护器材。实验人员要熟知这些器材的使用方法。

② 燃气灯及燃气管道要经常检查是否漏气。如果在实验室已闻到燃气的气味，应立即关闭阀门，打开门窗，不要接通任何电器开关（以免发生火花），禁止用火焰在燃气管道上寻找漏气的地方，应该用家用洗涤剂水或肥皂水来检查漏气。

③ 操作、倾倒易燃液体时应远离火源，瓶塞打不开时，切忌用火加热或贸然敲打。倾倒易燃液体时要有防静电措施。

④ 加热易燃溶剂必须在水浴或严密的电热板上缓慢进行，严禁用火焰或电炉直接加热。

⑤ 点燃燃气灯时，必须先关闭风门，划着火柴，再开燃气，最后调节风量。停用时要先闭风门。不依次序，就有发生爆炸和火灾的危险。还要防止燃气灯内燃。

⑥ 使用酒精灯时，注意切勿装满，应不超过容量的2/3，灯内酒精不足1/4容量时，应灭火后添加酒精。要熄灭燃着的灯焰时应用灯帽盖灭，不可用嘴吹灭，以防引起灯内酒精起燃。酒精灯应用火柴点燃，不应用另一正燃的酒精灯来点，以防失火。

⑦ 易爆炸类药品，如苦味酸、高氯酸、高氯酸盐、过氧化氢等应放在低温处保管，不应和其他易燃物放在一起。

⑧ 蒸馏可燃物时，应先通冷却水后通电。要时刻注意仪器和冷凝器的工作是否正常。如需往蒸馏器内补充液体，应先停止加热，放冷后再进行。

⑨ 易发生爆炸的操作不得对着人进行，必要时操作人员应戴面罩或使用防护挡板。

⑩ 身上或手上沾有易燃物时，应立即清洗干净，不得靠近灯火，以防着火。

⑪ 严禁可燃物与氧化剂一起研磨。工作中不要使用不知其成分的物质，因为反应时可能形成危险的产物（包括易燃、易爆或有毒产物）。在必须进行性质不明的实验时，应尽量先从最小剂量开始，同时要采取安全措施。

⑫ 易燃液体的废液应设置专用储器收集，不得倒入下水道，以免引起燃爆事故。

⑬ 燃气灯、电炉周围严禁有易燃物品。电烘箱周围严禁放置可燃、易燃物及挥发性易

燃液体。不能烘烤能放出易燃蒸气的物料。

三、灭火

一旦发生火灾，实验人员要临危不惧，冷静沉着，及时采取灭火措施。若局部起火，应立即切断电源，关闭燃气阀门，用湿抹布或石棉布覆盖熄灭。若火势较猛，应根据具体情况，选用适当的灭火器灭火，并立即拨打火警电话，请求救援。

我国对火灾的分类采用国际标准化组织的分类方法，根据燃烧物的性质，将火灾分为A、B、C、D四类。A类火灾是指由固体物质燃烧发生的火灾。发生A类火灾的物质包括：木材、棉、麻等纤维材料，丝、毛等含蛋白材料，合成纤维、塑料、橡胶等。B类火灾是指由液体物质和在燃烧条件下可熔化的固体物质燃烧所产生的火灾。产生B类火灾的物质包括：石油及石油工业产品，如原油、汽油、煤油、柴油、燃料油、苯、萘等含有烷烃的有机液体；醇、酯、醚、酮、胺等极性液体；沥青、石蜡、油脂等固体材料。C类火灾是指由气体物质燃烧造成的火灾。常见的产生C类火灾的气体有煤气、天然气、乙烷、丁烷、乙烯、氢气等。D类火灾是指由金属燃烧产生的火灾，常见产生D类火灾的物质有镁、钠、钾等碱金属或轻金属。

燃烧必须具备三个要素——着火源、可燃物、助燃剂（如氧气）。灭火就是要去掉其中一个因素。水是最廉价的灭火剂，适用于一般木材、各种纤维及可溶（或半溶）于水的可燃液体着火。砂土的灭火原理是隔绝空气，用于不能用水灭火的着火物。实验室应备干燥的砂箱。石棉毯或薄毯的灭火原理也是隔绝空气，用于扑灭人身上燃着的火。

实验室应配备灭火器，各种灭火器适用的火灾类型及场所不同，常用的灭火器及适用范围见表1-13。实验室应该选择适用的灭火器，实验人员都应熟知灭火器的使用方法，灭火器材应定期检查，按有效期更换灭火剂。

表1-13 常用灭火器及适用范围

灭火器	灭火剂	适用范围
二氧化碳灭火器	液化二氧化碳(气态的清洁灭火剂)	用于扑救油类、易燃液、气体和电气设备的初起火灾，人员应避免长期接触
“1211”灭火器	“1211”即二氟一氯一溴甲烷(灭火原理为化学抑制)	用于扑救油类、档案资料、电气设备及贵重精密仪器的着火，因破坏大气臭氧层，逐渐限制生产及使用
干粉灭火器	ABC型为内装磷酸铵盐干粉灭火剂，BC型为内装碳酸氢钠干粉灭火剂 以氮气为驱动气体	用于扑救油类、可燃液、气体和电气设备的初起火灾，灭火速度快
合成泡沫	发泡剂为蛋白、氟碳表面活性剂等	用于扑救非水溶性可燃液体、油类和一般固体物质火灾

四、化学毒物及中毒的救治

1. 毒物

某些侵入人体的少量物质引起局部刺激或整个机体功能障碍的任何疾病都称为中毒，这类物质称为毒物。根据毒物侵入的途径，中毒分为摄入中毒、呼吸中毒和接触中毒。接触中毒是使接触它的那一部分组织立即受到伤害。

毒物的剂量与效应之间的关系称为毒物的毒性，习惯上用半致死剂量（LD_{50}）或半致死浓度（LC_{50}）作为衡量急性毒性大小的指标，将毒物的毒性分为剧毒、高毒、中等毒、低毒和微毒五级。上述分级未考虑其慢性毒性及致癌作用，我国国家标准 GBZ/T 230—2025《工作场所毒物危害程度分级标准》根据毒物的毒性效应指标，包括急性毒性、刺激性与腐蚀性、致敏性、生殖毒性和致癌性，将工作场所毒物危害程度分为轻度危害（Ⅰ级）、中度危害（Ⅱ级）、高度危害（Ⅲ级）和极度危害（Ⅳ级）4 个等级。

表 1-14　常见化学毒物的急性致毒作用与救治方法（严重者现场急救处理后速送医院）

分　类	名　称	主要致毒作用与症状	救　治　方　法
酸	硫酸、盐酸、硝酸	接触：硫酸局部红肿痛，重者起水泡、呈烫伤症状；硝酸、盐酸腐蚀性小于硫酸	立即用大量流动清水冲洗，再用 2%碳酸氢钠水溶液冲洗，然后清水冲洗
		吞服：强烈腐蚀口腔、食道、胃黏膜	初服可洗胃，时间长忌洗胃，以防穿孔；应立即服 7.5%氢氧化镁悬液 60mL，鸡蛋清调水或牛奶 200mL
	氢氟酸	局部烧灼感，开始疼痛，较小不易察觉；氢氟酸渗入指甲，剧痛	立即用大量水冲洗，将伤处浸入：①0.1%～0.133%氯化苄烷铵水或乙醇溶液（冰镇）；②饱和硫酸镁溶液（冰镇）；③70%乙醇溶液（冰镇）。上述方法任选一种，①的效果最佳
		眼烧伤	大量清洁冷水淋洗，每次 15min，间隔 15min
强碱	氢氧化钠、氢氧化钾	接触：强烈腐蚀性，化学烧伤	迅速用水、柠檬汁、2%乙酸或 2%硼酸水溶液洗涤
		吞服：口腔、食道、胃黏膜糜烂	禁洗胃或催吐，给服稀乙酸或柠檬汁 500mL，或 0.5%盐酸 100～500mL，再服蛋清水、牛奶、淀粉糊、植物油等
无机物	汞及其化合物	大量吸入汞蒸气或吞食二氯化汞等汞盐；引起急性汞中毒，表现为恶心、呕吐、腹痛、腹泻、全身衰弱、尿少或尿闭甚至死亡	误服者不得用生理盐水洗胃，迅速灌服蛋清水、牛奶或豆浆 送医院治疗
		汞蒸气慢性中毒症状：头晕、头痛、失眠等神经衰弱症候群；植物神经功能紊乱、口腔炎及消化道症状及震颤	脱离接触汞的岗位，医院治疗
		皮肤接触	用大量水冲洗后，湿敷 3%～5%硫代硫酸钠溶液，不溶性汞化合物用肥皂和水洗
	砷及其化合物	皮肤接触	用肥皂和水冲洗，皮炎可涂 2.5%二巯基丙醇油膏
		吞服：恶心、呕吐、腹痛、剧烈腹泻 粉尘和气体也可引起慢性中毒	立即洗胃、催吐，洗胃前服新配氢氧化铁溶液（12%硫酸亚铁与 20%氧化镁混悬液等量混合）催吐，或服蛋清水或牛奶，导泻，医生处置
	氰化物	皮肤烧伤 吸入氰化氢或吞食氰化物，量大者造成组织细胞窒息，呼吸停止而死亡	大量水冲洗，依次用万分之一的高锰酸钾和硫化铵洗涤，或用 0.5%硫代硫酸钠冲洗
		急性中毒：胸闷、头痛、呕吐、呼吸困难、昏迷	用亚硝酸异戊酯、亚硝酸钠、硫代硫酸钠解毒（医生进行）
		慢性中毒：神经衰弱症状、肌肉酸痛等	
	铬酸、重铬酸钾等铬化合物	铬酸、重铬酸钾对黏膜有剧烈的刺激作用，产生炎症和溃疡；铬的化合物可以致癌 吞服中毒（略）	用 5%硫代硫酸钠溶液清洗受污染皮肤

续表

<table>
<tr><th>分 类</th><th>名 称</th><th>主要致毒作用与症状</th><th>救 治 方 法</th></tr>
<tr><td rowspan="4">有机化合物</td><td>石油烃类(石油产品中的各种饱和或不饱和烃)</td><td>吸入高浓度汽油蒸气,出现头痛、头晕、心悸、神志不清等
汽油对皮肤有脂溶性和刺激性,皮肤干燥、皲裂,个别人起红斑、水疱
石油烃能引起呼吸、造血、神经系统慢性中毒症状
某些润滑油和石油残渣长期刺激皮肤可能引发皮癌</td><td>移至新鲜空气处,重症可给予吸氧
温水清洗
医生治疗
涂5%炉甘石洗剂</td></tr>
<tr><td>苯及其同系物(如甲苯)</td><td>吸入蒸气及皮肤渗透
急性:头晕、头痛、恶心,重者昏迷抽搐甚至死亡
慢性:损害造血系统、神经系统</td><td>皮肤接触用清水洗涤
人工呼吸、输氧,医生处理</td></tr>
<tr><td>三氯甲烷</td><td>皮肤接触:干燥、皲裂
吸入高浓度蒸气急性中毒、眩晕、恶心、麻醉
慢性中毒:肝、心、肾损害</td><td>皮肤皲裂者选用10%尿素冷霜
脱离现场,吸氧,医生处置</td></tr>
<tr><td>四氯化碳</td><td>接触:皮肤因脱脂而干燥、皲裂
吸入,急性:黏膜刺激、中枢神经系统抑制和胃肠道刺激症状
慢性:神经衰弱症候群,损害肝、肾</td><td>2%碳酸氢钠或1%硼酸溶液冲洗皮肤和眼
脱离中毒现场急救,人工呼吸、吸氧</td></tr>
<tr><td rowspan="2">有机化合物</td><td>甲醇</td><td>吸入蒸气中毒,也可经皮肤吸收
急性:神经衰弱症状,视力模糊、酸中毒症状
慢性:神经衰弱症状,视力减弱,眼球疼痛
吞服15mL可导致失明,70～100mL致死</td><td>皮肤污染用清水冲洗
溅入眼内,立即用2%碳酸氢钠冲洗
误服,立即用3%碳酸氢钠溶液充分洗胃后医生处置</td></tr>
<tr><td>芳胺、芳族硝基化合物</td><td>吸入或皮肤渗透
急性中毒致高铁血红蛋白症、溶血性贫血及肝脏损害</td><td>皮肤接触用温肥皂水(忌用热水)洗,苯胺可用5%乙酸或70%乙醇洗</td></tr>
<tr><td rowspan="2">氮氧化物气体</td><td>氮氧化物</td><td>呼吸系统急性损害
急性中毒:口腔、咽喉黏膜、眼结膜充血、头晕、支气管炎、肺炎、肺水肿
慢性:呼吸道病变</td><td>移至新鲜空气处,必要时吸氧</td></tr>
<tr><td>二氧化硫、三氧化硫</td><td>对上呼吸道及眼结膜有刺激作用;结膜炎、支气管炎、胸痛、胸闷</td><td>移至新鲜空气处,必要时吸氧,用2%碳酸氢钠洗眼</td></tr>
<tr><td>气体</td><td>硫化氢</td><td>眼结膜、呼吸及中枢神经系统损害
急性:头晕、头痛甚至抽搐昏迷;久闻不觉其气味更具危险性</td><td>移至新鲜空气处,必要时吸氧
生理盐水洗眼</td></tr>
</table>

2. 中毒症状与救治方法

实验室人员应了解毒物的侵入途径、中毒症状和急救办法。在工作中贯彻预防为主的方针，减少化学毒物引起的中毒事故。一旦发生中毒时能争分夺秒地（这是关键!）、正确地采取自救互救措施，力求在毒物被吸收之前实现抢救，直至医生到来。表 1-14 简要地列出了部分化学毒物的中毒症状及救治办法，供参考。

实验室接触毒物造成中毒的可能发生在取样、管道破裂或阀门损坏等意外事故；样品溶解时通风不良；有机溶剂萃取、蒸馏等操作中发生意外；实验过程违犯安全操作规程。预防中毒的措施主要是：①熟悉所使用的仪器、试剂的安全性能，严格执行安全操作规程；②改进实验设备与实验方法，尽量采用低毒品代替高毒品；③有符合要求的通风设施将有害气体排除；④消除二次污染源，即减少有毒蒸气的逸出及有毒物质的洒落、泼溅；⑤选用必要的个人防护用具，如眼镜、防护油膏、防毒面具、防护服装等。

五、实验室安全守则

① 化验室应配备足够数量的安全用具，如砂箱、灭火器、灭火毯、冲洗龙头、洗眼器、护目镜、防护屏、急救药箱（备创可贴、碘酒、棉签、纱布及本实验室使用药品可能发生事故的急救药，如 2%碳酸氢钠溶液、2%硼酸溶液、5%乙酸溶液等）。每位工作人员都应知道这些用具放置的位置和使用方法。每位工作人员还应知道实验室内燃气阀、水阀和电开关的位置，以备必要时及时关闭。

② 分析人员必须认真学习分析规程和有关的安全技术规程，了解设备性能及操作中可能发生事故的原因，掌握预防和处理事故的方法。

③ 进行有危险性的工作，如危险物料的现场取样、易燃易爆物品的处理、焚烧废液等应有第二者陪伴，陪伴者应处于能清楚看到工作地点的地方并观察操作的全过程。

④ 玻璃管与胶管、胶塞等拆装时，应先用水润湿，手上垫棉布，以免玻璃管折断扎伤。

⑤ 打开浓盐酸、浓硝酸、浓氨水试剂瓶塞时带防护用具，在通风橱中进行。

⑥ 夏季打开易挥发溶剂瓶塞前，应先用冷水冷却，瓶口不要对着人。

⑦ 稀释浓硫酸的容器，烧杯或锥形瓶要放在塑料盆中，只能将浓硫酸慢慢倒入水中，不能相反！必要时用水冷却。

⑧ 蒸馏易燃液体严禁用明火。蒸馏过程中不得离人，以防温度过高或冷却水突然中断。

⑨ 实验室内每瓶试剂必须贴有明显的与内容物相符的标签。严禁将用完的原装试剂空瓶不更新标签而装入别的试剂。

⑩ 操作中不得离开岗位，必须离开时要委托能负责任者看管。

⑪ 实验室内禁止吸烟、进食，不能用实验器皿处理食物。离室前用肥皂洗手。

⑫ 工作时应穿工作服，长发要扎起，不能在食堂等公共场所穿工作服。进行有危险性的工作要加戴防护用具。最好能做到做实验时都戴上防护眼镜。

⑬ 每日工作完毕检查水、电、气、窗，进行安全登记后方可锁门。

● 习题

1. 熟悉实验室用器皿、试剂、水的基础知识。
2. 熟悉化学试剂的分类。
3. 对精密仪器室及化学分析室的建筑环境和内部设施有哪些设计要求？
4. 实验室存放药品要注意哪些问题？

5. 常用危险化学药品包括哪些品类？

6. 怎样预防火灾和爆炸？化验室一旦失火要采取哪些紧急措施？

7. 说出实验室几种常见毒物沾污到皮肤上紧急处置的方法。

8. 在气瓶安全使用、安全用电及实验室一般安全守则方面必须遵守哪些规定？

• 综合探究

某化学分析实验室正在进行一次常规的酸碱滴定实验，实验员小张在操作过程中出现了以下情况：

（1）未佩戴护目镜，不慎将稀盐酸溅入眼睛。

（2）使用破损的玻璃仪器进行加热操作，导致溶液泄漏并烫伤手部。

（3）实验结束后，将未中和的废液直接倒入下水道。

（4）在通风橱外使用挥发性有机溶剂，导致实验室空气质量下降。

请结合上述情境，回答以下问题：

（1）实验室个人防护：小张未佩戴护目镜可能导致什么后果？应如何正确处理盐酸溅入眼睛的紧急情况？

（2）仪器安全检查：使用破损的玻璃仪器可能引发哪些危险？实验室应如何规范玻璃仪器的使用与管理？

（3）废液处理：直接倾倒未中和的废液可能对环境造成什么影响？正确的废液处理流程是什么？

（4）通风系统使用：为什么挥发性有机溶剂应在通风橱内使用？实验室通风系统的作用有哪些？

（5）综合改进建议：针对小张的操作失误，提出至少3条改进措施，以提高实验室安全水平。

扫码见参考答案

第二章 水质分析

实验一 化学需氧量的测定(一)——重铬酸钾法

一、原理

化学需氧量（COD）是表征水中还原性物质（主要是有机物）的一个指标，它可以反映水体被有机物污染的状况。其测定原理是在强酸性溶液中，准确加入过量的氧化剂重铬酸钾标准溶液，加热回流，将水样中还原性物质（主要是有机物）氧化，过量的重铬酸钾以邻菲啰啉（试亚铁灵）作指示剂，用硫酸亚铁铵标准溶液回滴，根据消耗的重铬酸钾标准溶液计算出水样中化学需氧量。

二、仪器与试剂

① 500mL 全玻璃回流装置。

② 加热装置（电炉）。

③ 25mL 或 50mL 酸式滴定管、锥形瓶、移液管、容量瓶等。

④ 重铬酸钾标准溶液（$c_{1/6K_2Cr_2O_7}=0.2500mol/L$）：称取预先在 120℃烘干 2h 的基准或优质纯重铬酸钾 12.2588g 溶于水中，移入 1000mL 容量瓶中，加水稀释至刻度，摇匀。

⑤ 试亚铁灵指示液：称取 1.485g 邻菲啰啉（$C_{12}H_8N_2 \cdot H_2O$）、0.695g 硫酸亚铁（$FeSO_4 \cdot 7H_2O$）溶于水中，稀释至 100mL，贮于棕色瓶内。

⑥ 硫酸亚铁铵标准溶液［$c_{(NH_4)_2Fe(SO_4)_2 \cdot 6H_2O} \approx 0.1mol/L$］：称取 3.95g 硫酸亚铁铵溶于水中，边搅拌边缓慢加入 20mL 浓硫酸，冷却后移入 1000mL 容量瓶中，加水稀释至刻度，摇匀。临用前，用重铬酸钾标准溶液标定。

标定：准确吸取 10.00mL 重铬酸钾标准溶液于 500mL 锥形瓶中，加水稀释至 110mL 左右，缓慢加入 30mL 浓硫酸，混匀。冷却后，加入 3 滴试亚铁灵指示液（约 0.15mL），用硫酸亚铁铵溶液滴定，溶液的颜色由黄色经蓝绿色至红褐色即为终点。

$$c=\frac{0.2500\times 10.00}{V}$$

式中 c——硫酸亚铁铵标准溶液的浓度，mol/L；

V——硫酸亚铁铵标准溶液的用量，mL。

⑦ 硫酸-硫酸银溶液：于 500mL 浓硫酸中加入 5g 硫酸银。放置 1～2d，不时摇动使其溶解。

⑧ 硫酸汞：结晶或粉末。

三、分析步骤

① 取 20.00mL 混合均匀的水样（或适量水样稀释至 20.00mL），置于 250mL 磨口的回流锥形瓶中，准确加入 10.00mL 重铬酸钾标准溶液及数粒小玻璃珠或沸石，连接磨口回流

冷凝管，从冷凝管上口慢慢地加入30mL硫酸-硫酸银溶液，轻轻摇动锥形瓶使溶液混匀，加热回流2h（自开始沸腾计时）。

对于化学需氧量高的废水样，可先取上述操作所需体积1/10的废水样和试剂于ϕ15mm×150mm硬质玻璃试管中，摇匀，加热后观察是否呈绿色。如溶液呈绿色，再适当减少废水取样量，直至溶液不变绿色为止，从而确定废水样分析时应取用的体积。稀释时，所取废水样量不得少于5mL，如果化学需氧量很高，则废水样应多次稀释。废水中氯离子含量超过30mg/L时，应先把0.4g硫酸汞加入回流锥形瓶中，再加20.00mL废水（或适量废水稀释至20.00mL），摇匀。

② 冷却后，用90mL水冲洗冷凝管壁，取下锥形瓶。溶液总体积不得少于140mL，否则因酸度太大，滴定终点不明显。

③ 溶液再度冷却后，加3滴试亚铁灵指示液，用硫酸亚铁铵标准溶液滴定，溶液的颜色由黄色经蓝绿色至红褐色即为终点，记录硫酸亚铁铵标准溶液的用量。

④ 测定水样的同时，取20.00mL蒸馏水，按同样操作步骤做空白试验。记录滴定空白时硫酸亚铁铵标准溶液的用量。

四、结果计算

$$COD_{Cr}(O_2,mg/L)=\frac{(V_0-V_1)c\times8\times1000}{V}$$

式中 c——硫酸亚铁铵标准溶液的浓度，mol/L；

V_0——滴定空白时硫酸亚铁铵标准溶液的用量，mL；

V_1——滴定水样时硫酸亚铁铵标准溶液的用量，mL；

V——水样的体积，mL；

8——氧（$1/2O_2$）摩尔质量，g/mol。

五、附注

① 使用0.4g硫酸汞络合氯离子的最高量可达40mg，如取用20.00mL水样，即最高可络合2000mg/L氯离子浓度的水样。若氯离子的浓度较低，也可少加硫酸汞，使保持硫酸汞∶氯离子=10∶1（质量比）。若出现少量氯化汞沉淀，并不影响测定。

② 水样取用体积可在10.00～50.00mL范围内，但试剂用量及浓度需按表2-1进行相应调整，也可得到满意的结果。

表2-1 水样取用量和试剂用量

水样体积/mL	消耗0.2500mol/L $K_2Cr_2O_7$溶液的体积/mL	H_2SO_4-Ag_2SO_4溶液的体积/mL	$HgSO_4$/g	$c_{(NH_4)_2Fe(SO_4)_2}$/(mol/L)	滴定前总体积/mL
10.0	5.0	15	0.2	0.050	70
20.0	10.0	30	0.4	0.100	140
30.0	15.0	45	0.6	0.150	210
40.0	20.0	60	0.8	0.200	280
50.0	25.0	75	1.0	0.250	350

③ 对于化学需氧量小于50mg/L的水样，应改用0.0250mol/L重铬酸钾标准溶液。回滴时用0.01mol/L硫酸亚铁铵标准溶液。

④ 水样加热回流后，溶液中重铬酸钾剩余量应为加入量的1/5～4/5为宜。

⑤ 用邻苯二甲酸氢钾标准溶液检查试剂的质量和操作技术时，由于每克邻苯二甲酸氢

钾的理论 COD_{Cr} 为 1.176g，所以溶解 0.4251g 邻苯二甲酸氢钾（$HOOCC_6H_4COOK$）于重蒸馏水中，转入 1000mL 容量瓶，用重蒸馏水稀释至标线，使之成为 500mg/L 的 COD_{Cr} 标准溶液。用时现配。

⑥ COD_{Cr} 的测定结果应保留三位有效数字。

⑦ 每次实验时，应对硫酸亚铁铵标准滴定溶液进行标定，室温较高时尤其注意其浓度的变化。

六、思考题

① 滴定临近终点时，为什么要逐滴甚至半滴加入硫酸亚铁铵标准溶液？如何正确地进行半滴操作？

② 为什么必须同时做一个蒸馏水的空白实验？空白实验在计算中起到了什么关键作用？

③ 测定水样的 COD 有什么意义？

④ 如果测得的 COD 值显著高于或低于预期值，可能的原因有哪些？

实验二　化学需氧量的测定(二)——库仑滴定法

一、原理

在恒压式库仑滴定仪的电解池中，水样以重铬酸钾为氧化剂，在 10.2mol/L 硫酸介质中回流氧化后，过量的重铬酸钾用电解产生的亚铁离子作为库仑滴定剂，进行库仑滴定。根据电解产生亚铁离子所消耗的电量，按照法拉第定律计算水样 COD 值，即

$$COD_{Cr}(O_2, mg/L)=\frac{Q_s-Q_m}{96500}\times\frac{8000}{V}$$

式中　Q_s——标定与加入水样中相同量重铬酸钾溶液所消耗的电量；

Q_m——水样中过量重铬酸钾所消耗的电量；

V——水样的体积，mL。

此法简便、快速，试剂用量少，简化了用标准溶液标定滴定的步骤，缩短了回流时间，尤适合工矿企业的工业废水控制分析。但由于其氧化条件与本章实验一法不完全一致，必要时，应与本章实验一法测定结果进行核对。

二、仪器与试剂

① 化学需氧量测量仪。

② 滴定池：150mL 锥形瓶。

③ 电极：发生电极面积为 $780mm^2$ 铂片。对电极用铂丝做成，置于底部为垂熔玻璃的玻璃管（内充 3mol/L 的硫酸）中。指示电极面积为 $300mm^2$ 铂片。参比电极为直径 1mm 钨丝，也置于底部为垂熔玻璃的玻璃管（内充饱和硫酸钾溶液）中。

④ 电磁搅拌器、搅拌子。

⑤ 回流装置：$34^{\#}$ 标准磨口 150mL 锥形瓶的回流装置，回流冷凝管长度为 120mm。

⑥ 电炉（300W）。

⑦ 定时钟。

⑧ 重蒸馏水，于蒸馏水中加入少许高锰酸钾进行重蒸馏。

⑨ 重铬酸钾溶液（$c_{1/6K_2Cr_2O_7}=0.050mol/L$）：称取 2.5g 重铬酸钾溶于 1000mL 蒸馏水

中，摇匀备用。

⑩ 硫酸-硫酸银溶液：于 500mL 浓硫酸中加入 5g 硫酸银，使其溶解。摇匀。

⑪ 硫酸铁溶液（$c_{1/2Fe_2(SO_4)_3}=1mol/L$）：称取 200g 硫酸铁溶于 1000mL 重蒸馏水中，混匀。若有沉淀物，需过滤除去。

⑫ 硫酸汞溶液：称取 4g 硫酸汞置于 50mL 烧杯中，加入 3mol/L 硫酸 20mL，稍加热使其溶解，移入滴瓶中。

三、分析步骤

1. 标定值的测定

① 吸取 12.00mL 重蒸馏水置于锥形瓶中，加 0.050mol/L 重铬酸钾溶液 1.00mL，慢慢加入 17mL 硫酸-硫酸银溶液，混匀。放入 2～3 粒玻璃珠，加热回流。

② 回流 15min 后，停止加热，用隔热板将锥形瓶与电炉隔开，稍冷，由冷凝管上端加入 33mL 重蒸馏水。

③ 取下锥形瓶，置于冷水浴中冷却，加入 1mol/L 硫酸铁溶液 7mL，摇匀，继续冷却至室温。

④ 放入搅拌子，插入电极，开动搅拌器，揿下标定开关，进行库仑滴定。仪器自动控制终点并显示重铬酸钾相对应的 COD 标定值。

2. 水样的测定

（1）COD 值小于 20mg/L 的水样

① 准确吸取 10.00mL 水样于锥形瓶中，加入 1～2 滴硫酸汞溶液及 0.050mol/L 重铬酸钾溶液 1.00mL，加入 17mL 硫酸-硫酸银溶液，混匀。加 2～3 粒玻璃珠，加热回流，以下操作按照“标定值的测定②、③”进行。

② 放入搅拌子，插入电极并开动搅拌器，揿下测定开关，进行库仑滴定，仪器直接显示水样的 COD 值。

如果水样氯离子含量较高，可以少取水样，用重蒸馏水稀释至 10mL，测定该水样的 COD 为：

$$COD_{Cr}(O_2, mg/L)=\frac{10}{V}\times COD$$

式中 V——水样的体积，mL；

COD——仪器 COD 读数，mg/L。

（2）COD 值大于 20mg/L 的水样

① 准确吸取 10.00mL 重蒸馏水置于锥形瓶中，加入 1～2 滴硫酸汞溶液和 0.050mol/L 重铬酸钾溶液 3.00mL，慢慢加入 17mL 硫酸-硫酸银溶液，混匀。放入 2～3 粒玻璃珠，加热回流。以下操作按“标定值的测定②、③、④”进行标定。

② 准确吸取 10.00mL 水样（或酌量少取，加水至 10mL）置于锥形瓶中，加入 1～2 滴硫酸汞溶液及 0.050mol/L 重铬酸钾溶液 3.00mL，再加 17mL 硫酸-硫酸银溶液，混匀，加入 2～3 粒玻璃珠，加热回流。以下操作按 COD 小于 20mg/L 的水样测定步骤②进行。

四、附注

① 对于浑浊及悬浮物较多的水样，要特别注意取样的均匀性，否则会带来较大的误差。

② 当铂电极沾污时，可将其浸入 2mol/L 氨水中浸洗片刻，然后用重蒸馏水洗净。

③ 切勿用去离子水配制试剂和稀释水样。

④ 对于不同型号的COD测定仪，应按照仪器使用说明书进行操作。

五、思考题

① 该实验用什么做滴定剂？该滴定剂是怎么产生的？

② 库仑滴定法测定COD的基本原理是什么？它与传统的重铬酸钾滴定法在“滴定剂”的来源和加入方式上有何根本不同？

③ 为什么说库仑法比传统重铬酸钾法更符合“绿色化学”的理念？（可以从试剂用量、废液产生与毒性等方面阐述）

实验三　五日生化需氧量的测定——碘量法

一、原理

生化需氧量是指在规定条件下，微生物分解存在于水中的某些可氧化物质，主要是有机物质所进行的生物化学过程中消耗溶解氧的量。分别测定水样培养前的溶解氧含量和在（20±1)℃下培养五天后的溶解氧含量，二者之差即为五日生化过程所消耗的氧量（BOD_5）。

对于某些地面水及大多数工业废水、生活污水，因含较多的有机物，需要稀释后再培养测定，以降低其浓度，保证降解过程在有足够溶解氧的条件下进行。其具体水样稀释倍数可借助于高锰酸钾指数或化学需氧量（COD_{Cr}）推算。

对于不含或少含微生物的工业废水，在测定BOD_5时应进行接种，以引入能分解废水中有机物的微生物。当废水中存在被一般生活污水中的微生物以正常速度降解的有机物或含有剧毒物质时，应接种经过驯化的微生物。

二、仪器与试剂

① 恒温培养箱。

② 5～20L细口玻璃瓶。

③ 1000～2000mL量筒。

④ 玻璃搅棒：棒长应比所用量筒高度长20cm。在棒的底端固定一个直径比量筒直径略小，并带有几个小孔的硬橡胶板。

⑤ 溶解氧瓶：200～300mL，带有磨口玻璃塞并具有供水封用的钟形口。

⑥ 虹吸管：供分取水样和添加稀释水用。

⑦ 磷酸盐缓冲溶液：将8.5g磷酸二氢钾（KH_2PO_4）、21.75g磷酸氢二钾（K_2HPO_4）、33.4g磷酸氢二钠（$Na_2HPO_4 \cdot 7H_2O$）和1.7g氯化铵（NH_4Cl）溶于水中，稀释至1000mL。此溶液的pH值应为7.2。

⑧ 硫酸镁溶液：将22.5g硫酸镁（$MgSO_4 \cdot 7H_2O$）溶于水中，稀释至1000mL。

⑨ 氯化钙溶液：将27.5g无水氯化钙溶于水中，稀释至1000mL。

⑩ 氯化铁溶液：将0.25g氯化铁（$FeCl_3 \cdot 6H_2O$）溶于水中，稀释至1000mL。

⑪ 盐酸溶液（0.5mol/L)：将40mL（ρ=1.18g/mL）盐酸溶于水中，稀释至100mL。

⑫ 氢氧化钠溶液（0.5mol/L)：将20g氢氧化钠溶于水中，稀释至1000mL。

⑬ 亚硫酸钠溶液（$1/2Na_2SO_3$=0.025mol/L)：将1.575g亚硫酸钠溶于水中，稀释至1000mL。此溶液不稳定，需每天配制。

⑭ 葡萄糖-谷氨酸标准溶液：将葡萄糖（$C_6H_{12}O_6$）和谷氨酸（$HOOCCH_2$—CH_2CHNH_2COOH）在103℃干燥1h后，各称取150mg溶于水中，移入1000mL容量瓶内并稀释至刻度，混合均匀。此标准溶液需临用前配制。

⑮ 稀释水：在5～20L玻璃瓶内装入一定量的水，控制水温在20℃左右。然后用无油空气压缩机或薄膜泵，将此水曝气2～8h，使水中的溶解氧接近于饱和，也可以鼓入适量纯氧。瓶口盖以两层经洗涤晾干的纱布，置于20℃培养箱中放置数小时，使水中溶解氧含量达8mg/L左右。临用前于每升水中加入氯化钙溶液、氯化铁溶液、硫酸镁溶液、磷酸盐缓冲溶液各1mL，并混合均匀。

稀释水的pH值应为7.2，其BOD_5应小于0.2mg/L。

⑯ 接种液：可选用以下任一方法，以获得可用的接种液。

a. 城市污水，一般采用生活污水，在室温下放置一昼夜，取上清液供用。

b. 表层土壤浸出液，取100g花园土壤或植物生长土壤，加入1L水，混合并静置10min，取上清液供用。

c. 用含城市污水的河水或湖水。

d. 污水处理厂的出水。

e. 当分析含有难以降解物质的废水时，在排污口下游3～8km处取水样作为废水的驯化接种液。如无此种水源，可取中和或经适当稀释后的废水进行连续曝气，每天加入少量该种废水，同时加入适量表层土壤或生活污水，使能适应该种废水的微生物大量繁殖。当水中出现大量絮状物，或检查其化学需氧量的降低值出现突变时，表明适用的微生物已进行繁殖，可用作接种液。一般驯化过程需要3～8d。

⑰ 接种稀释水：取适量接种液，加入稀释水中，混匀。每升稀释水中接种液加入量为：生活污水1～10mL；表层土壤浸出液20～30mL；河水、湖水10～100mL。

接种稀释水的pH值应为7.2，BOD_5值以在0.3～1.0mg/L之间为宜。接种稀释水配制后应立即使用。

三、分析步骤

1. 水样的预处理

① 水样的pH值若超出7.5时，可用盐酸或氢氧化钠稀溶液调节pH值至近于7，但用量不要超过水样体积的0.5%。若水样的酸度或碱度很高，可改用高浓度的碱或酸液进行中和。

② 水样中含有铜、铅、锌、镉、铬、砷、氰等有毒物质时，可使用经驯化的微生物接种液的稀释水进行稀释，或增大稀释倍数，以减小毒物的浓度。

③ 含有少量游离氯的水样，一般放置1～2h，游离氯即可消失。对于游离氯在短时间内不能消散的水样，可加入亚硫酸钠溶液除去。其加入量的计算方法是：取中和好的水样100mL，加入1+1乙酸10mL、100g/L碘化钾溶液1mL，混匀。以淀粉溶液为指示剂，用亚硫酸钠标准液滴定游离碘。根据亚硫酸钠标准溶液消耗的体积及其浓度，计算水样中所需加入亚硫酸钠溶液的量。

④ 从水温较低的水域中采集的水样，可能含有过饱和溶解氧，此时应将水样迅速升温至20℃左右，充分振摇，以赶出过饱和的溶解氧。

从水温较高的水域或废水排放口取得的水样，则应迅速冷却至20℃左右，充分振摇，使与空气中氧分压接近平衡。

2. 水样的测定

(1) 不经稀释水样的测定　溶解氧含量较高、有机物含量较少的地面水，可不经稀释，而直接以虹吸法将约 20℃的混匀水样转移至两个溶解氧瓶内，转移过程中应注意不使其产生气泡。以同样的操作使两个溶解氧瓶充满水样，加塞水封。

立即测定其中一瓶溶解氧。将另一瓶放入培养箱中，在 (20±1)℃培养 5d 后。测其溶解氧。

(2) 需经稀释水样的测定　稀释倍数的确定：地面水可由测得的高锰酸盐指数乘以适当的系数，按表 2-2 求出稀释倍数。

表 2-2　高锰酸盐指数对应的系数值

高锰酸盐指数/(mg/L)	系　数	高锰酸盐指数/(mg/L)	系　数
<5	—	10～20	0.4、0.6
5～10	0.2、0.3	>20	0.5、0.7、1.0

工业废水的系数可由重铬酸钾法测得的 COD 值确定。通常需作三个稀释比，即使用稀释水时，由 COD 值分别乘以系数 0.075、0.15、0.225，即获得三个稀释倍数；使用接种稀释水时，则分别乘以 0.075、0.15 和 0.225，获得三个稀释倍数。

稀释倍数确定后按下法之一测定水样。

① 一般稀释法。按照选定的稀释比例，用虹吸法沿筒壁先引入稀释水（或接种稀释水）于 1000mL 量筒中，加入需要量的均匀水样，再引入稀释水（或接种稀释水）至 800mL，用带胶板的玻璃棒小心上下搅匀。搅拌时勿使搅棒的胶板露出水面，防止产生气泡。

按不经稀释水样的测定步骤进行装瓶，测定当天溶解氧和培养 5d 后的溶解氧含量。

另取两个溶解氧瓶，用虹吸法装满稀释水（或接种稀释水）作为空白，分别测定 5d 前、后的溶解氧含量。

② 直接稀释法。直接稀释法是在溶解氧瓶内直接稀释。在已知两个容积相同（其差小于 1mL）的溶解氧瓶内，用虹吸法加入部分稀释水（或接种稀释水），再加入根据瓶容积和稀释比例计算出的水样量，然后引入稀释水（或接种稀释水）至刚好充满，加塞，勿留气泡于瓶内。其余操作与上述稀释法相同。

在 BOD_5 测定中，一般应用叠氮化钠改良法测定溶解氧。如遇干扰物质，应根据具体情况采用其他测定法。溶解氧的测定方法附后。

四、结果计算

1. 不经稀释直接培养的水样

$$BOD_5(mg/L)=c_1-c_2$$

式中　c_1——水样在培养前的溶解氧浓度，mg/L；

c_2——水样培养 5d 后剩余溶解氧浓度，mg/L。

2. 经稀释后培养的水样

$$BOD_5(mg/L)=\frac{(c_1-c_2)-(c_1'-c_2')f_1}{f_2}$$

式中　c_1'——稀释水（或接种稀释水）在培养前的溶解氧浓度，mg/L；

c_2'——稀释水（或接种稀释水）在培养后的溶解氧浓度，mg/L；

f_1——稀释水（或接种稀释水）在培养液中所占比例；

f_2——水样在培养液中所占比例。

五、附注

① 测定一般水样的 BOD_5 时，硝化作用很不明显或根本不发生。但对于生物处理池出水，则含有大量硝化细菌。因此，在测定 BOD_5 时也包括了部分含氮化合物的需氧量。对于这种水样，如只需测定有机物的需氧量，应加入硝化抑制剂，如丙烯基硫脲（ATU，$C_4H_8N_2S$）等。

② 在两个或三个稀释比的样品中，凡消耗溶解氧大于 2mg/L 和剩余溶解氧大于 1mg/L 都有效，计算结果时应取平均值。

③ 为检查稀释水和接种液的质量，以及化验人员的操作技术，可将 20mL 葡萄糖-谷氨酸标准溶液用接种稀释水稀释至 1000mL，测其 BOD_5，其结果应在 180～230mg/L 之间。否则，应检查接种液、稀释水或操作技术是否存在问题。

六、思考题

① BOD_5 的准确定义是什么？为什么选择“5 天”作为标准测定时间？BOD_5 这个指标反映了水体的什么特性？

② 测定水样中的 BOD_5 时，水样的 pH 值应该控制在什么范围？如何调节？

③ 如果测得的 BOD_5 值异常偏高或偏低，可能的原因有哪些？

④ 碘量法测定 BOD_5 存在哪些局限性？

附　水中溶解氧的测定——碘量法

一、原理

根据水中的溶解氧使氢氧化锰在碱性溶液中氧化的程度间接测定，即在水样中加入硫酸锰及碱性碘化钾溶液，使生成氢氧化锰沉淀，在碱性溶液中，氢氧化锰极不稳定，很快被溶解氧氧化生成棕色锰酸锰沉淀。

$$MnSO_4 + 2NaOH \longrightarrow Mn(OH)_2 \downarrow + Na_2SO_4$$

$$2Mn(OH)_2 + O_2 \longrightarrow 2H_2MnO_3 \downarrow$$

$$H_2MnO_3 + Mn(OH)_2 \longrightarrow MnMnO_3 \downarrow + 2H_2O$$

加入浓硫酸，使已经固定的溶解氧（以 $MnMnO_3$ 形式存在）将溶液中所加入的碘化钾氧化而析出碘，用硫代硫酸钠标准溶液滴定，以计算水中溶解氧的含量。

$$2KI + MnMnO_3 + 3H_2SO_4 \longrightarrow 2MnSO_4 + K_2SO_4 + I_2 + 3H_2O$$

$$I_2 + 2Na_2S_2O_3 \longrightarrow Na_2S_4O_6 + 2NaI$$

二、试剂配制

① 氯化锰溶液：称取 80g 二氯化锰（$MnCl_2 \cdot 4H_2O$）溶于蒸馏水中，稀释至 100mL。

② 碱性碘化钾溶液：溶解 40g 氢氧化钠于少量蒸馏水中，另溶解 20g 分析纯碘化钾于少量蒸馏水中，将两溶液合并，稀释至 100mL。溶液保存于棕色瓶中。

以上两种试剂，供采集测定溶解氧水样时使用。

③ 0.01mol/L 硫代硫酸钠溶液：称取 2.5g 硫代硫酸钠于煮沸放冷的蒸馏水中，加入 0.2g 无水碳酸钠，稀释至 1L，贮于棕色瓶中，其准确浓度用重铬酸钾标准溶液标定，手续如下：

取 $\frac{1}{6}K_2Cr_2O_7$ = 0.01mol/L 重铬酸钾标准溶液：（称取 0.4903g 在 110℃烘干 2h 的分析纯重铬酸钾溶于蒸馏水中，转入 1L 容量瓶中，稀释至刻度）20mL 碘瓶（带磨口塞的锥形瓶）中，加 30mL 蒸馏水、6mol/L 硫酸溶液 5mL、1g 固体碘化钾，于暗处放置 5min，用硫代硫酸钠溶液滴定至浅黄色，加 1mL 淀粉指示剂，继续滴定至蓝色消失（终点显三价铬离子的绿色）。计算出硫代硫酸钠溶液的准确浓度。

④ 10g/L 淀粉溶液：称取可溶性淀粉 1g 于 200mL 烧杯中，加入少量蒸馏水，用玻璃棒调成糊状后，加入煮沸的蒸馏水约 100mL。

三、分析步骤

① 取专供测定溶解氧的水样（体积已知，否则应测量其体积），将上层清液用虹吸法吸去。

② 加入100g/L碘化钾溶液5mL，再沿瓶壁加入浓硫酸1mL，塞好水样瓶，摇匀，待沉淀溶解后，立即用0.01mol/L硫代硫酸钠标准溶液滴定至浅黄色，加入1mL淀粉指示剂，继续滴定至蓝色消失。

四、结果计算

$$c(O_2)=\frac{NV\times 7.9997\times 1000}{V_1-V_2}\quad (\text{mg/L})$$

式中 N——硫代硫酸钠溶液的浓度；

V——滴定所消耗的硫代硫酸钠溶液的体积，mL；

V_1——水样瓶的容积，mL；

V_2——采样时加入各种试剂的总体积，mL；

7.9997——$\frac{1}{2}O_2$ 的摩尔质量。

五、附注

① 若水样中含有亚硝酸盐，在酸性介质中也能将碘离子氧化析出碘而干扰测定，此时可在加浓硫酸溶解沉淀物之前在水样瓶中加数滴5%叠氮化钠（NaN_3）溶液，以消除亚硝酸盐的干扰。

② 水样中三价铁离子存在时，也会将碘离子氧化析出碘而干扰测定，可用磷酸代替硫酸酸化，以掩蔽铁离子而消除干扰。

③ 溶解于水中的氧称为溶解氧，其溶解量与水的矿化度、埋藏深度、温度、大气压力及空气中的氧分压有关，如15℃、一个大气压下每升淡水可溶解10mg氧，而海水中溶解氧的含量约为淡水的80%。当水体受污染时，由于污染物质被氧化耗氧，水中所含溶解氧逐渐减少，当氧化作用进行得很快而水体不能从空气中吸收足够的氧来补充氧的消耗时，厌氧细菌便繁殖并活跃起来，致使有机污染发生腐败，水体发生臭味。溶解氧的测定对水体自净作用的研究有极重要的关系。溶解氧对于水生动物的生存有密切的关系，当溶解氧低于3～4mg/L时，鱼类就可能窒息而死亡。测定溶解氧要专门取样，通常采用碘量法和离子选择电极法（专用测氧仪）。

六、思考题

① 测定水中溶解氧的基本原理是什么？与BOD_5的测定有何相同之处？

② 测定溶解氧有何意义？

③ 三价铁离子对测定有何干扰？如何消除？

实验四　天然水中碳酸盐和重碳酸盐的测定——酸碱滴定法

一、原理

用盐酸标准溶液滴定水样时，若以酚酞作指示剂，滴定到化学计量点时，pH值为8.4，此时消耗的酸量仅相当于碳酸根离子含量的一半，当再向溶液中加入甲基橙指示剂，继续滴定到化学计量点时，溶液的pH值为4.4，这时所滴定的是由碳酸根离子所转变的重碳酸根离子和水样中原有的重碳酸根离子的总和。根据酚酞和甲基橙指示剂指示的两次终点时所消耗的盐酸标准溶液的体积，即可分别计算碳酸根离子和重碳酸根离子的含量。

二、仪器与试剂

扫码看视频

① 盐酸标准溶液（0.05mol/L）：量取4.2mL浓盐酸（相对密度1.19）与蒸馏水混合并稀释到1000mL，其准确浓度用无水碳酸钠标定。

称0.1～0.2g（W，准确至0.0002g）于180℃干燥至恒重的无水碳酸钠（Na_2CO_3），放入150mL锥形瓶中，加50mL蒸馏水溶解，加4滴甲基橙指示剂，用 0.05mol/L 盐酸溶液滴定到溶液由黄色突变为橙红色，即达终点。记录消耗盐酸溶液的体积（V），计算盐酸溶液的准确浓度

$$M=\frac{W\times1000}{53.00V}$$

② 酚酞乙醇溶液（10g/L）。

③ 甲基橙指示剂（0.5g/L）。

三、分析步骤

准确分取 50mL 水样于 150mL 锥形瓶中，加入 4 滴酚酞指示剂，如出现红色，则用 0.05mol/L 盐酸标准溶液滴定到溶液红色刚刚消失，记录消耗盐酸标准溶液的体积 V_1（mL）。然后在此无色溶液中，再加 4 滴甲基橙指示剂，继续用盐酸标准溶液滴定到溶液由黄色突变为橙红色，记录此时盐酸标准溶液的消耗量 V_2（mol）。

扫码看视频

四、结果计算

$$c_1=\frac{2V_1\times n\times1000}{V}\times30.005$$

$$c_2=\frac{(V_2-V_1)n\times1000}{V}\times61.017$$

式中 c_1——水样中碳酸根（CO_3^{2-}）含量，mg/L；

c_2——水样中重碳酸根（HCO_3^-）含量，mg/L；

n——盐酸标准溶液浓度，mol/L；

V——所取水样的体积，mL；

30.005——$\frac{1}{2}CO_3^{2-}$ 的摩尔质量；

61.017——重碳酸根离子的摩尔质量。

在计算中有下述三种情况：

若$V_1=V_2$，无 HCO_3^-，仅有 CO_3^{2-}。

$V_1<V_2$，HCO_3^-、CO_3^{2-} 共存。

$V_1=0$，无 CO_3^{2-}，仅有 HCO_3^-。

五、附注

① 若水样先以酚酞为指示剂，用盐酸标准溶液滴定，所得碱度以 P 表示；继以甲基橙为指示剂，所得碱度以 M 表示；总碱度以 A 表示。各种碱度的关系见表 2-3。

表 2-3 各种碱度的关系

P、M、A 关系	定量结果	OH^-	CO_3^{2-}	HCO_3^-
$A=P+M$	$P=0$	0	0	M
	$P<M$	0	$2P$	$M-P$
	$P=M$	0	$2P$	0
	$P>M$	$P-M$	$2M$	0
	$M=0$	P	0	0

② 水样碱度较大时，当用甲基橙作指示剂，由于大量二氧化碳的存在，滴定至化学计

量点前就会变色，因此在临近终点时应加热，煮沸水样，以排除二氧化碳，迅速冷却后继续滴定至终点，或通惰性气体赶除二氧化碳。

六、思考题

① CO_2 对测定有何影响？如何消除？

② 测定碱度时，如何严格控制终点？应注意哪些事项？

③ 用酚酞和甲基橙作指示剂，分别测定的是什么碱度？

④ 测定碱度的水样为什么应尽快分析？如果水样暴露在空气中时间过长，会对测定结果产生什么影响？

实验五　水中氯化物的测定——硝酸银滴定法

一、原理

硝酸银容量法测定水中的氯离子是根据分步沉淀的原理，用铬酸钾作指示剂，当加入硝酸银溶液时，根据溶度积的原理可以计算出氯化物的含量。虽然氯化银的溶度积（1.8×10^{-10}）大于铬酸银的溶度积（2×10^{-12}），但是氯化银将先沉淀出来，并且待氯离子几乎沉淀完全了，铬酸银才开始沉淀。

$$Cl^{-}+Ag^{+}\longrightarrow AgCl\downarrow \quad （化学计量点前）$$

$$CrO_4^{2-}+2Ag^{+}\longrightarrow \underset{砖红色}{Ag_2CrO_4}\downarrow （化学计量点）$$

由于必须有微过量的硝酸银与铬酸钾反应后才能指示终点，所以硝酸银的用量要比等摩尔的氯离子略高，因此需要同时取蒸馏水做空白试验来消除误差。

二、仪器与试剂

① 氯化钠标准溶液：取优级纯氯化钠于清洁的蒸发皿中，在电炉上加热，用玻璃棒搅拌，待爆裂声停止后，把蒸发皿放干燥器中冷却。称取 0.8342g 上述氯化钠溶于蒸馏水中，移入 1L 容量瓶中，稀释至刻度并摇匀。此溶液氯离子含量为 0.5000mg/mL。

② 硝酸银标准溶液：称取 3.95g 分析纯硝酸银，溶于蒸馏水中并稀释成 1L，避光贮存于棕色瓶中，按下述方法标定。

准确吸取 20.00mL 氯化钠标准溶液于 250mL 锥形瓶中，加入蒸馏水至 50mL，加入 10 滴铬酸钾指示剂，用硝酸银溶液滴定至出现稳定淡橘黄色为终点，同时另取 50mL 蒸馏水做空白试验。按下式计算：

$$T_{Cl}=\frac{0.5\times V}{V_1-V_2}$$

式中　T_{Cl}——硝酸银溶液的滴定度（以 Cl^{-} 计），mg/mL；

V——所取氯化钠标准溶液的体积，mL；

V_1——标定所耗硝酸银溶液的体积，mL；

V_2——空白试验所耗硝酸银溶液的体积，mL。

③ 铬酸钾溶液：称取 10g 铬酸钾（K_2CrO_4）溶于少量蒸馏水中，加入硝酸银溶液至红色不褪，混匀，放置过夜后过滤。将过滤液用蒸馏水稀释至 100mL。

三、分析步骤

吸取 50mL 水样于 250mL 锥形瓶中，加入 10 滴 10%铬酸钾溶液，在不断振摇下用硝酸银标准溶液滴定至出现稳定的淡橘黄色为终点，同时取 50mL 蒸馏水做空白试验。

四、结果计算

$$c(\mathrm{Cl})=\frac{T_{\mathrm{Cl}}\times(V_1-V_2)\times1000}{V}\quad(\mathrm{mg/L})$$

式中 T_{Cl}——硝酸银溶液的滴定度，mg/mL；

V_1——水样消耗的硝酸银溶液的体积，mL；

V_2——空白试验消耗的硝酸溶液的体积，mL；

V——所取水样的体积，mL。

五、附注

① 如水样中含有少量亚硫酸盐、硫化物及亚硝酸盐时，则加氢氧化钠溶液将水样调节至中性和弱碱性，加 1mL 3%过氧化氢将其除去。

② 反应要在 pH6.0～10.5 范围内进行。否则应当用不含氯离子的碳酸氢钠或稀硝酸溶液调节 pH 值至上述范围。

③ 终点淡橘黄色不要太深，要使水样与空白试验的终点颜色一致。

④ 由于氯化银沉淀的吸附作用，滴定时必须在强烈振摇下进行。

⑤ 若水样带色，可每 50mL 水样加 1mL 氢氧化铝悬浮液处理脱色后，再进行测定。

⑥ 此法测得结果实际为氯离子、溴离子、碘离子的总和。一般天然水中溴离子、碘离子含量甚微，可不予考虑。若分析卤水或油田水，其溴离子、碘离子含量较大，计算氯离子的含量时，要减去溴离子、碘离子的含量。

六、思考题

① 为什么在测定过程中要同时取蒸馏水做空白试验？

② 在测定过程中，用什么调节 pH 值？为什么？

③ 若水样带色，如何处理后再测定？在滴定过程中为什么要不断强烈振摇？

④ 铬酸钾（K_2CrO_4）作为指示剂，为什么滴定终点时会出现砖红色沉淀？

⑤ 除了本方法，还有哪些测定氯化物的方法？与本方法相比，它们各有何优缺点？

实验六　水中硫酸盐的测定——硫酸钡比浊法

一、原理

水中硫酸盐和钡离子生成细微的硫酸钡结晶，使水溶液浑浊，其浑浊程度和水样中硫酸盐含量呈正比关系。可用浊度计或分光光度计测定硫酸钡悬浮液的吸光度，并将读数与标准曲线作比较来确定硫酸根离子的含量。

二、试剂

① 硫酸盐标准溶液：称取 1.8142g 在 105℃烘干至恒重的分析纯硫酸钾（K_2SO_4），或 1.4786g 无水硫酸钠（Na_2SO_4）溶于少量蒸馏水中，并定容至 1000mL 容量瓶中。此溶液 1mL＝1.0mg 硫酸盐（SO_4^{2-}）。吸取此溶液 5.0mL 稀释至 100mL，得含 0.050mg/mL 硫酸根离子的标准溶液。

② 氯化钡溶液（3mol/L）：称取 312g 氯化钡，溶于 500mL 蒸馏水中。

三、分析步骤

① 取一系列 50mL 比色管，分别加入含 0.050mg/mL 硫酸根离子的标准溶液 0.00mL、1.00mL、2.00mL、3.00mL、4.00mL、5.00mL、6.00mL、7.00mL、8.00mL，用蒸馏水稀释至 25mL，然后按水样测定步骤进行。

② 吸取无色透明水样 25mL 于 50mL 比色管中，加 8 滴（1＋1）盐酸、5mL 无水乙醇摇匀，加 5mL 氯化钡溶液，以一定方式振摇 1min，待 5min 后与标准浊度管比较，或在 420nm 波长处测其吸光度值。

四、结果计算

$$c(SO_4^{2-})=\frac{m}{V}\times 1000 \quad (\text{mg/L})$$

式中 m——测得 SO_4^{2-} 量，mg；

V——水样体积，mL。

五、附注

① 若水样带色或浑浊，应先脱色或过滤。

② 本方法适用于测定天然矿泉水中硫酸根离子的含量。本法最低检测限为 0.25mg SO_4^{2-}，若取 50mL 水样测定，最低检测浓度为 5.0mol/L。

③ 搅拌能影响硫酸钡的颗粒，每次搅拌或振摇应保持一定方式、一定速度和一定时间，这些条件一经确定，则在整批测定中不应改变。

④ 比浊观察时，从上向下，并选一白纸上的黑字为背景，较为清晰。

⑤ 天然水中大多含有硫酸盐，为主要矿化物组成之一。当水中不含硫酸盐时，可能与石油有关，这是由于油田水中细菌的脱硫作用，使水中硫酸盐逐渐减少甚至消失。当重金属硫化物氧化时，会使水中硫酸盐增高。因此从地下水中硫酸盐含量的变化，可以了解该地区的地球化学环境，对寻找金属硫化矿床及油田的分布状况有一定参考意义。水中少量硫酸盐对人体健康没有什么影响，但饮用硫酸盐含量高的水则有涩苦味并有致泻作用。

⑥ 测定方法有硫酸钡重量法、滴定法、硫酸钡比浊法和间接极谱法。实际工作中多采用硫酸钡比浊法和间接极谱法。

六、思考题

① 水样中的硫酸根含量过高会对人体有什么影响？

② 如果水样带有颜色或明显浑浊，应如何进行预处理？

③ 与硫酸钡比浊法相比，重量法测定硫酸盐有何不同？为什么重量法被公认为基准方法，但却不常用于常规分析？

实验七　水中钙和镁的测定——EDTA 滴定法

一、钙的测定

钙广泛分布于天然水中，这是因为水与含钙岩石接触时，在二氧化碳作用下发生如下反应：

$$CaCO_3 + CO_2 + H_2O \longrightarrow Ca^{2+} + 2HCO_3^-$$

因而使钙进入不同类型的水中，但由于钙的主要盐类，即碳酸钙与硫酸钙的溶解度较小，所以钙在水中的绝对含量并不是很大。钙是硬水的主要成分之一。

钙的测定广泛应用乙二胺四乙酸二钠（可简写为 EDTA）容量法和原子吸收分光光度法。

（一）原理

在 $pH>12$ 的强碱性溶液中，水样中的 Mg^{2+} 成氢氧化镁沉淀，Ca^{2+} 与酸性铬蓝 K 指示剂生成红色络合物，加入 EDTA 溶液后转为 EDTA-钙络合物，游离出指示剂本身的蓝色，即为滴定终点。

水样碱度大时，须加入盐酸，经煮沸后再进行测定，否则因加入氢氧化钠溶液而生成碳酸钙沉淀，使结果偏低。

（二）试剂

① EDTA 溶液（2.5g/L）：2.5g EDTA（二钠盐）溶于 1L 水中，用钙标准溶液按分析手续标定其滴定度（mg/mL）。

② 酸性铬蓝 K-萘酚绿 B 混合指示剂：5g 硫酸钾于研钵中研细，加 0.2g 酸性铬蓝 K 和 0.3g 萘酚绿 B，研细混匀，储于磨口瓶中。

（三）分析步骤

吸取 50mL 水样，注入 250mL 锥形瓶中，加入（1+1）三乙醇胺 3 滴、15g/L 氢氧化钾溶液 2mL，放置 2～3min，加入少许酸性铬蓝 K-萘酚绿 B 混合指示剂，用 EDTA 溶液滴定到溶液从红色经蓝紫变成蓝色为终点。溶液保留，待测定镁用。

（四）结果计算

$$c(\mathrm{Ca}) = \frac{T \times V_1 \times 1000}{V}\ (\mathrm{mg/L})$$

式中　T——EDTA 溶液对钙的滴定度，mg/mL；

V_1——所耗 EDTA 溶液的体积，mL；

V——所取水样的体积，mL。

（五）附注

① 水样碱度大时，须先加入（1+1）盐酸酸化，并加热煮沸，除去二氧化碳，待冷却后按上述分析步骤进行，否则将使结果偏低。

② 铁、铝、锰、钛及有色金属离子对本法有干扰。考虑到一般水中这些元素很微量，用少量三乙醇胺即可掩蔽。对于干扰元素含量较高的水样可以加入 20g/L 铜试剂 2mL，必要时可以用氰化钾掩蔽，用氰化钾掩蔽时，应另取水样测定镁。

③ 如果水样中镁含量高，大量氢氧化镁沉淀的吸附作用，将使钙的检测结果偏低。因此，可在滴完钙后，另取一份水样，预先加入第一次钙所耗 EDTA 溶液的 95%，然后按上

述分析步骤进行滴定。

（六）思考题

① 水样碱度过大时，如何处理？会给测定结果造成什么影响？

② 如何消除水样中铁、铝、锰及有色金属离子的干扰？

二、镁的测定

天然水中镁的来源主要是含镁岩石的溶解，其过程与碳酸钙相似，但碳酸镁的溶解度大，因此高矿化的水中，镁的含量超过钙的 2～3 倍，而在弱矿化的地表水和地下水中，镁的含量一般小于钙，海水中镁比钙含量高。

镁的分析方法广泛应用 EDTA 容量法和原子吸收分光光度法。

（一）原理

将已滴定钙的水样酸化，使氢氧化镁沉淀溶解，加入氨缓冲液使水样 pH＝10，用 EDTA 溶液滴定镁。也可以从测定钙、镁合量（总硬度）中减去钙的含量而求得镁的含量。

（二）试剂

① 氨缓冲溶液（pH＝10）：称取 67.5g 氯化铵（分析纯）溶于 200mL 水中，再加入 570mL 浓氨水，用水稀释到 1L。

② 其余试剂同钙的测定。用镁标准溶液按分析步骤标定 EDTA 溶液对镁的滴定度(mg/mL)。

（三）分析步骤

在滴完钙的水样中，逐滴加入（1＋1）盐酸至指示剂变为稳定的红色，再多加 2 滴，放置 2～3min，加入 pH＝10 氨缓冲液 5mL，用 EDTA 溶液滴定至溶液呈亮蓝绿色。

（四）结果计算

$$c(\mathrm{Mg})=\frac{T\times V_1\times 1000}{V}\ (\mathrm{mg/L})$$

式中 T——EDTA 溶液对镁的滴定度，mg/mL；

V_1——所耗 EDTA 溶液的体积，mL；

V——所取水样的体积，mL。

（五）附注

① 酸性铬蓝 K 亦具有酸碱指示剂的作用，用（1＋1）盐酸酸化滴完钙的水样时，随着酸的加入溶液颜色出现蓝→红→暗→蓝→红的变化过程，一定要加酸至出现稳定的红色。

② 镁与 EDTA 反应速率较慢，在临近终点时，要慢慢加入 EDTA 溶液，并充分摇动。

（六）思考题

① 为什么用 EDTA 滴定钙镁总量时需用 NH_3-NH_4Cl 缓冲溶液控制 pH≈10？而滴定钙时则需用 NaOH 调节 pH＞12？

② 水样中可能存在的 Fe^{3+}、Al^{3+} 等金属离子如何干扰测定？可加入什么试剂掩蔽？

实验八　水中钾和钠的测定——火焰光度法

一、原理

在火焰光度分析中，钾、钠是灵敏度较高的元素，分别采用共振线 766.5nm、589.0nm

测定。使用空气-乙炔贫燃性火焰，共存元素对其干扰较小。若用空气-煤气（或石油气）等低温火焰，钾、钠的相互干扰以及钙的干扰均可忽略。

二、仪器与试剂

① 钾标准贮备溶液：称取 1.9067g 在 110℃烘至恒重的基准氯化钾，溶于少量蒸馏水中，加入 10mL 硝酸溶液（1+1）中，再用纯水定容至 1000mL，此溶液含钾 1mg/mL。

② 钠标准贮备溶液：称取 25.421g 在 140℃烘至恒重的基准氯化钠，溶于少量蒸馏水中，加入 10mL 硝酸溶液（1+1），此溶液含钠 10mg/mL。

③ 钾、钠混合标准溶液：取钾、钠标准贮备溶液用纯水稀释 10 倍，使含钾、钠分别为 0.1mg/mL、1mg/mL。

④ 硝酸溶液（1+1）。

⑤ 原子吸收分光光度计（发射部分）：波长，钾 766.5nm；钠 589.0nm；贫燃性空气-乙炔火焰；测量高度 2cm。

三、分析步骤

① 样品测定：按使用仪器（发射部分）使用说明书调节仪器至最佳状态。

将水样直接喷入火焰，测定其钾、钠的发射强度。

若水样中钾、钠含量较高时，可稀释样品，或选择较小的狭缝和较小的增益；或选用次灵敏线进行测定。

② 标准曲线的绘制：取钾、钠混合标准贮备液配制下列含量的标准系列：

钾为 0mg/L、0.1mg/L、0.5mg/L、…、50mg/L；钠为 0mg/L、1mg/L、5mg/L、10mg/L、…、500mg/L，与水样分析步骤同时测定。

四、结果计算

$$c=c_1D$$

式中 c——水样中钾和钠的浓度，mg/L；

c_1——从标准曲线上查得的样品中钾和钠的含量，mg/L；

D——水样稀释倍数。

五、附注

① 火焰状态：钾、钠同时测定，应以控制钾的火焰状态为主。以调节微还原性火焰（蓝锥内层淡黄焰高 1～2mm）为宜。此时钾、钠的吸收强度比较稳定。随着乙炔流量增大，钾的吸收降低；诸如增大狭缝，增大灯电流，均使钾的吸收降低。上述条件变化对钠的吸收强度变化不太显著。

② 酸度影响：试验了在 0.5%～10%的硝酸、盐酸、高氯酸、硫酸溶液中对钾、钠的影响；除在硝酸溶液中无影响外，在其他介质中，随着酸度增大，吸收值逐渐降低，硫酸溶液中最低。样品溶液与标准系列酸中溶液量应控制一致。

③ 钾、钠相互间的影响：用吸收线为 766.5nm 测定钾，大量钠共存时，钾的电离受到抑制，从而使钾的吸收增大。在本仪器试验条件下，钠为钾量的 15 倍时，对钾的测定无影响，20～25 倍时，使钾的吸收增高 2%；50 倍时增高 3%；75～100 倍时，增高达 9%～10%。用吸收线 589.0nm 测定钠，钾为钠的 50 倍时，对钠的测定无影响；75～100 倍时，使钠的吸收增高 4%。

④ 天然水中一般都含有钠离子，这是因为钠盐的分布极广，同时它的溶解度也较大。而钾盐虽然溶解度更大，但因受土壤、岩石的吸附及植物吸收，其含量比起钠离子来却要小得多。对于含有碳酸钠或碳酸氢钠的水，由于加热后会产生二氧化碳及产生泡沫等现象，所以作为技术用水，其钠离子的含量应符合规定的标准。作为灌溉用水，钠离子的含量也有一定的要求，尤其是在干旱及半干旱地区，由于水的大量蒸发，引起土壤的盐渍化而影响农作物的生长。

⑤ 矿泉水中，钾和钠均为常见元素，钾含量一般低于钠。测定钾和钠的方法很多，通常选用火焰发射光谱法、原子吸收分光光度法和离子色谱法。

⑥ 其他离子的影响：曾检查过其他离子存在时的影响情况，取 2μg/mL 钾分别加入水样中的常见离子，结果表明，常见水样中的共存离子不会干扰 2μg/mL 钾的准确测定。

六、思考题

① 在使用原子吸收光谱仪测定的过程中，应注意哪些事项？

② 火焰光度法测定钾、钠的基本原理是什么？为何能进行定量分析？

③ 主要的光谱干扰是什么？如何减少或校正这种干扰？

④ 与原子吸收光谱法相比，火焰光度法测定钾、钠的优缺点是什么？

实验九　水中总铬的测定——二苯碳酰二肼光度法

一、原理

在酸性溶液中用高锰酸钾将水中三价铬氧化为六价铬后和二苯碳酰二肼作用，形成紫色络合物，据此测定总铬含量。加入磷酸溶液以消除三价铁的干扰；钒产生的干扰色于 10min 后几乎全部消失。

二、仪器与试剂

① 六价铬标准溶液：称取 0.1414g 经过 105～110℃烘至恒重的重铬酸钾（$K_2Cr_2O_7$）溶于纯水中，并定容至 500mL，此溶液含六价铬为 0.100mg/mL。将此溶液用纯水稀释为含六价铬为 1.00μg/mL 的标准溶液。

② 硫酸溶液（1＋1）。

③ 磷酸溶液（1＋1）。

④ 二苯碳酰二肼丙酮溶液（2.5g/L）：称取 2.5g 二苯碳酰二肼［$OC(NH \cdot NHC_6H_5)_2$，又名二苯氨基脲］溶于 100mL 丙酮中。盛于棕色瓶中置冰箱中保存，颜色变深不能再用。

⑤ 硫酸溶液（1＋1）。

⑥ 高锰酸钾溶液（60g/L）。

⑦ 尿素溶液（200g/L）。

⑧ 亚硝酸钠溶液（20g/L）。

⑨ 100mL 烧杯。

⑩ 50mL 比色管。

⑪ 分光光度计。

所用玻璃仪器（包括采样瓶）均要求内壁光滑，不能用铬酸洗液浸泡或洗涤。

三、分析步骤

① 取 50.00mL 摇匀的水样置于 150mL 锥形瓶中，调节 pH 值为 7.0。

② 取六价铬标准贮备溶液 0.00mL、0.20mL、0.50mL、2.00mL、4.00mL、6.00mL、8.00mL 及 10.00mL，置于 150mL 锥形瓶中。加纯水至 50mL。

③ 向水样和标准系列瓶中，各加入（1＋1）硫酸溶液 0.5mL、（1＋1）磷酸溶液 0.5mL 及 2～3 滴高锰酸钾溶液，如紫红色消褪，则应添加高锰酸钾溶液至溶液保持淡红色，各加入数粒玻璃珠，加热煮沸，直到溶液体积约为 20mL。

④ 冷却后，向各瓶中加 1mL 尿素溶液，再滴加亚硝酸钠溶液，每加 1 滴充分摇动，直至紫色刚好褪去为止。稍停片刻，待瓶中不再冒气泡后将溶液转移到 50mL 比色管中，用纯水稀释至刻度。

⑤ 向各管中加入 2.5mL 硫酸及 2.0mL 二苯碳酰二肼丙酮溶液，立即摇匀，放置 10min。

⑥ 在 540nm 波长处，用 3cm 比色皿测量吸光度，从标准曲线上查得水样中总铬的量。

四、结果计算

$$c=\frac{m}{V}$$

式中 c——水样中总铬的浓度，mg/L；

m——从标准曲线上查得样品管中总铬的量，μg；

V——水样体积，mL。

五、附注

① 本方法适用于测定饮用天然矿泉水中总铬的含量。

② 本法最低检测量为 0.2μg，若取 50mL 水样测定，则最低检测浓度为 0.004mg/L。

③ 水中的铬大致以六价铬及三价铬两种形式存在，六价铬和二苯碳酰二肼在酸性条件下产生红紫色络合物，可比色定量，如将三价铬用氧化剂将其氧化为六价铬后再比色定量，则测得为总铬。氧化剂可以是高锰酸钾，也可以是铈盐。

④ 若水样中含有机质，则取样后加（1＋1）硫酸 2mL，加热蒸发至近干，再加浓硝酸，加热至冒白烟，加水稀释至一定体积，然后再加高锰酸钾氧化。

⑤ 还原过量的高锰酸钾，还可采用先加入尿素，再加入亚硝酸钠的方法处理，具体步骤如下：向水样和标准系列中加入（1＋1）硫酸 0.5mL，（1＋1）磷酸 0.5mL，加入 30g/L 高锰酸钾溶液至红紫色不消失，加热煮沸 5min，冷却后加 200g/L 尿素溶液 1mL，然后逐滴加入 20g/L 亚硝酸钠溶液，每加 1 滴充分摇动，直至红紫色刚好褪去且不再冒气泡为止。将溶液转至 50mL 比色管，稀释至刻度，再加显色剂比色。

六、思考题

① 有机质的存在对测定总铬有何影响？如何消除？

② 实验中，过量的高锰酸钾如何处理？为什么？

③ 水样中哪些离子可能干扰测定？如何消除？

实验十　水中六价铬的测定——二苯碳酰二肼光度法

一、原理

在酸性溶液中，六价铬可与二苯碳酰二肼作用，生成紫色络合物。铁含量超过 1mg/L 时，与二苯碳酰二肼试剂生成黄色，产生干扰。铬与二苯碳酰二肼反应时，溶液的酸度应控制在氢离子浓度为 0.05～0.3mol/L，且以 0.2mol/L 时显色最稳定。在此酸度下，汞、钼与二苯碳酰二肼反应所显的色度较六价铬要浅得多，显色后 10min 再测定吸光度，可使钒与显色剂生成的颜色几乎全部消失。

二、仪器与试剂

① 六价铬标准溶液：同实验九。

② 硫酸溶液（1+7）：将 10mL 浓硫酸缓慢加入 70mL 纯水中。

③ 二苯碳酰二肼丙酮溶液（2.5g/L）：同实验九。

④ 50mL 具塞比色管。

⑤ 100mL 烧杯。

⑥ 分光光度计。

所用玻璃仪器可先用合成洗涤剂洗涤后再用浓硝酸洗涤，然后用自来水、纯水淋洗干净。

三、分析步骤

① 吸取 50.0mL 水样（含六价铬超过 10μg 时，可吸取适量水样稀释至 50.0mL)，置于 50mL 比色管中。

② 另取 50mL 比色管 9 支，分别加入六价铬标准溶液 0.00mL、0.25mL、0.50mL、1.00mL、2.00mL、4.00mL、6.00mL、8.00mL、10.00mL，加纯水至刻度。

③ 向水样管及标准管中各加 2.5mL 硫酸溶液及 2.5mL 二苯碳酰二肼丙酮溶液，立即混匀，放置 10min。

④ 于 540nm 波长处，用 3cm 比色皿，以纯水作参比，测定样品及标准系列溶液的吸光度。

⑤ 如原水样有颜色时，另取 50mL 水样于 100mL 烧杯中，加入 2.5mL 硫酸溶液，置电炉上煮沸 2min，使水样中的六价铬还原为三价铬。溶液冷却后转入 50mL 比色管中，加纯水至刻度，再加 2.5mL 硫酸溶液，摇匀后加入 2.5mL 二苯碳酰二肼丙酮溶液，摇匀，放置 10min。按上述条件测定此水样空白的吸光度。

⑥ 绘制标准曲线，在曲线上查出样品管中六价铬的含量。有颜色的水样应由测得的样品管溶液的吸光度减去测得的水样空白吸光度，在标准曲线上查出样品管中六价铬的量。

四、结果计算

$$c=\frac{m_1}{V}$$

式中　c——水样中六价铬的浓度，mg/L；

m_1——从标准曲线上查得的样品管中六价铬的量，μg；

V——水样体积，mL。

五、附注

本方法适用于测定饮用天然矿泉水中六价铬的含量。本法最低检测量为 0.2μg，若取 50mL 水样测定，最低检测浓度为 0.004mg/L。

六、思考题

① 显色反应对酸度有何要求？酸度过高或过低有何影响？

② 哪些物质会干扰六价铬的测定？如何消除这些干扰？

③ 从毒理学角度，为何要单独监测水中的六价铬？

实验十一　水中可溶性硅酸的测定——硅钼黄光度法

一、原理

在酸性溶液中（pH=1.2）钼酸铵与水样中可溶性硅酸作用生成柠檬黄色硅钼酸络合物（化学组成大致为 $SiO_2 \cdot 12MoO_3 \cdot 4H_2O$），与标准系列比色可测定水中可溶性硅酸的含量。

二、试剂

① 100g/L 钼酸铵溶液：称取 10g 分析纯钼酸铵，溶于蒸馏水中，稀释至 100mL，贮存于聚乙烯塑料瓶中。

② 二氧化硅标准溶液：称取 4.730g 分析纯硅酸钠（$Na_2SiO_3 \cdot 9H_2O$），溶于刚煮沸放冷的蒸馏水，移入 1L 容量瓶中，稀释至刻度，贮于聚乙烯塑料瓶中。取 10.00mL 稀释至 100mL，则得 0.10mg/mL 的二氧化硅标准溶液。

③ 铬酸钾在适当的酸性溶液中，具有与二氧化硅和钼酸铵反应后生成与硅钼黄相类似的颜色，借此可配成永久系列。用下面两种试剂配制。

铬酸钾溶液：称取 0.630g 在 105℃烘至恒重的分析纯铬酸钾，溶于蒸馏水中，移入 1L 容量瓶中，稀释至刻度。

10g/L 四硼酸钠溶液：10g 四硼酸钠（$Na_2B_4O_7 \cdot 10H_2O$）溶于 1L 水中。

三、分析步骤

① 吸取二氧化硅标准溶液［$\rho(SiO_2)$=0.10mg/mL］0.00mL、1.00mL、2.00mL、3.00mL、4.00mL、5.00mL、7.50mL、10.00mL，注于 50mL 比色管中，用蒸馏水稀释至刻度，以下同水样操作步骤。

也可用铬酸钾溶液配制标准系列，在 50mL 比色管中分别加入铬酸钾溶液 0.00mL、1.00mL、2.00mL、3.00mL、4.00mL、5.00mL、7.50mL、10.00mL，加入四硼酸钠溶液 25mL，以蒸馏水稀释至 50mL，此系列相当于含有 0.00mg/L、2.00mg/L、4.00mg/L、6.00mg/L、8.00mg/L、10.00mg/L、15.00mg/L、20.00mg/L 的二氧化硅。

② 取 50mL 水样于 50mL 比色管中，加 1mL（1+1）盐酸及 2mL 10g/L 钼酸铵溶液，混匀，10min 后比色，若用二氧化硅标准溶液作系列，也可在 440nm 波长处测其吸光度值。

四、结果计算

$$c=\frac{m}{V}$$

式中 c——水样中二氧化硅的浓度，mg/L；

m——从标准曲线上查得的样品中 SiO_2 的量，μg；

V——所取水样的体积，mL。

五、附注

① 水中若含有大量铁质、磷酸盐等对本法会产生干扰，加入 100g/L 草酸溶液可消除磷酸盐的干扰；某些矿泉水中含有硫化物用硅钼黄法测定将出现黄绿色（S^{2-} 的还原性所致），此时可先加入一定的氧化剂（过氧化氢或高锰酸钾溶液），将硫化物氧化后，再加钼酸铵进行比色，或改用硅钼蓝还原法测定。

② 所得结果若以可溶性硅酸表示，则将每升二氧化硅的毫克数乘以 1.3 换算。

③ 形成硅钼黄的酸度要特别注意，酸度过大很难形成硅钼黄，结果明显偏低。

④ 钼酸铵用量多少对测定结果有影响，须严格控制。

⑤ 温度在 20～30℃、5～10min 显色会完全，而温度在 20℃以下就须在 20～25min 才能显色完全。

⑥ 由于比色法测定二氧化硅只能测定水样中可溶性硅酸，如果是测定全部硅酸就必须把水样蒸干用碱熔融后，用水提取，酸化后再加以比色。方法如下：取水样 20mL 于铂坩埚中，加碳酸钠 100mg 蒸干（低温）；将其在 105～110℃干燥后，再用马弗炉于 950℃熔融，冷却；加水 20mL 加热溶解，加盐酸（1＋10）1.5mL 中和，用 100mL 容量瓶定容后再移入干燥塑料瓶中；应用硅钼黄法测定总硅酸盐。

六、思考题

① 水样中磷酸盐如何干扰测定？如何消除其干扰？

② 硅钼黄络合物的稳定性如何？显色后应在多长时间内完成测定？

③ 总硅酸盐该如何测定？与本方法有何不同？

实验十二　水中硒的测定——二氨基萘荧光法

一、原理

2,3-二氨基萘（DAN）在 pH1.5～2.0 溶液中，选择性地与四价硒反应生成 4,5-苯并苤硒脑绿色荧光物质，能为环己烷萃取。所产生的荧光强度与四价硒含量成正比。水样需先经硝酸-高氯酸混合酸消化后，将四价以下的无机和有机硒氧化为四价硒，再经盐酸消化，将六价硒还原为四价硒，然后测定总硒含量。

铜、铁、钼等重金属离子对本法测定有干扰，但可用 EDTA 等络合消除。测定时加入 EDTA 及盐酸羟胺后，20mL 水样中分别存在下列含量的元素，不会对测定产生干扰：砷，30μg；铍，27μg；镉，5μg；钴，30μg；铬，30μg；铜，35μg；铁，100μg；铅，50μg；锰，40μg；镍，20μg；钒，100μg 和锌，50μg。

二、试剂与仪器

① 硒标准贮备溶液：称取 0.1000g 金属硒（光谱纯或优级纯），溶于少量硝酸中，加入 2mL 高氯酸。在沸水浴上加热蒸去硝酸（3～4h），稍冷后加入 8.4mL 盐酸，继续加热 2min，然后定容至 1000mL。此溶液含硒 100.0μg/mL，于冰箱内保存。

② 硒标准溶液：将硒标准贮备溶液用 0.1mol/L 盐酸溶液稀释成 0.050μg/mL，于冰箱内保存。

③ 硝酸-高氯酸（1+1）混合酸：量取 100mL 硝酸（优级纯），加入 100mL 高氯酸（优级纯，浓度为 72%）。

④ 盐酸溶液（1+4）：量取 50mL（优级纯）加入 200mL 纯水中。

⑤ 乙二胺四乙酸二钠溶液（50g/L）：称取 5g 乙二胺四乙酸二钠（$C_{10}H_{14}N_2O_8Na_2 \cdot 2H_2O$，简称 EDTA-2Na）于少量纯水中，加热至 EDTA-2Na 溶解，放冷后稀释至 100mL。

⑥ 盐酸羟胺溶液（100g/L）：称取 10g 盐酸羟胺（$NH_2OH \cdot HCl$），溶于纯水中并稀释至 100mL。

⑦ 甲酚红溶液（0.2g/L）：称取 20mg 甲酚红（$C_{21}H_{18}O_5S$），溶于少量纯水中加 1 滴氨水，使完全溶解，加纯水稀释至 100mL。

⑧ 混合试剂：临用前取 50mL 乙二胺四乙酸二钠溶液、50mL 盐酸羟胺溶液及 2.5mL 甲酚红溶液，加水稀释至 500mL，混匀备用。

⑨ 氨水（1+1）。

⑩ 精密 pH 试纸：pH0.5～5.0。

⑪ 2,3-二氨基萘溶液（1g/L，此溶液需在暗室中配制）：称取 100mg 2,3-二氨基萘 [$C_{10}H_8(NH_2)_2$] 于 250mL 磨口锥形瓶中，加入 100mL 0.1mol/L 盐酸溶液，振摇至全部溶解（约 15min）后，加入 20mL 环己烷继续振摇 5min，移入底部塞有玻璃棉（或脱脂棉）的分液漏斗中，静置分层后将水相放回原锥形瓶内，再用环己烷萃取多次（一般需 5～6 次），直到环己烷相无荧光（或尽可能少）为止。将此纯化的溶液储存于棕色瓶中，加一层约 1cm 厚的环己烷隔绝空气，置冰箱内保存。用前再以环己烷萃取一次。经常使用以每月配制一次为宜，不经常使用可保存一年。

⑫ 环己烷：不得有荧光杂质。不纯时需重蒸后使用。用过的环己烷重蒸后可再用。

⑬ 100mL 磨口锥形瓶。

⑭ 25mL 及 250mL 分液漏斗（活塞均勿涂油）。

⑮ 5mL 具塞比色管。

⑯ 电热板。

⑰ 水浴锅。

⑱ 荧光分光光度计或荧光光度计。

三、分析步骤

（1）消化

① 吸取 5.00～20.0mL 水样及硒标准溶液 0.00mL、0.10mL、0.30mL、0.50mL、0.70mL 及 1.00mL 分别于 100mL 磨口锥形瓶中，各加纯水至与水样相同体积。

② 沿瓶壁加入 2.5mL 硝酸-高氯酸，将瓶（勿盖塞）置于电热板至瓶内产生浓白烟，溶液由无色变成浅黄色（瓶内溶液太少时，颜色变化不明显，以观察浓白烟为准），即为终点，立即取下（注意：消化未到终点过早取下会因荧光杂质未被分解而产生干扰，使测定结

果偏高，到达终点还继续加热将会造成硒损失)。

③ 稍冷后加入 2.5mL 盐酸溶液，继续加热至上述终点，立即取下。

(2) 消化完毕的溶液放冷后，各瓶加入 10mL 混合试剂，摇匀，溶液呈桃红色。用氨水（1+1）调节至浅橙色，若氨水加过量溶液呈黄色或桃红（微带蓝）色，需用盐酸溶液再调回浅橙色，此时溶液 pH 值为 1.5～2.0。必要时需用 pH0.5～5.0 精密试纸检查，然后冷却。

(3) 本步骤需在暗室内黄色灯光下操作。向上述各瓶内加入 2mL 2,3-二氨基萘溶液，摇匀，置沸水浴中加热 5min（自放入沸水浴中算起），取出，冷却。

(4) 向各瓶内加入 4.0mL 环己烷，加塞盖严，振摇 2min。全部溶液移入分液漏斗（勿涂油），待分层后放掉水相，将环己烷相由分液漏斗上口倾入具塞试管中，盖严待测。

(5) 荧光测定：可选用下列仪器之一测定荧光强度。

① 荧光分光光度计：激发光波长为 376nm，发射光波长为 520nm。

② 荧光光度计：根据仪器型号选择适宜滤光片进行测定，若用 930 型分光光度计时，激光滤片为 330nm，荧光滤片为 510nm（截止型）和 530nm（带通型）组合滤片。

(6) 绘制标准曲线，从曲线上查出水样管中硒含量。

四、结果计算

$$c=\frac{m}{V}\times 1000$$

式中 c——水样中硒（Se）的浓度，μg/L；

m——从标准曲线上查得水样管中硒的量，μg；

V——水样体积。

五、附注

① 矿泉水中硒主要是以四价或六价无机物的形式存在，可用二氨基萘荧光法、二氨基联苯胺分光光度法以及催化极谱法测定。荧光法及催化极谱法灵敏；分光光度法设备简单，适用于测定含硒量高的水样。

② 本方法适用于饮用天然矿泉水中总硒含量测定。最低检测量为 5ng，若取 20mL 水样测定，则最低检测浓度为 0.25μg/L。

③ 本法首次使用的玻璃器皿，均需以硝酸溶液（1+1）浸泡 4h 以上，并用自来水、纯水冲洗干净。本法用过的玻璃器皿，以自来水冲洗后，于 0.5%洗衣粉溶液中浸泡 2h 以上，并用自来水、纯水冲洗净。

④ 四价硒与 2,3-二氨基萘必须在酸性溶液中反应，pH 值以 1.5～2.0 为最佳，过低时溶液易乳化，太高时测定结果偏高，误差大，甲酚红指示剂有 pH2～3 及 pH7.2～8.8 两个变色范围。前者是由桃红色变为黄色，后者是由黄色变成桃红（微带蓝）色。本法是采用前一个变色范围，将溶液调节至浅橙色，pH 值为 1.5～2.0 最适宜。

六、思考题

① 为何要用环己烷等有机溶剂萃取硒-DAN 络合物？萃取操作的要点是什么？

② 为何 DAN 试剂配制和显色萃取过程需在暗室或弱光下进行？

③ 实验中存在哪些干扰元素？该如何消除？

实验十三　水中矿化度的测定——重量法

一、 105℃烘干的总固体

（一）原理

试样在已恒重的蒸发皿内于水浴上蒸发，然后在烘箱中于105℃烘至恒重，减去空蒸发皿的质量，即为总固体质量。

在105℃烘干的总固体，重碳酸盐可转为碳酸盐，但盐类的结晶水不易除去，也不能除去包裹水。

（二）仪器

① 蒸发皿。

② 烘箱。

③ 水浴锅。

④ 干燥器。

（三）分析步骤

① 将洗净的蒸发皿在烘箱内于（105±2)℃烘1h后，放干燥器内冷却，称重。直至恒重（两次称量差不大于0.0003g）。

② 取适量清澈水样注入蒸发皿内，在水浴上蒸干，取样体积以获得约100mg总固体为宜。

③ 将蒸发皿放入烘箱内，在（105±2)℃烘1h后，取出置干燥器内冷却，称重。

④ 重复烘干、称重，直至恒重。两次结果之差不大于0.0003g。

（四）结果计算

$$m=\frac{m_1-m_2}{V}\times 1000$$

式中　m——水样总固体质量，mg；

m_1——蒸发皿和水样总固体质量，mg；

m_2——空蒸发皿的质量，mg；

V——所取水样体积，mL。

二、在180℃烘干的总固体

（一）原理

水样中含有大量钙、镁氯化物或硫酸盐时，依上法测定总固体，具有潮解性和含有结晶水，需加入碳酸钠并在180℃烘干。

（二）试剂与仪器

① 无水碳酸钠。

② 蒸发皿、烘箱、水浴锅、干燥器。

（三）分析步骤

① 向清洁的瓷蒸发皿中加入0.2～0.49g无水碳酸钠，然后置烘箱中，在（180±2)℃至少烘1h。取出，放干燥器中冷却后，称重。直至恒重。

② 取适量样品注入蒸发皿内，在水浴上蒸发至干。

③ 将蒸发皿在烘箱内于 (180+2)℃至少烘 1h，然后置干燥器中冷却后，称重。

④ 重复烘干，称重，直至恒重。

（四）计算同上

三、附注

① 矿化度可以用每升水中所含阴阳离子总量表示，也可以用每升水中所含的总固体加重碳酸根含量的一半表示。

② 总固体指水样经蒸发并在 (105±2)℃或 (180±2)℃烘干后残留的物质。报出结果应同时指出所用烘干温度。

③ 对于含有大量铁和铝的酸性水，则应使之成为硫酸盐形式测定。为此在蒸发水样时，加入一定量的硫酸（在水样中含盐量不超过 1g 时，可加 1∶2 硫酸溶液 2mL），在水浴上蒸干后，于 360～380℃加热 1.5～2h 后称重。此时应注意将分析结果注明为硫酸盐可溶性固体总量。

四、思考题

① 水质分析中的“矿化度”通常指什么？与“总残渣”或“总溶解固体”有何联系与区别？

② 为何蒸发水样时需在水浴上进行而不能直接电炉加热？

③ 烘干残渣时，温度为何通常控制在 105℃或 180℃？两种温度下的结果有何不同？

④ 什么是“恒重”？为何要进行恒重操作？如何判断已达恒重？

实验十四　水中硝酸盐氮的测定——二磺酸酚光度法

一、原理

二磺酸酚在酸性情况下与硝酸盐作用，生成硝基二磺酸酚，在碱性溶液中发生分子重排，生成黄色化合物，用光度法定量。

二、仪器与试剂

① 硝酸盐氮标准贮备溶液：称取 7.218g 在 105～110℃干燥 1h 的硝酸钾 (KNO_3)，溶于纯水中，并定容至 1000mL。加 2mL 三氯甲烷作保存剂，至少可稳定 6 个月，此溶液含硝酸盐氮为 1.00mg/mL。

② 硝酸盐氮标准溶液：吸取 5.00mL 硝酸盐氮标准贮备溶液置于瓷蒸发皿中，在水浴上蒸干，然后加入 2mL 二磺酸酚试剂，迅速用玻璃棒研磨蒸发皿内壁，使二磺酸酚与硝酸盐充分接触，静置 30min，加入少量纯水，移入 500mL 容量瓶中，最后用纯水定容至 500mL，此溶液含硝酸盐氮为 10μg/mL。

③ 苯酚：如苯酚不纯或有颜色，将盛苯酚 (C_6H_5OH) 的容器放在热水中加热，融化后倾出适量于具空气冷凝管的蒸馏瓶中，加热蒸馏，收集 182～184℃的馏分，置棕色瓶中，于冷暗处保存。

④ 二磺酸酚试剂：称取 15g 精制苯酚，置于 250mL 锥形瓶中，加入 105mL 浓硫酸，瓶上放一小漏斗，放在沸水浴中加热 6h。试剂应为浅棕色黏稠液，保存于棕色瓶中。

⑤ 硫酸银溶液：称取 4.379g 硫酸银 (Ag_2SO_4)，溶于纯水并定容至 1000mL。此溶液 1.00mL 可与 1.00mg 氯离子作用。

⑥ 硫酸溶液（0.5mol/L）：取 2.8mL 浓硫酸加到适量纯水中并稀释至 100mL。

⑦ 氢氧化钠溶液（1mol/L）：称取 4.0g 氢氧化钠（NaOH）溶于适量纯水中并定容至 100mL。

⑧ 高锰酸钾溶液（0.02mol/L）：称取 0.316g 高锰酸钾（$KMnO_4$），溶于纯水中并定容至 100mL。

⑨ 乙二胺四乙酸二钠溶液：称取 50g 乙胺四乙酸二钠（$C_{10}H_{14}N_2O_8Na_2 \cdot 2H_2O$），用 20mL 纯水调成糊状，然后加入 60mL 浓氨水，充分搅动后使之溶解。

⑩ 分光光度计。

三、分析步骤

1. 预处理

① 去除浊度：如水样浑浊可用 0.45μm 孔径的滤膜过滤除去。

② 去除亚硝酸盐：如水样中亚硝酸盐氮含量超过 0.2mg/L 时，则需先向 100mL 水样中加入 1.0mL 0.5mol/L 硫酸溶液，混匀后滴加 0.02mol/L 高锰酸钾溶液至淡红色物质 15min 不褪为止，使亚硝酸盐变为硝酸盐。在最后计算结果时，需减去这一部分亚硝酸盐氮（用重氮化偶合比色法测定）。

③ 去除氯化物：将 100mL 水样置于 250mL 锥形瓶中，根据事先测出的氯离子含量，加入相当量的硫酸银溶液。水样中氯化物含量很高（超过 100mg/L）时，可加入相当量的固体硫酸银（1mg 氯相当 4.397mg 硫酸银）。将锥形瓶放在 80℃左右的热水中，用力振摇，使氯化银沉淀凝聚，冷却后用慢速滤纸过滤或离心，使水样澄清。

2. 测定

① 吸取 25.0mL 经过预处理的澄清水样，置于 100mL 蒸发皿中，滴加氢氧化钠溶液，调节溶液至接近中性（用 pH 试纸检查），在水浴上蒸干。

② 取下蒸发皿，加入 1.0mL 二磺酸酚试剂，用玻璃棒研磨，使试剂与残渣充分接触，静置 10min。

③ 向蒸发皿内加入 10mL 纯水，在搅拌下滴加浓氨水，使溶液的黄色达到最深。如出现沉淀可过滤，或加入乙二胺四乙酸二钠溶液至沉淀溶解。将溶液移入 50mL 比色管中，加纯水至刻度，混匀。另取 1.0mL 二磺酸酚试剂于另一个 50mL 比色管中，加纯水 10mL，加氨水成碱性做试剂空白。

④ 于 410nm（或 420nm）波长处，用 1cm 比色皿，以试剂空白作参比测量吸光度，从标准曲线上查出相应的硝酸盐氮量。

⑤ 吸取 0.00mL、0.10mL、0.30mL、0.50mL、0.70mL、1.00mL、1.5mL 或 0.00mL、1.00mL、3.00mL、5.00mL、7.00mL、10.00mL 硝酸盐氮标准溶液置于一组 50mL 比色管中，各加 1.0mL 二磺酸酚试剂，再各加 10mL 纯水，滴加氨水至各管溶液的黄色达最深，加纯水至刻度。于 410nm（或 420nm）波长下，用试剂空白作参比测定吸光度。取标准溶液量为 0～1.50mL 的标准系列，用 3cm 比色皿，0～10.00mL 的用 1cm 比色皿，以硝酸盐氮量为横坐标，吸光度为纵坐标绘制标准曲线。

注：72 型分光光度计无 412nm，可用 420nm 代替。

四、结果计算

$$c=\frac{m}{V\times\frac{100}{100+V_1}}$$

式中　c——水样中硝酸盐氮的浓度，mg/L；

m——从标准曲线上查得的样品管中硝酸盐氮的量，μg；

V——所取水样的体积，mL；

V_1——加入硫酸银溶液的体积，mL。

五、附注

① 硝酸盐氮的测定方法甚多。常用的二磺酸酚法精密、准确，但氯离子有严重干扰，操作也比较复杂。镉还原法灵敏度很高，但操作十分复杂。麝香草酚法简便、准确，且不受氯化物干扰，但灵敏度稍差。可根据水样情况加以选择。

② 本法最低检测浓度为 0.04mg/L，测定范围为 0.04～4.0mg/L。

③ 水中常见的氯化物、亚硝酸盐、铵和铁等均可产生干扰，需对水样进行预处理。

六、思考题

① 水样带色、浑浊或含有氯化物时，应如何预处理？特别是氯离子为何必须除去？如何除去？

② 蒸发水样至干涸的目的是什么？为何必须蒸干？

实验十五　天然水中细菌总数的检验方法

一、原理

每种细菌都有它一定的生理特征，培养时应用不同的营养条件及其他生理条件（如温度、培养时间、pH 值、需氧性质等）去满足其要求，才能将各种细菌培养出来。但在实际工作中，一般都只用一种常用的方法（在营养琼脂培养基中，于 37℃经 24h 培养）去测定细菌菌落总数，因此，所得结果只包括一群能在营养琼脂上发育的嗜中温性需氧及兼性厌氧的细菌菌落总数。

二、培养基和试剂

营养琼脂

（1）成分　蛋白胨　10g

牛肉膏　3g

氯化钠　5g

琼脂　15g

蒸馏水　1000mL

（2）制法　将上述成分混合后，加热溶解，调 pH 值为 7.4～7.6，分装，121℃ 20min 灭菌。储存于冷暗处备用。

三、仪器

① 高压蒸汽灭菌器。

② 干热灭菌箱。

③ 培养箱：(36±1)℃。

④ 冰箱。

⑤ 电炉。

⑥ 天平。

⑦ 放大镜。

⑧ 灭菌平皿：直径 9cm。

⑨ 灭菌刻度吸管。

⑩ 灭菌采样瓶。

⑪ 锥形瓶。

⑫ pH 计或精密 pH 试纸。

四、分析步骤

① 以无菌操作方法，用 1mL 灭菌吸管吸取 1mL 充分混匀的水样，注入灭菌平皿中。加取 1mL 注入另一灭菌平皿中作平行接种。

② 将已熔化并冷至 46℃左右的营养琼脂培养基注入平皿，每皿约 15mL，并立即旋摇平皿，使水样与培养基充分混匀。同时另将营养琼脂培养基倾入灭菌的空平皿内作对照。

③ 待琼脂凝固后，翻转平皿，使皿底在上，置于（36±1）℃培养箱培养 24h。取出，计数每个平皿内的菌落数目。

五、菌落计数及报告方法

作平皿菌落计数时，可用肉眼直接观察，必要时用放大镜检查，以防遗漏。在记下各平皿的菌落数后，求出同一水样两平皿的平均菌落数。在求平均数中，若其中一个平皿有较大片状菌落生长时，则不宜采用，而应以无片状菌落生长的平皿作为该样品的菌落数。若片状菌落不到平皿的一半，而其余一半中菌落分布又很均匀，则可将此半个平皿计数后乘 2 以代表全平皿菌落数。同一样水样两平皿的平均菌落数，即为该水样 1mL 中的细菌菌落总数。

六、附注

① 细菌总数是指 1mL 水样在一定条件培养后，所生长的细菌菌落的总数。

② 细菌总数主要作为判定水被污染程度的标志，但不能说明污染的来源。因此，必须结合大肠菌群数来判断水的污染来源和安全程度。

③ 本方法规定用标准平皿计数法测定饮用天然矿泉水中的细菌总数。

七、思考题

①“细菌总数”作为卫生指标，反映水样的什么状况？

② 实验中常用什么培养基？其主要成分和作用是什么？

③ 细菌总数的单位是什么？

实验十六　水中锶 90 的放射化学分析法——二（2-乙基己基）磷酸萃取色谱法

一、方法提要

涂有二(2-乙基己基)磷酸（简称 HDEHP）的聚三氟氯乙烯（简称 kel-F）色谱柱从 pH=1.0 的样品溶液中定量吸附钇，使钇与锶、铯等低价离子分离。再以 1.5mol/L 硝酸淋洗色谱柱，清除钇以外的其他被吸附的铈、钷等稀土离子，并以 6mol/L 硝酸解吸钇，实现钇 90 的快速测定。或者将 pH=1.0 的通过色谱柱后的流出液放置 14d 后再次通过色谱柱，分离和测定钇 90。水样中锶 90 的浓度根据其子体钇 90 的 β 活度来确定。

二、仪器与试剂

所有试剂除特别申明外均为分析纯，水为蒸馏水。试剂中的放射性必须保证空白样品测得的计数率低于探测仪器本底的统计误差。

① 二(2-乙基己基)磷酸：化学纯。

② 正庚烷。

③ 聚三氟氯乙烯粉（kel-F）：60～100 目。

④ 锶载体溶液（约 50mg Sr/mL）：称取 153g 氯化锶（$SrCl_2 \cdot 6H_2O$）溶解于 0.1mol/L 的硝酸溶液中并稀释至 1L。

标定：取四份 2mL 锶载体溶液于烧杯中，加入 20mL 蒸馏水，用氨水调节溶液 pH=8，加入 5mL 饱和碳酸铵溶液，加热至将近沸腾，使沉淀凝聚，冷却，用已称重的 G_4 玻璃砂芯漏斗抽吸过滤，用水和无水乙醇各 10mL 洗涤沉淀，在 105℃烘干，冷却，称至恒重。

⑤ 钇载体溶液（约 20mg Y/mL）：称取 86.2g 硝酸钇［$Y(NO_3)_3 \cdot 6H_2O$］，加热溶解于 100mL 6.0mol/L 硝酸中，转入 1L 容量瓶内，用水稀释至刻度。

标定：取四份 2mL 上述钇载体溶液分别置于烧杯中，加入 30mL 水和 5mL 饱和草酸溶液，用氨水和 2mol/L 硝酸调节溶液 pH=1.5。在水浴中加热使沉淀凝聚，冷却至室温。沉淀过滤在置有定量滤纸的三角漏斗中，依次用水、无水乙醇各 10mL 洗涤，取下滤纸置于瓷坩埚中，在电炉上烘干并炭化后置于 900℃马弗炉中灼烧 30min，在干燥器中冷却称至恒重。

⑥ 氨水：浓度 25.0%～28.0%（质量分数）。

⑦ 碳酸铵。

⑧ 草酸饱和溶液：称取 110g 草酸溶于 1L 水中，稍许加热，不断搅拌，冷却后置于试剂瓶中。

⑨ 浓硝酸：浓度 65.0%～68.0%（质量分数）。

⑩ 锶 90-钇 90 标准溶液：锶 90 的浓度约为 500dpm/mL。

⑪ 精密试剂：pH0.5～5.0。

⑫ 低本底 β 射线测量仪。

⑬ 分析天平：感量 0.1mg。

⑭ 原子吸收分光光度计。

⑮ HDEHP-kel-F 色谱柱：柱内径 8～10mm，下部用玻璃棉填充。取 3g 60～100 目的 kel-F 粉放入烧杯中，加入 5.0mL 20% HDEHP-正庚烷溶液，反复搅拌，放置 10h 以上。在 800℃下烘至呈松散状。用 0.1mol/L 硝酸溶液湿法装柱，每次使用前用 20mL pH=1.0 的硝酸溶液通过色谱柱，使用后用 50mL 6mol/L 硝酸淋洗柱子，用水洗至流出液 pH=1.0，备用。

⑯ 可拆卸式漏斗。

三、分析步骤

① 取水样 1～40L，用硝酸调节 pH=1.0，加入 2mL 锶载体溶液和 1mL 钇载体溶液。加热至 50℃左右，用氨水调节 pH 值至 8～9，搅拌下每升水样加入 8g 碳酸铵。继续加热至将近沸腾，使沉淀凝聚，取下冷却，静置 10h 以上。用虹吸法吸去上层清液，将余下部分离

心，用1%（质量分数）碳酸铵溶液洗涤沉淀，弃去清液。沉淀转入烧杯中，逐滴加入6mol/L硝酸至沉淀完全溶解，加热，滤去不溶物。滤液用氨水调节pH值至1.0。

② 溶液以2mL/min流速通过HDEHP-kel-F色谱柱，记下从开始过柱至过柱完毕的中间时刻，作为锶、钇分离时刻。流出液收集于100mL容量瓶中，再用30mL 0.1mol/L硝酸洗涤色谱柱，流出液收集于同一容量瓶中，用0.1mol/L硝酸稀释至标线，摇匀。取出1mL溶液，在原子吸收分光光度计上测定锶含量，计算锶的化学回收率。向容量瓶中加入1mL钇载体溶液，放置14d，供放置法测定锶90用。

③ 用40mL 1.5mol/L硝酸以2mL/min流速洗涤色谱柱，弃去流出液。再用30mL 6mol/L硝酸以1mL/min流速解吸钇，解吸液收集于烧杯中。向解吸液加入5mL草酸饱和溶液，用氨水调节溶液pH值至1.5～2.0，加热至将近沸腾，再冷却至室温。沉淀在可拆卸式漏斗上抽吸过滤，依次用0.5%（质量分数）草酸溶液、水、无水乙醇各10mL洗涤沉淀。将沉淀连同滤纸固定在测量盘上，在低本底β测量仪上进行β计数，记下测量的时刻。沉淀在45～50℃下干燥，称至恒重。按式（1）计算水中锶90的浓度。

④ 将上述放置14d后的溶液以2mL/min流速通过色谱柱，记下锶、钇分离的时刻。以下按③操作，按式（2）计算水中锶90的浓度。

四、结果计算

① 快速测定锶90时按下式计算水中锶90的浓度：

$$A_v=\frac{N\times J_0}{K\times E_f\times V\times R_Y\times e^{-\lambda(t_3-t_2)}\times J} \tag{1}$$

式中 A_v——水中锶90的放射性浓度，Bq/L（或Ci/L）；

N——样品源净计数率，cpm；

K——转换系数，当A_v以Bq/L表示时，$K=60$（当A_v以Ci/L表示时，$K=2.22\times10^{12}$）；

E_f——钇90的探测效率；

V——分析水样的体积，L；

R_Y——钇的化学回收率；

$e^{-\lambda(t_3-t_2)}$——钇90的衰变因子。t_2为锶、钇分离的时刻，h；t_3为钇90测量到一半的时刻，h；$\lambda=0.693/T$，T为钇90的半衰期，64.2h；

J_0——标定测量仪器的探测效率时，所测得的锶90-钇90参考源的计数率，cpm；

J——测量样品时，所测得的锶90-钇90参考源的计数率，cpm。

② 放置法测定锶90时按下式计算水中锶90的浓度：

$$A_v=\frac{N\times J_0}{K\times E_f\times V\times R_{Sr}\times R_Y(1-e^{-\lambda t_1})\times e^{-\lambda(t_3-t_2)}\times J} \tag{2}$$

式中 R_{Sr}——锶的化学回收率；

$(1-e^{-\lambda t_1})$——钇90的生长因子。t_1为锶90的生长时间，h；$\lambda=0.693/T$，T为钇90的半衰期，64.2h。式中其他符号意义与式（1）中所示相同。

五、附注

① 本方法适用于饮用水、地面水和核工业排放废水中锶90的分析。

② 钇 91 存在时会干扰锶 90 的快速测定；铈 144 和钷 147 等核素的含量大于锶 90 含量的 100 倍时，会使快速法测定锶 90 的结果偏高。

③ 本方法分析锶 90 浓度为 1Bq/L（3×10^{-11}Ci/L）的水样，最大误差小于 10%，同一实验室变异系数小于 10%。

六、思考题

① 放射性测量的原理是什么？

② 放射性核素锶 90 具有哪些核性质？

③ 为何要使用 HDEHP 萃取色谱法分离锶？其基本原理是什么？

④ 环境水样中常见的放射性核素有哪些？

综合实验（一） 天然水中 K、Na、Ca、Mg、Fe、Mn 的连续测定——原子吸收光谱法

一、原理

水样中金属离子被原子化后，此基态原子吸收来自同种金属元素空心阴极灯发出的共振线（如铜，324nm；铅，283.3nm 等），吸收共振线的量与样品中该元素含量成正比。在其他条件不变的情况下根据测量被吸收后的谱线强度，与标准系列比较进行定量。

二、试剂

① 铁标准贮备溶液：称取 1.4297g 氧化铁（优级纯 Fe_2O_3），加入 10mL 硝酸溶液（1+1），小火加热并滴加浓盐酸助溶，至完全溶解后加纯水定容至 1000mL，此溶液含铁为 1.00mg/mL。

② 锰标准贮备溶液：称取 1.2912g 氧化锰（优级纯，MnO），加硝酸溶液（1+1）溶解后并用纯水定容至 1000mL，此溶液含锰为 1.00mg/mL。

③ 钾标准贮备溶液：称取 1.9067g 在 100℃烘至恒重的基准氯化钾，溶于少量纯水中，加入硝酸溶液（1+1）10mL，再用纯水定容至 1000mL，此溶液含钾为 1mg/mL。

④ 钠标准贮备溶液：称取 25.421g 在 140℃烘至恒重的基准氯化钠，溶于少量纯水中，加入硝酸溶液（1+1）10mL，再用纯水定容至 1000mL，此溶液含钠为 10mg/mL。

⑤ 钾、钠混合标准溶液：取钾、钠标准贮备溶液，用纯水稀释至含钾、钠为 0.05mg/mL。

⑥ 钙标准贮备溶液：称取在 105℃烘干的碳酸钙（优级纯）1.2485g 于 100mL 烧杯中，加入 20mL 水，然后慢慢加入盐酸（1+2）使其溶解，待溶完后，再加盐酸（1+2）5mL，煮沸赶去二氧化碳，转移至 1000mL 容量瓶，加水至刻度，摇匀，此溶液含钙为 0.50mg/mL。

⑦ 镁标准贮备溶液：称氯化镁 1.9590 溶于水中，转移至 1000mL 容量瓶。稀至刻度，摇匀。(用 EDTA 容量法标定）调整至含镁为 0.05mg/mL。

⑧ 硝酸（优级纯）：1+1。

⑨ 盐酸（优级纯）：1+2。

⑩ 氯化镧溶液：称取 80.2g 氯化镧（$LaCl_3\cdot7H_2O$）（优级纯）溶于水后，转移至 1000mL 容量瓶中，加水至刻度。此溶液含镧为 30mg/mL。

⑪ 标准溶液：钾、钠、钙、镁、铁、锰标准溶液的配制见表 2-4。

表 2-4　标准溶液配制

元素	标准贮备溶液浓度/(mg/mL)	吸取标准贮备液量/mL	稀释体积(容量瓶)/mL	使用标准溶液浓度/(mg/mL)	稀释溶液
K	1.0	5	100	0.05	纯水
Na	10.0	0.5	100	0.05	纯水
Ca	0.50	10	100	0.05	纯水
Mg	0.50	10	100	0.05	纯水
Fe	1.0	50	100	0.5	每升纯水中含 1.5mL
Mn	1.0	50	100	0.5	浓硝酸

三、分析步骤

1. 仪器操作

① 安装待测元素空心阴极灯，对准灯的位置，固定分析线波长及狭缝。

② 开启仪器电源及固定空心阴极灯电流，预热仪器 10～20min，使光源稳定。

③ 调节燃烧器位置，开启空气。按仪器说明书规定调节至各该元素最高灵敏度的适当流量。

④ 开启乙炔气源阀，调节指定的流量值，并点燃火焰。

⑤ 将纯水喷入火焰中校正每分钟进样量为 3～5mL，并将仪器调零。

⑥ 将各金属标准溶液喷入火焰，调节仪器的燃烧器位置、火焰高度等各种条件，直至获得最佳状态。

⑦ 完成以上调节，即可进行样品测定。测量完毕后应先关闭乙炔气阀熄火。

2. 水样测定

① 钾、钠、钙、镁、铁、锰各种标准溶液的曲线绘制方法见表 2-5，测定操作参数见表 2-6。

② 将标准溶液和空白溶液依次间隔喷入火焰，测定吸光度，绘制曲线。

③ 将样品喷入火焰，测定吸光度，在标准曲线上查出各待测金属元素的浓度。

四、结果计算

$$c=c_1\times\frac{V_1}{V}$$

式中　c——水样中待测金属元素的浓度，mg/L；

c_1——从标准曲线上查得待测金属元素的浓度，mg/L；

V_1——标准系列用水稀释后的体积，mL；

V——原水样体积，mL。

五、附注

① 在火焰原子吸收分光光度法测定水中钙时，铍、铝、硅、钛、钒、锆的氧化物、磷酸盐、硫化物干扰测定，降低分析灵敏度，可以加入释放剂来消除干扰。本法选用氯化镧溶液为释放剂，以消除上述诸元素的干扰，共振线 422.7nm，最佳浓度范围为 0.00～20.00mg/L，检出限为 0.003mg/L，火焰为氧化性火焰。

② 钾、钠共振灵敏线分别为 766.5nm、589.0nm，高含量钾、钠的测定可用次灵敏线 404.5nm，330.2nm，二者均可用空气-乙炔火焰进行测定。

③ 在一般情况下共存元素干扰较小。但当大量钠存在时，钾的电离受到抑制，从而使钾的吸收强度增大，铁稍有干扰，磷酸盐产生较大的负干扰，添加一定量镧盐后可以消除。当测定钠时，盐酸和氯离子通常使钠的吸收强度降低。

表 2-5 不同浓度系列标准稀释液的配制方法

元素	使用液浓度/(mg/mL)	吸取使用液的体积/mL	稀释体积(容量瓶)/mL	标准系列浓度/(mg/L)	稀释溶液
K	0.05	1 5 10 20 30 40	1000	0.05 0.25 0.5 1.0 1.5 2.0	纯水
Na	0.05	0.1 1 2 4 6 8	1000	0.005 0.05 0.10 0.20 0.30 0.40	纯水
Ca	0.05	0.5 1.0 2.0 4.0 6.0 8.0	50	0.5 1.0 2.0 4.0 6.0 8.0	加 3mL 氯化镧溶液，用纯水定容
Mg	0.05	0.5 1.0 3.0 5.0 7.0 10.0	50	0.5 1.0 3.0 5.0 7.0 10.0	加 3mL 氯化镧溶液，用纯水定容
Fe	0.5	1 2 4 6 8 10	1000	0.5 1.0 2.0 3.0 4.0 5.0	用每升含 1.5mL 浓硝酸的纯水定容
Mn	0.5	0.01 1 2 4 8 12	1000	0.1 0.5 1.0 2.0 4.0 6.0	用每升含 1.5mL 浓硝酸的纯水定容

表 2-6 测定操作参数

元 素	波长/nm	光 源	火 焰	标准系列浓度范围/(μg/mL)
K	766.5	紫外	空气-乙炔	0.05～2.0
Na	589.0	紫外		0.01～0.40
Ca	422.7	紫外		0.5～8.0
Mg	285.2	紫外		0.5～10.0
Fe	248.3	紫外		0.5～5.0
Mn	279.5	紫外		0.1～6.0

六、思考题

① 在 AAS 分析中，测定每个元素都需要优化仪器条件，如灯电流、狭缝宽度、燃烧器高度和燃气/助燃比。请解释“燃烧器高度”这一参数如何影响测定的灵敏度和稳定性。

② 如果某个待测元素的吸光度值落在标准曲线的线性范围之外（过高或过低），应如何处理以保证结果的准确性？除了标准曲线法，AAS 还有哪些定量方法？

③ 在使用原子吸收分光光度计时，注意哪些事项？

综合实验（二） 电感耦合等离子体质谱法（ICP-MS）测定环境水样中金属元素

一、方法原理

水样经预处理成溶液样品后，采用电感耦合等离子体质谱进行检测，根据元素的质谱图或特征离子进行定性、内标法定量分析。样品由载气带入雾化系统进行雾化后，以气溶胶形式进入等离子体的轴向通道，在高温和惰性气体中被充分蒸发、解离、原子化和电离，转化成的带电荷的正离子经离子采集系统进入质谱仪，质谱仪根据离子的质荷比即元素的质量数进行分离并定性、定量分析。在一定浓度范围内，元素质量数所对应的信号响应值与其浓度成正比。

二、仪器与试剂

① 电感耦合等离子体质谱仪（Element 2），仪器工作环境和对电源的要求需根据仪器说明书规定执行。仪器扫描范围：5～250amu，分辨率：10%峰高处所对应的峰宽应优于 1amu。

② 实验用水：电阻率≥18MΩ/cm。

③ 硝酸：ρ=1.42g/mL，优级纯或以上，必要时经纯化处理。

④ 混合标准储备液：钾、钠、钙、镁、铁（c=1g/L），锰、铜、锌、铬、铅、镉、钡、钼、镍、铝、砷、钒、铀、钍（c=0.01g/L）。

⑤ 混合标准使用液：钾、钠、钙、镁、铁（c=100mg/L），锰、铜、锌、铬、铅、镉、钡、钼、镍、铝、砷、钒、铀、钍（c=1mg/L）。

⑥ 质谱调谐液：Li、Y、Ce、Tl、Co（c=10μg/L）；内标溶液：Sc、Ge、Y、In、Tb、Bi（c=10mg/L），使用前用 3%的 HNO_3 稀释为 c=1μg/L。

三、分析步骤

① 标准溶液的配制

吸取适量混合标准使用液，用 3% HNO_3 配制成钾、钠、钙、镁、铁浓度分别为 0.0mg/L、0.5mg/L、1.0mg/L、5.0mg/L、10.0mg/L、50.0mg/L；锰、铜、锌、铬、铅、镉、钡、钼、镍、铝、砷、钒、铀、钍浓度分别为 0.0μg/L、5.0μg/L、10.0μg/L、50.0μg/L、100.0μg/L、500.0μg/L 的标准系列。

② 样品溶液的配制

样品采集参照 HJ/T 91 和 HJ/T 164 的相关规定执行，采集水样后配制成含 3%HNO_3 的溶液。

③ 仪器测量参数

射频功率 1200W；载气流速 1.00L/min；辅助气流量 0.70L/min；冷却气流量 16.00L/min；采样深度 7mm；S/C 温度 2℃；蠕动泵转速 0.1r/min；雾化器 Barbinton；采样锥与截取锥类型为镍锥；进样速率 3mL/min；重复取样次数 6 次。

④ 测定

当仪器真空度达到要求时，使用调谐液对仪器条件进行最优化，使仪器灵敏度、氧化物、双电荷、分辨率等各项指标达到测定要求。编辑测定方法、干扰方程及选择各测定元素，引入在线内标，观测内标灵敏度、调 P/A 指标，符合要求后，将试剂空白、标准系列、样品溶液分别引入仪器。选择各元素内标，选择各标准，输入各参数，由计算机绘制标准曲线、计算回归方程。根据标准曲线所得的线性回归方程、所测样品的记数率，仪器自动计算出样品中各元素的浓度。

四、结果计算

样品中元素含量按照下式进行计算：

$$\rho=(\rho_1-\rho_2)f$$

式中 ρ——样品中元素的浓度，μg/L 或 mg/L；

ρ_1——稀释后样品中元素的质量浓度，μg/L 或 mg/L；

ρ_2——稀释后实验室空白样品中元素的质量浓度，μg/L 或 mg/L；

f——稀释倍数。

五、附注

① 实验所用器皿，在使用前需用（1+1）硝酸溶液浸泡至少 12h 后，用去离子水冲洗干净后方可使用。

② 钾、钠、钙、镁等元素含量相对较高时，可选用其他国标方法测定。对于未知的废水样品，建议先用其他国标方法初测样品浓度，避免分析期间样品对检测器的潜在损害，同时鉴别浓度超过线性范围的元素。

③ 丰度较大的同位素会产生拖尾峰，影响相邻质量峰的测定。可调整质谱仪的分辨率，以减少这种干扰。

④ 在连续分析浓度差异较大的样品或标准品时，样品中待测元素（如硼等元素）易沉积并滞留在真空界面、喷雾腔和雾化器上导致记忆干扰，可通过延长样品间的洗涤时间来避免这类干扰的发生。

六、思考题

① ICP-MS 测定金属离子的原理是什么？

② ICP-MS 测定样品中金属离子需要注意哪些事项？

③ ICP-MS 分析中面临的主要干扰是什么？与 AAS 和 ICP-AES 相比，ICP-MS 在测定环境水样中的金属元素时具有哪些显著优势？

• 综合探究

某地饮用水源水样需检测常量元素 K^+、Na^+、Ca^{2+} 和 Mg^{2+} 的含量。实验室采用火焰原子吸收光谱法（FAAS）分析，请思考并解决如下问题：

（1）分析过程中发现 Ca^{2+} 和 Mg^{2+} 的回收率偏低（78%、86%），且水样中含较高浓度硫酸根和磷酸根。

（2）发现未稀释原水样的 K^+ 吸光度为 1.05（超出仪器检测上限）。

（3）如何验证火焰原子吸收光谱法测定结果的可靠性？

扫码见参考答案

第三章　金属材料分析

实验十七　钢铁中碳的测定——燃烧-气体体积法

一、方法提要

试样置于高温炉中加热并通氧燃烧，使碳氧化成二氧化碳，混合气体经除硫后收集于量气管中，然后以氢氧化钾溶液吸收其中的二氧化碳，吸收前后体积之差即为二氧化碳体积，由此计算碳含量。

本方法适用于生铁、铁粉、碳钢、高温合金及精密合金中碳含量的测定。测定范围为0.10%～2.0%。

二、仪器与试剂

① 高锰酸钾溶液　(40g/L)。

② 氢氧化钾溶液　(400g/L)。

③ 甲基红指示剂　(2g/L)。

④ 过硫酸铵溶液　(250g/L)。

钒酸银制备方法：称取钒酸铵（或偏钒酸铵）12g 溶解于 400mL 水中，称取硝酸银 17g 溶解于 200mL 水中，然后将二者混合，用玻璃坩埚过滤，用水稍加洗净。然后在烘箱中（110℃）烘干。取其 20～40 目产品，保存在干燥器中备用。

活性氧化锰制备方法：硫酸锰 20g 溶解于 500mL 水中，加入浓氨水 10mL，摇匀，加 90mL 过硫酸铵溶液（250g/L），边加边搅拌，煮沸 10min，再加 1～2 滴氨水，静置至澄清（如果不澄清，则再加过硫酸铵适量）。抽滤，用氨水（1+19）洗 10 次，热水洗 2～3 次，再用硫酸（1+19）洗 12 次，最后用热水洗至无硫酸反应。于 110℃烘箱中烘干 3～4h，取其20～40 目产品，保存在干燥器中备用。

⑤ 酸性氯化钠水溶液：含数滴硫酸的 25%氯化钠溶液，加几滴甲基橙或甲基红，使之呈稳定的浅红色（或按各仪器说明书配制）。

⑥ 助熔剂：锡粒（或锡片）、铜、氧化铜、纯铁粉。

⑦ 氨水（ρ=0.90g/mL）。

⑧ 除硫剂：活性二氧化锰（粒状）或钒酸银。

⑨ 气压计一台。

⑩ 气体体积法定碳装置，见图 3-1 所示。

其中，氧气表 2 附有流量计及缓冲阀；洗气瓶 5 内盛浓硫酸，其高度约为瓶高度的 1/3；干燥塔 6 上层装碱石灰（或碱石棉），下层装无水氯化钙，中间隔以玻璃棉，底部与顶部也铺以玻璃棉；管式炉 8 使用温度最高可达 1350℃，附有热电偶、高温计、调压器；球形干燥管 12 内装干燥脱脂棉；除硫管 10 为直径 10～15mm、长 10mm 玻璃管，内装 4g 颗粒活性二氧化锰（或粒状钒酸银），两端塞有脱脂棉。

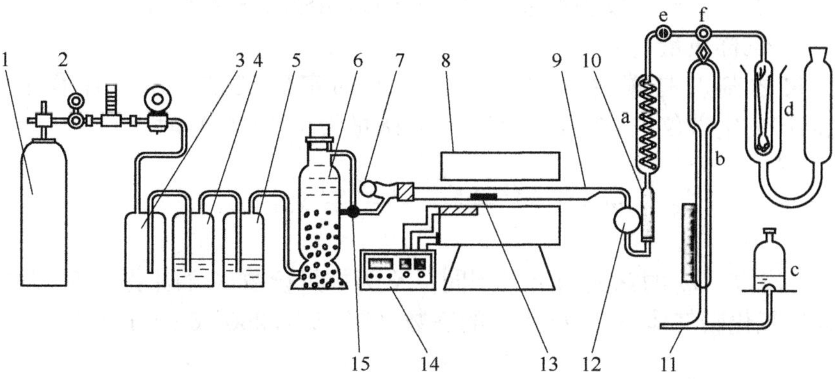

图 3-1　定碳装置

1—氧气瓶；2—氧气表；3—缓冲瓶；4，5—洗气瓶；6—干燥塔；7—玻璃磨口塞；8—管式炉；9—瓷管；10—除硫管；11—容量定碳仪（包括蛇形冷凝管 a、量气管 b、水准瓶 c、吸收器 d、小活塞 e、三通活塞 f）；12—球形干燥管；13—瓷舟；14—温度自动控制器；15—供氧活塞

蛇形冷凝管 a 套内装冷却水，用于冷却混合气体。量气管 b 用于测量气体体积。水准瓶 c 内盛酸性氯化钠溶液。吸收器 d 内盛 40%氢氧化钾溶液。小活塞 e 可以通过 f 使 a 和 b 接通，也可分别使 a 和 b 通大气。三通活塞 f 可以使 a 和 b 接通，也可使 b 与 d 接通。瓷管 9 长 600mm，内径 23mm（亦可采用相近规格的瓷管），使用时先检查是否漏气，然后分段灼烧。瓷管两端露出炉外部分长度不小于 175mm，以便燃烧时管端仍是冷却的。粗口端连接玻璃磨口塞，锥开口端用橡皮管连接于球形干燥管上。瓷舟 13 长 88mm 或 97mm，使用前需在 1200℃管式炉中通氧灼烧 2～4min，也可于 1000℃高温炉中灼烧 1h 后，冷却后贮于盛有碱石棉或碱石灰及无水氯化钙的未涂油脂的干燥器中备用。

三、分析步骤

将炉温升至 1200～1300℃，检查管路及活塞是否漏气，装置是否正常，燃烧标准样品，检查仪器及操作。

称取试样（含碳 1.5%以下称取 0.5000～2.000g，1.5%以上称取 0.2000～0.5000g）置于瓷舟中，覆盖适量助熔剂，打开玻璃磨口塞，将瓷舟放入瓷管内，用长钩推至高温处，立即塞紧磨口塞。预热 1min，根据定碳仪操作规程操作，测定其读数（体积或含量）。打开磨口塞，用长钩将瓷舟拉出，即可进行下一试样分析。

四、结果计算

依据定碳仪标尺刻度不同，计算公式分别如下。

(1) 当标尺刻度单位是 mL 时：

$$w(\mathrm{C})=\frac{A\times V\times f}{m}\times 100\%$$

式中　$w(\mathrm{C})$——碳的质量分数，%；

A——温度 16℃、气压 101.3kPa，封闭液中每毫升二氧化碳中含碳质量，g；用酸性水作封闭液时 A 值为 5.022×10^{-4} g；

V——吸收前后气体的体积差，即二氧化碳体积，mL；

f——温度、气压校正系数，采用不同封闭液时其值不同；

m——试样质量，g。

(2) 当标尺的刻度是碳含量（例如上海产的定碳仪把 25mL 体积的刻成含碳量 1.250%；沈阳产的定碳仪把 30mL 体积刻成含碳量为 1.500%）时：

$$w(\mathrm{C})=\frac{A\times X\times f\times 20}{m}\times 100\%$$

式中，w(C)、A、f、m 的意义与上式相同；X 为标尺读数（含碳量）；20 为标尺读数（含碳量）换算成二氧化碳气体体积（mL）的系数（即 25/1.250 或 30/1.500）。

五、注释

① 称取试样的质量、试样分解的温度、助熔剂的种类和用量选择，请见表 3-1。助熔剂中含碳量一般不超过 0.005%，使用前应做空白试验，并从分析结果中扣除。

表 3-1 样品称量和助熔剂参考示例

试 样	w(C)/%	称样量/g	助 熔 剂 量	炉温/℃
硅钢、低碳钢	<0.1	1～2	Sn 3～4 粒	1150～1250
碳钢、低合金钢	<1.0	1	Sn 3～4 粒	1150～1250
生铁样	>1.0	0.25～0.5	Sn 3～4 粒	1150～1250
不锈钢	<0.4	1	Sn 3～4 粒或 Cu 0.1g	1200～1250
高温合金	<0.1	1	Cu 或 Fe 0.2～0.5g	1250～1300

② 定碳仪应放置在室温较正常的地方（距离高温炉 300～500mm），避免阳光直接照射。

③ 更换水准瓶所盛溶液、玻璃棉、除硫剂、氢氧化钾溶液后，均应作几次高碳试样，使二氧化碳饱和后，方能进行操作。

④ 如分析含硫量高的试样（0.2%以上），应增加除硫剂量，或多增加一个除硫管。

⑤ 量气管必须保持清洁，有水滴附着量气管内壁时，须用重铬酸钾洗液洗涤。吸收器、水准瓶内溶液以及混合气体的温度应基本相同，否则将产生正负空白值。因此在测定前应通氧气重复做空白试验数次，直至空白值稳定，方可进行试样分析。由于室温变化及工作过程引起冷凝管中水温变动，因而工作中需经常做空白试验，从结果中减去。

⑥ 分析完高碳试样后，应空通一次，才能接着做低碳试样分析。

⑦ 水银气压计的刻度是按在 0℃、45°纬度的海平面上的刻度，而实际压力 p 与指示压力 p'、温度 t、纬度 ϕ 及海拔高度 H 的关系却是

$p=p'(1-0.000163t-0.0026\cos 2\phi-0.0000002H)\times 0.1332(\mathrm{kPa})$。通常纬度 ϕ 与高度 H 影响较小可忽略，故可只作温度修正。修正值通常取：5～12℃，−0.133(kPa)；13～30℃，−0.267(kPa)；21～28℃，−0.40(kPa)；29～35℃，−0.533(kPa)；>35℃，−0.67(kPa)。

⑧ 允许差见表 3-2。此允许差仅为保证与判定分析结果的准确度而设，与其他不发生任何关系。在平行分析两份或两份以上试样时，所得的分析数据的极差值不超过所载允许差两倍者（即±允许差之内），均应认为有效，以求得平均值。用标准试样校验时，结果偏差不得超过所载允许差。

表 3-2　含碳量的允许差

碳的质量分数 $w(C)/\times100$	0.051～0.100	0.101～0.250	0.251～0.500	0.501～1.000	1.001～2.00
允许差/×100	0.010	0.015	0.020	0.025	0.035

六、思考题

① 简述本法测定钢铁中总碳量的基本原理，并写出主要化学反应方程式。

② 称取钢样 1.000g，在 16℃、101.3kPa 时，测得二氧化碳的体积为 5.00mL，计算试样中的碳的百分含量。

③ 称取钢样 0.7500g，在 17℃、99.99kPa 时，量气管读数为 2.14%（试样 1.000g），求温度压力校正系数 f 及碳的百分含量。

实验十八　钢铁中硫的测定——燃烧-碘酸钾滴定法

一、方法提要

试样置于高温炉中加热并通氧燃烧，使硫氧化成二氧化硫，被酸性淀粉溶液吸收后，用碘酸钾标准溶液滴定至浅蓝色为终点。

本法适用于生铁、铁粉、碳钢、合金钢、高温合金及精密合金。测定范围为 0.003%～0.20%。

二、仪器与试剂

① 淀粉吸收液：称取 10g 可溶性淀粉，用少量水调成糊状后，加 500mL 沸水，搅拌，加热煮沸后取下。冷却，加 3g 碘化钾、500mL 水以及 2 滴盐酸，搅拌均匀后静置至澄清。使用时取出上层澄清液 25mL，加 15mL 盐酸，用水稀释至 1000mL，混匀。

② 助熔剂：二氧化锡和还原铁粉以 3∶4 混匀；五氧化二钒和还原铁粉以 3∶1 混匀；五氧化二钒。

③ 碘酸钾标准溶液：

$c(1/6KIO_3)=0.01000mol/L$：称取 0.3560g 碘酸钾（基准试剂）溶于水后，加入 1mL 10%氢氧化钾，用水稀释至 1000mL，混匀。

$c(1/6KIO_3)=0.001mol/L$：移取 100mL 0.01000mol/L 碘酸钾标准溶液于 1000mL 容量瓶中，加 1g 碘化钾使其溶解，用水稀释至刻度，混匀。此溶液用于测定含硫量为 0.010%～0.20%的试样。

$c(1/6KIO_3)=0.000250mol/L$：移取 25.00mL 0.01000mol/L 碘酸钾标准溶液于 1000mL 容量瓶中，加 1g 碘化钾使其溶解，用水稀释至刻度，混匀。此溶液用于测定含硫量为 0.003%～0.010%的试样。

④ 仪器装置如图 3-2 所示。

三、分析步骤

① 用 1～1.5h 将炉温升至 1250～1300℃（普通瓷管），用于测定生铁、碳钢及低合金钢。或炉温升至 1300℃以上（高铝瓷管），用于测定中、高合金钢及高温合金、精密合金。

② 淀粉吸收液的准备：含硫量小于 0.01%用低硫吸收杯，加入 20mL 淀粉溶液；含硫

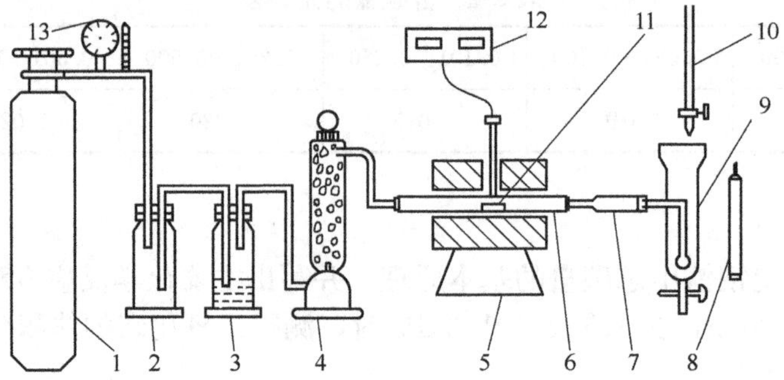

图 3-2　定硫装置

1—氧气瓶；2—缓冲瓶；3—洗气瓶（内装浓硫酸，其量约为瓶高度的 1/3）；4—干燥塔（底部铺以玻璃棉，装无水氯化钙，隔以玻璃棉，上层装以碱石棉后再铺以玻璃棉）；5—管式炉；6—瓷管（600mm×25mm×23mm，普通瓷管或高铝瓷管，使用前检查是否漏气，然后逐段灼烧）；7—蛇形干燥管（内装干燥脱脂棉）；8—8W 日光灯；9—吸收杯；10—滴定管；11—瓷舟（88mm 或 77mm，用前在 1300℃管式炉中通氧燃烧 1～2min，并于氧气气氛中冷却，贮于未涂油脂的干燥器中备用）；12—自动控温器（附热电偶）；13—氧气表

量大于 0.01%用高硫吸收杯，加 60mL 淀粉溶液。通氧（流速为 1500～2000mL/min），用碘酸钾标准溶液滴定至浅蓝色不褪，作为终点色泽，关闭氧气。

③ 检查瓷管及仪器装置是否严密不漏气，按步骤分析两个非标准试样。

④ 称取 0.2～0.5g 试样置于瓷舟中，加入适量助熔剂（0.2～0.8g），盖上瓷盖，启开橡皮塞，将瓷舟放入瓷管内，用长钩推至高温处，立即塞紧橡皮塞，预热 0.5～1.5min，随即通氧（流速为 1500～2000mL/min），燃烧后的混合气体导入吸收杯中，使淀粉吸收液蓝色开始消褪，立即用碘酸钾标准溶液滴定并使液面保持蓝色，当吸收液褪色缓慢时，滴定速度也相应减慢，直到吸收液的色泽与原来的终点色泽相同，间歇通气后，色泽不变即为终点。关闭氧气打开橡皮塞，用长钩拉开瓷舟；读取滴定时所消耗碘酸钾标准溶液的体积(mL)。

硫的质量分数 $w(\mathrm{S})$ 按下式计算：

$$w(\mathrm{S})=\frac{T(V-V_0)}{m}\times 100\%$$

式中　T——碘酸钾标准溶液对硫的滴定度，g/mL，用标准试样按分析手续确定；

V——滴定试样时所消耗碘酸钾标准溶液的体积，mL；

V_0——滴定空白时所消耗碘酸钾标准溶液的平均体积，mL；

m——试样量，g。

四、附注

① 可溶性淀粉最好用红薯粉或葛根粉，因其显色灵敏度高，终点色泽呈蓝色，没有泛红现象。

② 二氧化锡需处理，将经过 120 目筛孔后的二氧化锡盛于大瓷舟中，放在 1300℃管式炉中通氧灼烧 2min，冷却后贮于磨口瓶内备用，否则空白值较高。五氧化二钒也需在 600℃的高温炉中灼烧数小时，冷却后置于磨口瓶内备用，否则氧化物中的少量水分也会导致测量结果偏低。

③ 碘酸钾标准溶液的标定需用牌号相仿、含硫量相近并经重量法或还原-比色法定值的

标准试样。测定含量在0.010%以下的硫时，亦可采用取0.1000g含硫量大于0.0100%的标样和0.9000g含硫量小于0.001%的标样混合后进行标定。空白值应包括瓷舟、瓷盖、助熔剂及0.6g标样（含硫量小于0.001%）。

④ 使用带瓷盖的瓷舟，有利于氧化铁在高温区的捕集，大大减少了转化区的催化剂（氧化铁）用量，导管的沾污也大为减少，可使硫的回收率提高5%～10%。瓷盖也可将瓷舟两端切去后待用。瓷舟、瓷盖需在1000℃的高温炉中灼烧1h以上，冷却后贮于未涂油脂的干燥器中备用。测定低含量硫时，瓷舟、瓷盖还应放在1300℃管式炉中，通氧灼烧1～2min，在氧气气氛中冷却，贮于未涂油脂的干燥器中备用。

⑤ 预热时间不宜过长，生铁、钢及低合金钢预热不超过30s，中高合金钢、高温合金及精密合金预热1～1.5min。

⑥ 若滴定速度跟不上，会导致结果偏低，因此在滴定生铁等高锰样品时，开始可以适当多过量一些碘酸钾标准溶液。

⑦ 吸收液最好是每做一个样更换一次（尤其对高硫）。特别注意不应使溶液倒吸。低硫时可少放些吸收液，终点要滴成浅蓝色；高硫时则多放些吸收液，且终点色可深些，可以预置滴定液以防滴定不及时，二氧化硫逃逸。

⑧ 拉出瓷舟观察试样燃烧情况，如断面有气泡，需重新测定。

⑨ 在连续测定10个以上试样后，应清除瓷管内氧化物。球形干燥管中脱脂棉上粉尘积聚过多时亦应更换，高锰钢与生铁因粉尘积聚较为严重，需将标样和试样平行测定。

⑩ 允许差见表3-3。

表3-3 含硫量的允许差

含硫量 $w(S)/\%$	0.0010～0.0025	0.0026～0.0050	0.0051～0.010	0.011～0.020	0.021～0.050	0.051～0.100	0.101～0.200	0.200以上
允许差/%	0.0003	0.0005	0.001	0.002	0.004	0.006	0.010	0.015

五、思考题

① 简述本法测定钢铁中硫的基本原理，并写出主要化学反应方程式。

② 为什么在本法测定钢铁中硫时，其结果要采用标准钢铁样确定的滴定度来计算，而不直接用碘酸钾标准溶液的浓度计算？

③ 本法测定硫容易产生结果偏低现象。试讨论引起测定结果偏低的原因，并指出如何提高测定结果的准确性。

实验十九　钢铁中碳硫的联合测定——高频引燃-红外吸收法

一、方法提要

试样经高频炉加热，通氧燃烧，使碳和硫分别转化为二氧化碳和二氧化硫，并随氧气流流经红外池时产生红外吸收。根据它们对各自特定波长的红外吸收与其浓度的关系，经微处理机运算显示，并打印出试样中碳、硫的含量。

仪器装有机械手和电子天平，具有试样分解完全、转化率高及自动化程度高等特点。

本法适用于钢、铁、铁合金等样品中碳（0～3.5%）、硫（0～0.35%）的同时测定。

二、仪器与试剂

① 助熔剂：钨粉。

② 无水高氯酸镁。

③ 碱石棉。

④ 氧气（瓶装）。

⑤ 陶瓷坩埚。

⑥ 动力气（氩气）。

⑦ CS-344 碳硫红外分析仪。

⑧ 交流电子稳压器（5kW）。

三、分析步骤

1. 仪器预热

① 接通总电源，开稳压器低压开关，待 5min 后开高压开关，检查并调节电压至输出 220V。待稳压器预热 5min 后，开测量装置的电源开关，把手动/自动开关置于“自动”位置。在控制台的显示器上显示 0.00,00/00/00，用文字键输入时、分、年/月/日。

② 选择识别码与编号。

③ 分别打开氧气瓶的阀门，将输出气体的压力调至 214kPa(35psi)。检查仪器工作正常后，打印和操作指示灯亮，预热 2h。

2. 选择校正通道及检查参数

① 根据分析对象选用下列通道：1#—钢样；2#—低含量试样；3#—矿石中硫量；4#—生铁及高碳试样。

② 仪器预热 2h 后，按“监测”键打印参数，对照原始数据看是否正常。当符合正常值后，开高频炉电源开关，指示灯亮，电源电压指示为零。

③ 将坩埚置于天平上，去皮显示后，加试样称重，按输入键，并加助熔剂一勺。将坩埚移至坩埚架上。按分析键，仪器进入自动分析状态。分析完 10 个试样后，需对燃烧管做一次清扫。

3. 堆栈校正

称标样进行分析，检查测定结果是否符合标准值，如果在误差范围之内，即可进行试样分析。

当测得值与标准值误差较大时，须用堆栈数据自动校正通道。方法如下：称取并测定同种标样 5 次左右。按系统更新键，按“否”键直至信息中心显示“用自动堆栈校正吗?”(AUTOCALIB BY STK YES/NO)。空一格按“是”键后，显示：碳重校是/否（CARBON RE CALIB YES/NO)，需要就按“是”键，否就按“否”键。显示：用标校校正是/否（CALIB BY STANDARD YES/NO)。按“是”键后，打印 10 个分析数据。显示：手动输入碳标准值（CARBON STB%0000MOD BY KBD)，用数字键准确输入碳标准值。信息中心分别显示打印出 10 个数据。则利用“是”键保留所需数据，用“否”键舍去离群值，之后仪器便自行重新校正，打印出新的校正系数和校正后碳的数值。用同样步骤进行硫的校正，然后再用标样分析 1～2 次，如果数据在误差范围之内，即可开始作一般试样分析。

4. 空白校正

① 当测定试样含碳量小于 0.1%，含硫量小于 0.01%时，最后校正空白值，方法如下：选用低含量的标样五次。

② 按系统更新键，用“否”键直至信息中心显示：用堆栈自动校正空白是/否（AUTO BLANK BY STACK YES/NO）。

③ 按“是”键显示，碳自动校正空白是/否（CARBON AUTO BLANK YES/NO），需要则按“是”键，不需要则按“否”键。

④ 随后显示：硫自动校正空白是/否（回答方法同碳）。按“是”键后打印出 10 个数据，信息中心显示：手动修改碳空白标准吗？（CARBON BLK STD%000OMOD BY KBD）。

⑤ 按数字键正确输入标准样的标准值。信息中心打印 10 个数值，用“是”键保留所需数据，用“否”键舍去离群数据。之后，仪器便自动校正空白并打印出新的结果。

⑥ 利用上述方法进行碳的空白校正，然后用标样分析 1～2 次，检查校正后的结果。如果正常，则可做试样分析。

5. 试样分析

① 选择识别码与编号。选择校正通道。启动高频炉电源开关。电压指示±0，指示灯亮。

② 将空坩埚放在天平上，去皮显示后，加样称重。一般钢样 0.7～1.0g，铁样 0.3～0.5g，按下输入键。

③ 加助熔剂一勺于坩埚中，然后将其放入坩埚架上。8 个位置可以设 8 个试样，机械手依次向前自动移动坩埚，进行连续分析。按下“分析”键，试样便开始在试管中燃烧，经约 30s 后，信息中心显示和打印碳（CARBON）和硫（SULFUR）的含量。

④ 熔样过程中，高频炉的栅流（GRID CURR）不小于 100mA，屏流（PLTE CURR）不小于 240mA。

⑤ 同一个样分析两次，如果两个值在误差范围之内，则平均后报出结果。

6. 分析结束

关高频炉电源及测量装置电源开关。关稳压器的高压开关，再关低压开关。拉下电源总闸。闭气。

四、附注（安全与注意事项）

① 高频炉开机时，不得任意卸下内保护板，以防高压触电。

② 动力气源只能用惰性气体，而不可用氧气。

③ 凡上机人员必须经过学习、培训，并且考核合格后方可上机操作。

④ 仪器报警及变更编辑常数，必须报请技术负责人，不准擅自拆卸仪器零件（不包括维护部分）。

⑤ 使用后的高氯酸镁不得倒入垃圾箱中，应当用水将其溶解后倒入下水道。

五、思考题

① 试比较高频引燃炉与调温电阻炉的优缺点。

② 简述红外吸收法测定碳硫的原理。

③ 尚若无碳硫红外分析仪，利用实验十六、实验十七的原理和装置可否实现钢铁中碳硫联合测定？若可，装置和操作如何？

④ 请总结高频红外吸收法相较于传统的燃烧-气体体积法和燃烧-碘酸钾滴定法，在分析碳硫时的主要优势。

⑤ 对于不均匀的钢铁样品（如存在偏析），如何取样和处理才能确保碳硫分析结果具有代表性？

实验二十　钢铁中磷的测定——磷钼蓝光度法

一、方法提要

试样用氧化性酸溶解后，将偏磷酸氧化成正磷酸，在强酸性介质中使磷酸与钼酸铵生成黄色的磷钼杂多酸 $H_7[P(Mo_2O_7)_6]$，直接在水溶液中用氯化亚锡还原成磷钼蓝，测量吸光度。

本法适用于碳钢、低合金钢、硅钢、高锰钢、生铁的控制分析。测定范围为 0.010%～0.050%。

二、主要试剂

① 硝酸（1+1）。

② 高氯酸（ρ=1.67g/mL）。

③ 硫酸（3.3mol/L）：准确量取 185mL 硫酸（ρ=1.84g/mL），缓缓加入约 750mL 水中，冷却后用水稀释至 1000mL，摇匀。

④ 亚硫酸钠溶液（40g/L）。

⑤ 钼酸铵溶液（50g/L）。

⑥ 氟化钠溶液（24g/L）。

⑦ 氟化钠-氯化亚锡溶液：称取 2.0g 氯化亚锡，溶于 1000mL 氟化钠溶液（24g/L）中，用时配制。

⑧ 盐酸（ρ=1.19g/L）。

⑨ 氢溴酸（ρ=1.49g/L）。

⑩ 磷标准贮备溶液（0.1mg/mL）：称取 0.4393g 磷酸二氢钾（预先经 105～110℃烘干至恒重），以适量水溶解后，移入 1000mL 容量瓶中，用水稀释至刻度，摇匀，此溶液含磷为 0.1mg/mL。

⑪ 磷标准溶液（10μg/mL）：分取上述贮备液 10mL 移至 100mL 容量瓶中，用水稀释至刻度，摇匀，得含磷的标准工作溶液为 10μg/mL。

三、分析步骤

称取 0.5000g 试样，置于 200mL 烧杯中，加 10mL 硝酸（1+1）、10mL 高氯酸（ρ=1.67g/mL），盖上表面皿，加热使试样溶解，蒸发至冒高氯酸烟，继续蒸发至呈褐色糖浆状，立即取下表面皿，使残余的高氯酸烟逸出。冷却后，加 25mL 3.3mol/L 硫酸，煮沸溶解盐类。稍冷，趁热用快速滤纸过滤于 100mL 容量瓶中，用水洗涤烧杯和滤纸数次，冷却至室温，用水稀释至刻度，摇匀。

移取 20.00mL 试液两份，分别置于 150mL 锥形瓶中，制作显色溶液和参比溶液。

显色溶液：加 5mL 亚硫酸钠溶液，加热至沸（冒大气泡），取下，立即加 5mL 的钼酸铵溶液，摇匀；迅速加入 30mL 氟化钠-氯化亚锡溶液，摇匀。静置 1min，以流水冷却至室温，移入 100mL 容量瓶中，用水稀释至刻度，摇匀。

参比溶液：加 5mL 亚硫酸钠溶液，加 30mL 氟化钠-氯化亚锡溶液，移入 100mL 容量瓶中，用水稀释至刻度，摇匀。

将上述溶液分别移入 2cm 比色皿中，以参比溶液为参比，分光光度计上，于波长

680nm 处测量显色溶液吸光度。从工作曲线上查出相应的含磷量。

工作曲线的绘制：称取纯铁（含磷量小于 0.0005%）0.5000g 共 6 份，分别加入 0.00mL、0.50mL、1.00mL、1.50mL、2.00mL、2.50mL 磷标准溶液，按操作步骤进行，测量其吸光度，绘制工作曲线。

磷的质量分数按下式计算：

$$w(\mathrm{P})=\frac{m_1 \times V}{m \times V_1} \times 100\%$$

式中 m——称样量，g；

m_1——从工作曲线上查得磷的量，g；

V_1——移取试液体积，mL；

V——试液总体积，mL。

四、附注

① 溶解生铁、硅钢时，需补加 20mL 水，蒸发高氯酸时，温度不宜过低，并适当延长冒烟时间以使硅脱水完全。高氯酸的作用是：控制酸度；氧化磷为正磷酸，当铬被氧化说明磷已完全被氧化；使硅酸脱水，消除高硅干扰；破坏碳化物等。发烟操作要掌握一致，一般瓶内透明或稠状即可，不可干焦，但高碳、高硅钢可适当长些。

② 当含砷钢冒出高氯酸烟后，取下冷却，加 10mL 盐酸（ρ=1.19g/mL）、5mL 氢溴酸（ρ=1.49g/mL），继续加热至糖浆状。分析一般高锰钢时，补加 5mL 高氯酸（ρ=1.67g/mL），冒烟至二氧化锰沉淀出现，烧杯内部透明并维持 20 min，再继续蒸发至糖浆状。

③ 进行显色操作时，要求逐个进行。

五、思考题

① 简述氟化钠-氯化亚锡还原-磷钼蓝光度法测定钢铁中磷的方法原理。

② 试说明在用磷钼蓝光度法测定钢铁中的磷时，为何要避免硅的干扰？如何消除硅的干扰？

③ 试验中加入氟化钠的作用是什么？

实验二十一　钢铁中硅的测定——硅钼蓝光度法

一、基本原理

试样用稀酸溶解，在微酸性溶液中，硅酸与钼酸铵生成硅钼杂多酸，然后用亚铁还原为硅钼蓝，用分光光度法测定。

本法适用于生铁、铁粉、碳钢和低合金钢，测定范围为 0.030%～1.0%。

二、试剂

① 钼酸铵溶液（50g/L）。

② 草酸溶液（50g/L）。

③ $KMnO_4$ 溶液（40g/L）。

④ 亚硝酸钠溶液（100g/L）。

⑤ 硫酸亚铁铵溶液（60g/L）：称取5g硫酸亚铁铵［$(NH_4)_2Fe(SO_4)_2 \cdot 6H_2O$］，置于250mL烧杯中，用1mL H_2SO_4（1+1）润湿，加水约60mL溶解，用水稀释至100mL。

⑥ 硅标准溶液：称取0.4279g二氧化硅（99.9%以上，预先经1000℃灼烧1h后，置于干燥器中，冷却至室温），置于加3g无水碳酸钠的铂坩埚中，上面再覆盖1～2g无水碳酸钠，将铂坩埚先于低温处加热，再置于950℃高温处加热熔融至透明。继续加热熔融3min，取出，冷却，用盛有冷水的塑料烧杯浸出熔块至完全溶解。取出坩埚，仔细擦洗（用带橡皮头玻璃棒），冷却至室温，移入1000mL容量瓶中。用水稀释至刻度，摇匀，贮于塑料瓶中。此溶液含硅为200μg/mL。

称取0.1000g经磨细的单晶硅或多晶硅，置于塑料烧杯中，加10g氢氧化钠、5mL水，轻轻摇动，放入沸水浴中，加热至透明全溶，冷却移入500mL容量瓶中，用水稀释至刻度，摇匀，贮于塑料瓶中。此溶液含硅为20μg/mL。

三、分析步骤

称取0.1000～0.4000g（控制硅量为100～1000μg）试样，置于150mL锥形瓶中，加30mL H_2SO_4(1+17)，低温缓慢加热（不要煮沸）至试样完全溶解（不断补充蒸发失去的水分）。煮沸滴加高锰酸钾溶液至析出二氧化锰水合物沉淀，再煮沸约1min，滴加亚硝酸钠溶液至试液清亮，继续煮沸1～2min。如有沉淀或不溶残渣，趁热用中速滤纸过滤，用热水洗涤。冷却，将溶液移入100mL容量瓶中，用水稀释至刻度，摇匀。

移取10mL试液2份，分别置于50mL容量瓶中，按下法处理。

显色溶液：小心加入5mL钼酸铵溶液摇匀。于沸水浴中加热30s，加10mL草酸溶液，摇匀。待沉淀溶解后30s时，加5mL硫酸亚铁铵溶液，用水稀释至刻度，摇匀。

参比溶液：加10mL草酸溶液、5mL钼酸铵溶液、5mL硫酸亚铁铵溶液，用水稀释至刻度，摇匀。

将上述溶液分别移入1～3cm比色皿中，在分光光度计上，于波长680nm处，测量吸光度，从工作曲线上查出相应的硅量。

工作曲线：取8份已知含微量硅的纯铁或低硅钢作底样。称取0mL、0.50mL、1.00mL、2.00mL、3.00mL、4.00mL、5.00mL、6.00mL硅标准溶液（20μg/mL），分别置于上述数份底样中，以下按分析步骤进行。

用标准溶液中硅量和底样中硅量之和对测定的吸光度绘制成工作曲线。

硅的质量分数按下式计算：

$$w(\mathrm{Si})=\frac{r \times V \times 10^{-6}}{m \times V_1} \times 100\%$$

式中 r——从工作曲线上查得硅的量，μg；

m——称样量，g；

V——试液总体积，mL；

V_1——移取的试液体积，mL。

四、附注

① 此法分析不包括酸不溶性硅。

② 显色溶液加钼酸铵后，不加热，也可在常温下放置15min，再加草酸溶液。

③ 发色溶液中的铁量对硅钼蓝色泽强度有影响，故工作曲线中的含铁量应与试样中的含铁量相近。

④ 允许差见表 3-4。

表 3-4 含硅量的允许差

含硅量 $w(Si)$/%	允许差/%	含硅量 $w(Si)$/%	允许差/%
0.0300～0.0500 0.0501～0.100 0.0101～0.250	0.0050 0.0075 0.017	0.251～0.500 0.501～1.000	0.023 0.035

此允许差在平行分析二份或二份以上试样时，所得分析数据的极差值不超过所载允许差二倍者（即±允许差以内），均应认为有效，以求得平均值。用标准试样校验时，结果偏差不得超过所载允许差。

五、思考题

① 硅是以何种形式与钼酸反应？适宜显色酸度范围是多少？

② 实验中加入草酸的作用是什么？

③ 磷和砷会干扰硅的测定，请提出一种消除这两种干扰的思路。

④ 溶解钢铁样品以测定硅时，通常使用稀硝酸或稀硫酸，而不能使用盐酸，为什么？

实验二十二　钢铁中锰的测定——高碘酸钠（钾）氧化光度法

一、方法提要

试样经酸溶解后，在硫酸、磷酸介质中，用高碘酸钠（钾）将锰（Ⅱ）氧化至七价，呈 MnO_4^- 形式，测量其吸光度。

本法适用于生铁、铁粉、碳钢、合金钢和精密合金中锰含量的测定。测定范围为0.01%～2%。

二、主要试剂

① 硝酸（ρ=1.42g/mL）。

② 磷酸-高氯酸混合酸（3+1）。

③ 高碘酸钠（钾）溶液（50g/L）：称取 5g 高碘酸钠（钾），置于 250mL 烧杯中，加 60mL 水、20mL 硝酸，温热溶解后，冷却，用水稀至 100mL。

④ 锰标准溶液（Ⅰ）：称取 0.3872g 电解金属锰，溶于 100mL 3%（质量分数）硫酸中，冷却，移入 1000mL 容量瓶中，用水稀释至刻度，摇匀。此溶液含锰为 500μg/mL。

⑤ 锰标准溶液（Ⅱ）：移取 20mL 上述锰标准溶液（Ⅰ），置于 100mL 容量瓶中，用水稀释至刻度，摇匀。此溶液含锰为 100μg/mL。

⑥ 不含还原性物质的水：将去离子水（或蒸馏水）加热煮沸，每升用 10mL 硫酸（1+3）酸化，加几粒高碘酸钠（钾），继续加热煮沸几分钟，冷却后使用。

三、分析步骤

称取试样置于 150mL 锥形瓶中，加 15mL 硝酸，低温加热溶解，加 10mL 磷酸-高氯酸混合酸，加热蒸发至冒高氯酸烟（含铬试样需将铬氧化）稍冷，加 10mL 硫酸（1+1），用水稀释至约40mL，加10mL高碘酸钠（钾）溶液，加热至沸并保持2～3min（防止试液溅出），冷却至室温，移入100mL容量瓶中，用不含还原性物质的水稀释至刻度，摇匀。

将上述显色液部分移入比色皿中。向剩余的显色液中，边摇动边滴加1%亚硝酸钠溶液至紫红色刚好褪去，将此溶液移入另一比色皿中为参比，在分光光度计上波长530nm处，测其吸光度，从工作曲线上查出相应的锰含量。

工作曲线的绘制：移取不同量的锰标准溶液5份，分别置于5个150mL锥形瓶中，加10mL磷酸-高氯酸混合酸，以下按分析步骤进行，测其吸光度，绘制工作曲线。

按下式计算锰的质量分数：

$$w(\mathrm{Mn})=\frac{r\times10^{-6}}{m}\times100\%$$

式中　r——从工作曲线上查得锰的量，μg；

　　m——称样量，g。

四、附注

① 试样的称样量、标准系列中标准加入量以及测吸光度时使用的比色皿厚度按表3-5。

表3-5　称样量、锰标准液加入量及选用比色皿的参照

含量范围/%	0.01～0.1	0.1～0.5	0.5～0.1	0.1～0.2
称样量/g	0.5000	0.2000	0.2000	0.1000
标准溶液浓度/(μg/mL)	100	100	500	500
标准溶液加入量/mL	0.50	2.00	2.00	2.00
	2.00	4.00	2.50	2.50
	3.00	6.00	3.00	3.00
	4.00	8.00	3.50	3.50
	5.00	10.00	4.00	4.00
比色皿厚度/cm	3	2	1	1

② 高硅试样滴加3～4滴氢氟酸。

③ 生铁试样用硝酸（1+4）溶解时滴加3～4滴氢氟酸试样溶解后，取下冷却，用快速滤纸过滤于另一150mL锥形瓶中，用热硝酸（2+98）洗涤原锥形瓶和滤纸4次，于滤液中加10mL磷酸-高氟酸混合酸，以下按分析步骤进行。

④ 高钨（5%以上）试样或难溶试样，可加15mL磷酸-高氯酸混合酸，低温加热溶解，并加热蒸发至冒高氯酸烟，以下按分析步骤进行。

⑤ 含钴试样用亚硝酸钠液褪色时，钴的微红色不褪，可按下述方法处理：不断摇动容量瓶，慢慢滴加1%的亚硝酸钠溶液，若试样微红色无变化时，将试液置于比色皿中，测其吸光度，向剩余试液中再加1滴1%的亚硝酸钠溶液，再次测其吸光度，直至两次吸光度无变化即可以此溶液为参比。

⑥ 允许差见表3-6。

表3-6　锰量的允许差

含锰量 w(Mn)/%	允许差/%	含锰量 w(Mn)/%	允许差/%
0.0100～0.0250	0.0025	0.201～0.500	0.020
0.025～0.050	0.025	0.501～1.000	0.025
0.051～0.100	0.10	1.01～2.00	0.030
0.101～0.200	0.015		

五、思考题

① 试比较用高锰酸盐光度法测定锰，两种不同氧化剂［KIO_4 和 Ag^+-$(NH_4)_2S_2O_8$］的优缺点。

② 试解释表 3-5 中对含锰量不同的试样，为什么称样量、工作曲线浓度、比色皿厚度均不同?

③ 如果溶液中存在未被除尽的还原性物质，会对测定结果产生什么影响?

④ 对于高锰钢（如 Mn 含量＞10%），直接使用光度法可能超出线性范围，请提出一种解决方案。

实验二十三　钢铁中硅、锰、磷的连续测定——分光光度法

一、方法提要

试样在过硫酸铵存在下，以硫硝混合酸湿法分解，定容后，分别移取制备液以过硫酸铵-银盐氧化光度法测定锰、硅钼蓝光度法测定硅、磷钼蓝光度法测定磷。方法简便快速，适用于普碳钢和低合金钢中硅、锰、磷的测定。

二、主要试剂

① 硫硝混合酸：每升溶液中含硫酸（ρ=1.84g/mL)40mL、硝酸（ρ=1.42g/mL）8mL。

② 硝酸银溶液（20g/L)：每升溶液中加硝酸数滴，贮于棕色瓶中。

③ 过硫酸铵溶液（10g/L)。

④ 草酸溶液（50g/L)。

⑤ 硫酸亚铁铵溶液（10g/L)：每升溶液中含硫酸（ρ=1.84g/mL)5mL。

⑥ 亚硫酸钠溶液（10g/L)。

⑦ 氟化钠溶液（24g/L)。

⑧ 二氯化锡溶液（200g/L)：取二氯化锡 20g，加（1+1）盐酸 35mL 溶解，溶完后用水稀至 100mL，贮于棕色瓶中。

⑨ 钼酸铵-酒石酸钾钠溶液：取钼酸铵、酒石酸钾钠各 90g，溶于 1000mL 水中。

⑩ 氟化钠-二氯化锡混合液：取 24g/L 氟化钠溶液 100mL，加 200g/L 二氯化锡溶液 1mL，使用前配制。

⑪ 锰标准溶液：称金属锰（光谱纯）0.5000g 于 250mL 烧杯中，加 20mL 硝酸（1+3)，加热溶解，煮沸除尽氮氧化物。冷却后，用水定容为 1000mL，其浓度为 0.5000mg/mL。分取 10mL 于 50mL 容量瓶，水定容，得浓度为 100μg/mL 的锰标准溶液。

⑫ 硅标准溶液：称取基准二氧化硅 0.2140g 于铂坩埚中，加碳酸钠 3g，混匀，于 1000℃熔融成透明液体，冷却，用水浸出，移入 1000mL 容量瓶中，水稀至刻度，摇匀。此标液含硅为 0.1mg。

⑬ 磷标准溶液：称取磷酸二氢钾（KH_2PO_4）0.4395g 溶于少量水，移入 1000mL 容量瓶中，用水定容，混匀。此液含磷为 0.1mg/mL。

三、分析步骤

（一）试样分解

扫码看视频

称取试样 0.2g 于锥形瓶或烧杯中，加过硫酸铵约 1.5g，硫硝混合酸 40mL，低温加热分解（如二氧化锰析出，需适当补加过硫酸铵），滴加 30%过氧化氢 2～3 滴还原二氧化锰，煮沸约 30s，分解过量的过氧化氢，冷至室温，移入 100mL 容量瓶内，用水稀至刻度，摇匀。

（二）过硫酸铵-银盐氧化光度法测锰

吸取试液 10mL 于 25mL 比色管中，稍加热，加硝酸银溶液 1.0mL，过硫酸铵溶液 5mL，根据室温高低，放置 5～10min 后，稀释至刻度，摇匀。在分光光度计上于 530nm 处，用 3cm 比色皿，以水为空白测定吸光度。

工作曲线的绘制：分别取 100μg/mL 的锰标准溶液 0mL、0.5mL、1mL、2mL、3mL、4mL 于 20mL 比色管中，加硫硝混合酸 2mL，用水稀至 10mL。以下按样品分析手续测定吸光度，绘制工作曲线。

（三）硅钼蓝光度法测定硅

吸取试液 5mL 于 50mL 比色管中，加钼酸铵溶液 3mL，室温下放置 15min，加草酸溶液 5mL，立即加入硫酸亚铁铵溶液 25mL，稀释至刻度，摇匀。在分光光度计上于波长 680nm 处，用 2cm 或 3cm 比色皿，以空白溶液作参比测定吸光度。

工作曲线绘制：在 50mL 比色管中，分别加入硅标准溶液（10μg/mL）0mL、0.5mL、1mL、2mL、3mL、4mL，加硫硝混合酸 5mL，以下同样品分析，绘制工作曲线。

（四）二氯化锡还原-磷钼蓝光度法测定磷

吸取试液 10mL，于 150～250mL 烧杯中，用移液管加（1+1）硫酸 1mL，亚硫酸钠溶液 1mL，加热煮沸，取下，立即加钼酸铵-酒石酸钾钠溶液 5mL、氟化钠-二氯化锡溶液 20mL，立即用冷水冷却，放置 3～6min，转移至 50mL 容量瓶中，用水稀释至刻度，摇匀。在分光光度计上用 1cm 比色皿，水作参比，于 660nm 处测定吸光度。

工作曲线的绘制：分别加入磷标准溶液（100μg/mL）0mL、1mL、2mL、3mL、4mL 于 50mL 容量瓶中，按上述试样分析步骤操作，绘制工作曲线。

四、附注

① 工作曲线的绘制，严格地说要加入一定量纯铁粉，按试样分析手续同样操作，或者以标准钢铁样绘制工作曲线。根据试样含量不同，工作曲线要做适当调整。

② 测磷时，器皿的沾污是造成误差的主要原因之一，要特别注意器皿的洗涤。

③ 使用硅锰磷联合测定仪用类似操作可同时测定三元素。

五、思考题

① 湿法分解钢铁样的方法主要有哪些？本实验所采用的方法有什么局限性？

② 如何配制硅标准溶液？

③ 简述本法测定锰的原理，指出加硝酸银的作用。如果以高碘酸钾代替过硫酸铵，是否要加硝酸银？

④ 试比较本法测定磷、硅时方法原理的异同？磷、硅是否相互干扰？如何避免它们之间的相互影响？

⑤ 测定硅时加入草酸、测定磷时加入氟化钠各有什么作用？

⑥ 在连续测定中，如何通过质量控制（如使用标准样品）来确保三个元素测定结果的准确性？

实验二十四　铝及铝合金中铝的测定——氟化物置换-EDTA 滴定法

一、方法提要

试样用氢氧化钠和盐酸、过氧化氢加热分解，于酸性介质中加入过量 EDTA，于 pH3.5 左右加热煮沸，使 Al^{3+} 与 EDTA 完全络合。然后用六亚甲基四胺调至 pH5～6，用 PAN 为指示剂，趁热用铜标准溶液滴定至颜色由绿色变为紫色。加入适量 NH_4F，利用 F^- 与 Al^{3+} 生成更稳定络合物这一性质，置换出与 Al^{3+} 等化学计量的 EDTA。经加热煮沸后，再用铜标准溶液滴定。

二、试剂

① 氢氧化钠（固体）。

② 过氧化氢（300g/L）。

③ 盐酸硝酸混合酸：在 500mL 水中加盐酸（ρ＝1.19g/mL）400mL、硝酸（ρ＝1.42g/mL）100mL，混匀。

④ 氟化铵（固体）。

⑤ 盐酸（1＋1）。

⑥ 氨水（1＋1）。

⑦ 甲基橙指示剂水溶液（1g/L）。

⑧ 六亚甲基四胺缓冲溶液（pH 5.5，200g/L）。

⑨ PAN 指示剂乙醇溶液（1g/L）。

⑩ EDTA 溶液（0.02mol/L）。

⑪ 铜标准溶液（0.02mol/L）：称 5g $CuSO_4 \cdot 5H_2O$ 于 100mL 大烧杯中，加硫酸（1＋1）2～3 滴，用蒸馏水溶解并稀释至 1000mL。

标定：吸取 25.00mL 已标定过的 EDTA 标准溶液于锥形瓶内，加水 50mL，加 10mL 六亚甲基四胺缓冲溶液，加热至 80～90℃，滴入 3～4 滴 PAN 指示剂；趁热用铜标准溶液滴定至绿色变为紫色为终点。消耗 $CuSO_4$ 体积为 VmL，用下式计算铜标准溶液的浓度 c。

$$c = \frac{25.00 \times c_{\mathrm{EDTA}}}{V}$$

三、分析步骤

准确称取试样 0.25g（准确至 0.0002g）于塑料烧杯中，加入 NaOH（固体）4g、水 15mL，于沸水浴中加热溶解。流水冷却后，慢慢倾入盛有 100mL 盐硝混合酸的烧杯中。加 H_2O_2 10 滴，继续加热煮沸 1min。取下冷却，移入 250mL 容量瓶中，用水定容摇匀。

吸取试液 50.00mL 于 300mL 锥形瓶中，加水 50mL，加 0.02mol/L EDTA 25mL。加热煮沸 2～3min。滴加甲基橙指示剂 1～2 滴，用盐酸（1＋1）或氨水（1＋1）调节酸度，至溶液变为橙色，取下，立即加入六亚甲基四胺缓冲溶液 10mL 和 4～6 滴 PAN 指示剂，趁热用 $CuSO_4$ 标液滴定，滴至颜色由绿色变为紫色为第一终点（不记体积）。加入 NH_4F 1g，继续加热煮沸 2min，补加 3～4 滴 PAN 指示剂，将滴定管中 $CuSO_4$ 标液加满至“0”刻度，继续滴定到第二终点，记下所消耗的 $CuSO_4$ 标液体积 V（不包括第一终点时消耗部分）。用下式计算试样中铝的含量

$$w(\mathrm{Al})=\frac{c\times V\times 26.98}{G\times \frac{1}{5}\times 1000}\times 100\%$$

式中 c——$CuSO_4$ 标准溶液的浓度，mol/L；

V——$CuSO_4$ 标准溶液的体积，mL；

26.98——Al 的摩尔质量，g/mol；

G——试样质量，g；

$\frac{1}{5}$——滴定时吸取试样分率。

四、附注

① 第一次加热是于酸性介质中，使 Al^{3+}、Fe^{3+} 等与过量 EDTA 反应完全。

② 两次用铜标准溶液滴定，第一次是为使过量 EDTA 与 Cu^{2+} 反应，不必计算读数。但两次滴定终点的观察必须保持一致，以减小滴定误差。

五、思考题

① 简述本法用氢氧化钠和盐酸加过氧化氢分解试样的原理。

② 氟化物置换-EDTA 滴定法测定铝时的主要干扰元素是什么？若试样有相应元素，应如何消除其影响？

③ 为何不采用 EDTA 直接滴定 Al^{3+}？请从铝与 EDTA 络合反应的特点（速度、稳定性、酸度要求）来解释。

实验二十五　铝及铝合金中镁的测定——铜试剂分离-EDTA 滴定法

一、方法提要

试样以加有适量的三乙醇胺和 EDTA 的 NaOH 溶液溶解，使基体元素铝及 Cu、Fe、Ni、Mn、Zn 和 Ca 溶解，Mg 仍留在沉淀中，这就使得 Mg 与铝合金中的其他元素分离。通过过滤与洗涤，少量被沉淀吸附的干扰离子可在酸化溶解沉淀后，通过控制 pH 值为 6～7，用二乙氨硫代甲酸钠（铜试剂）沉淀分离除去。最后用氨性缓冲溶液调节 pH 值为 10，以铬黑 T 作指示剂，用 EDTA 滴定镁。

二、试剂

① EDTA 标准溶液（0.02mol/L）（经标定）。

② NaOH（固体）。

③ 二乙氨硫代甲酸钠溶液（50g/L）。

④ 三乙醇胺溶液（1+2）。

⑤ 氨水（1+1）。

⑥ 铬黑 T 指示剂（5g/L）。

⑦ 缓冲溶液（pH10）：67g NH_4Cl 溶于水后，加 570mL 氨水，用水稀释至 1L。

三、分析步骤

天平上准确称取铝合金试样 0.5～2.0g（视镁含量多少而定），置于 400mL 烧杯中，加 NaOH 6～25g 及水 20～40mL，作用完毕后加热并滴定 H_2O_2 数次，使试样溶解完全。加入三乙醇胺（1+2）10～20mL，加水 200mL，煮沸。加 0.02mol/L EDTA 5mL，继续煮沸 2min，取下，加 3% H_2O_2 5mL，搅匀。冷却后过滤，用 2% NaOH 溶液洗涤 4～5 次（必要时可采用水力抽滤），弃去滤液。用少量热盐酸（1+2）和少量 H_2O_2 从滤纸上溶解沉淀，承接于原烧杯中，热水洗净滤纸。用氨水（1+1）将溶液中和至 pH 值为 3（刚果红试纸变紫灰色），水稀至 50mL。加少许纸浆，搅匀后加入 5% 的二乙氨硫代甲酸钠溶液 20mL（此时 pH 值为 6～7），摇匀并用中速滤纸过滤，少量水洗涤烧杯及沉淀。滤液中加入三乙醇胺溶液 5mL，加入 pH=10 缓冲溶液 20mL、2～4 滴铬黑 T。然后用 EDTA 标准溶液滴定至溶液恰呈纯蓝色为终点，消耗体积记为 VmL，用下式计算铝合金中镁的百分含量

$$w(\mathrm{Mg})=\frac{c\times V\times 24.31}{1000\times G}\times 100\%$$

式中 c——EDTA 标准溶液的浓度，mol/L；

V——消耗 EDTA 标准溶液的体积，mL；

G——试样质量，g；

24.31——镁的摩尔质量，g/mol。

四、附注

① 根据合金中镁的百分含量来确定称样量，见表 3-7。

② GB/T 20975.16—2020 中，以盐酸分解试样，并回收残渣中的镁。在过氧化氢、氰化钾和少量铁存在下，以氢氧化钠沉淀镁，使之与大量铝、锌、铜、镍和铬分离。以盐酸溶解沉淀，在高锰酸钾存在下，以氧化锌沉淀分离少量铁、锰、铝和钛。试液以甲基麝香酚蓝作指示剂，用 1,2-环己二胺四乙酸（CDTA）标准溶液滴定镁。

表 3-7　称样量与镁含量的关系

镁的质量分数/%	称样量	镁的质量分数/%	称样量
0.1～1.5	2.0000	>3.5～7	0.5000
>1.5～3.5	1.0000	>7～12	0.2500

五、思考题

① 为什么要两次沉淀分离？铜试剂在本实验条件下可与哪些元素形成沉淀而被分离？

② 试比较用 EDTA 和 CDTA 作为测定镁时的滴定剂的优缺点。

③ 分离干扰元素后，用 EDTA 滴定 Mg^{2+} 时，需要用什么缓冲溶液控制 pH 在 10 左右？常用的指示剂是什么？描述滴定终点的颜色变化。

④ 如果铝合金中含有钙，它是否能在铜试剂分离中被去除？如果不能，它会干扰镁的测定吗？应如何解决钙的干扰问题？

实验二十六　铝及铝合金中锌的测定——PAN 光度法

一、方法原理

显色剂 1-(2-吡啶偶氮)-2-萘酚（PAN）与锌在 pH＝8～10 的氨性溶液中反应生成不溶于水的紫红色 PAN-Zn 络合物，在溶液中加入非离子表面活性剂 Triton X-100，使 PAN-Zn 络合物成为水溶性。可在 λ_{max}＝555nm 处测定吸光度，测定试样中的锌含量。

在氨性缓冲溶液中，使用柠檬酸钠、六偏磷酸钠、磺基水杨酸和 β-氨荒丙酸铵混合掩蔽剂，可消除铝合金中铝及常见共存元素的干扰。

二、试剂

① 柠檬酸钠溶液（50g/L）。

② 六偏磷酸钠溶液（50g/L）。

③ 磺基水杨酸溶液（200g/L）。

④ 缓冲溶液（pH 8.5）：40g NH_4Cl 溶于水，加 9mL 氨水（ρ 0.90g/mL）溶解后，用水稀释到 500mL。

⑤ Triton X-100 溶液（200g/L）。

⑥ PAN 乙醇溶液（1g/L）。

⑦ β-氨荒丙酸铵溶液（40g/L）。

⑧ 锌标准溶液（10μg/mL）。

⑨ 盐酸（1＋1）、（1＋3）。

三、操作手续

准确称取 0.1000g 铝合金（金属铝）试样于 100mL 烧杯中，加 HCl（1＋1）5mL，微热溶解，待剧烈反应停止后加热至微沸。冷却后用水定容至 200mL。

另外用纯铝（不含锌）配制与上述相同浓度的溶液为试剂空白。

将两种溶液用中速滤纸干过滤，分别滤于两个干燥的锥形瓶中。各取 10.00mL 于 50mL 比色管内，分别加柠檬酸钠 1.0mL、磺基水杨酸 5.0mL、六偏磷酸钠 1.0mL 摇匀。用浓氨水及 HCl（1＋3）调节酸度恰呈酸性，加缓冲溶液 5.0mL、Triton X-100 溶液 2.00mL、β-氨荒丙酸铵溶液 1.0mL 摇匀。加入 PAN 溶液 2.0mL，加水至刻度，摇匀。用 2cm 或 3cm 比色皿，以试剂空白作参比溶液，在 555nm 波长处测吸光度，在标准曲线上查得试样的锌含量。

四、标准曲线

在 9 只 50mL 的比色管中，依次加入锌标准溶液 0mL、0.5mL、1.0mL、1.5mL、2.0mL、2.5mL、3.0mL、4.0mL、5.0mL，各稀释至约 10mL，以下操作手续与试液操作相同。用同样厚度比色皿，以不加标液的试剂空白为参比，测得各吸光度并绘制标准曲线。

五、注释

① 显色剂 PAN 的学名为 1-(2-吡啶偶氮)-2-萘酚，其结构式如下：

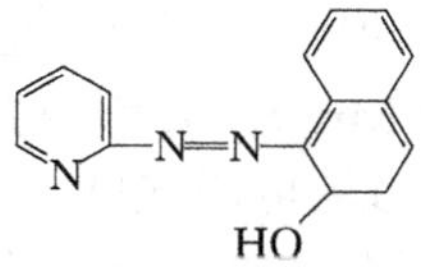

② Triton X-100，中文译为曲通 X-100，化学名称及组成为辛基酚聚氧乙烯（9～10）醚，它是由辛基苯酚与环氧乙烷在氢氧化钠存在下加热进行加成反应制得的。其结构式为 $C_8H_{17}—O\!\left(CH_2CH_2O\right)_{9\sim10}H$。

③ 试样中高含量锌可改用 EDTA 滴定法（GB/T 20975.8—2020）。该法用盐酸分解试样，经强碱性离子交换树脂分离后，于 pH=5～5.5 条件下，以双硫腙为指示剂，用 EDTA 滴定锌。

六、思考题

① 加 Triton X-100 的作用是什么？

② 本法的线性范围是多少？对于高含量锌应如何处理？

③ 本法使用的混合掩蔽剂包括哪些组分？它们如何消除铝和其他共存组分对测定锌的干扰？

实验二十七　铝合金中锰的测定——过硫酸铵氧化-高锰酸盐光度法

一、方法原理

在硫酸、硝酸、磷酸混合溶液中，在 Ag^+ 存在下，过硫酸铵氧化二价锰为紫红色的高锰酸，在波长 530nm 处进行光度测定。氧化酸度一般采用在 1～2mol/L 的混合酸中进行。

二、试剂

① 氢氧化钠（分析纯，固体）。

② 混合酸：在 500mL 水中加入硫酸 25mL、磷酸 30mL、硝酸 60mL 及硝酸银 0.1g，搅匀后加水稀释至 1000mL。

③ 过硫酸铵溶液（200g/L）（现配现用）。

④ EDTA 溶液（50g/L）。

⑤ 亚硝酸钠溶液（2g/L）。

⑥ 锰标准溶液：准确称取金属锰 0.1000g，溶于 5mL 硝酸（1+1）中，煮沸除去黄烟后，定容于 500mL 容量瓶中。此溶液中含锰为 0.2mg/mL。吸取 50.00mL 定容于 200mL 容量瓶中，含锰为 0.05mg/mL。

⑦ 硝酸（1+1）。

三、操作步骤

称取试样 0.1000g 于 100mL 两用瓶内，加入 NaOH 2g 及水 10mL，加热使试样溶解。滴加 H_2O_2 使硅化物分解并氧化，冷却。加硝酸（1+1）15mL，使盐类溶解。如溶液中有棕色 MnO_2 沉淀，加亚硝酸钠数滴使沉淀溶解，煮沸除去黄烟。加入混合酸 20mL 及过硫酸铵溶液 10mL，煮沸半分钟，冷却，加水至刻度，摇匀。倒部分溶液于 1cm 或 5cm 比色皿中。在剩下溶液中滴加 EDTA，使 MnO_4^- 紫色褪去后再倒入相同厚度的另一比色皿内，作为参比溶液，在 530nm 波长处测定试液的吸光度。

另称相同质量不含锰的纯铝，按同样方法处理后作为试剂空白，并测出该试剂空白的吸光度。从试样的吸光度值中扣去试剂空白值，在工作曲线上查出试样中锰的含量。

四、工作曲线

含锰 0.20～2mg 的标准曲线：在 6 只 100mL 两用瓶内分别加入含锰 0.2mg/mL 标准溶液 0.00mL、1.00mL、3.00mL、5.00mL、7.00mL、9.00mL，分别加水至 30mL。加入混合酸 20mL、过硫酸铵 10mL。煮沸半分钟，冷却，加水至刻度，摇匀。用厚度为 1cm 比色皿，以未加锰标准溶液的试剂空白为参比溶液，在波长 530nm 处测定吸光度并绘制工作曲线。

五、附注

① 视锰量高低不同，也可以改变称样量或者溶解完全后定容，分取部分试液显色测定。

② 试样分解方法亦可用 NaOH 和硫硝混合酸分解法。对于含硅质量分数大于 10％和锰质量分数小于 0.1％的试样，宜用硫硝混合酸分解后，再加氟硼混合酸进一步处理。

③ 参比溶液的制备也可在剩下溶液中加亚硝酸钠溶液（20g/L 溶液 2 滴），不用 EDTA 溶液。

④ 将制备液中 Mn^{2+} 氧化为 MnO_4^- 的氧化剂，除 Ag^+-$(NH_4)_2S_2O_8$ 外还有 KIO_4，而且溶液中过量 KIO_4 的存在有利于 MnO_4^- 的稳定。GB/T 20975.8—2020 就是采用 KIO_4 氧化法。

六、思考题

① 混合酸中，加有硫酸、硝酸、磷酸及硝酸银，解释它们各自的作用是什么?

② 为什么试样分析和工作曲线中使用的参比溶液不同，可否相同?

③ 在铝合金分析中，为何常选用过硫酸铵［$(NH_4)_2S_2O_8$］作为氧化剂，而不是高碘酸钾？请从反应速度和干扰方面简要比较。

④ 铝合金中常见的哪些元素会干扰测定？如何消除这些干扰？

实验二十八　铝及铝合金中铜的测定——草酰二酰肼光度法

一、方法提要

试样以盐酸溶解，在乙醛存在下，调节试液 pH 值至 9.1～9.5，铜与草酰二酰肼显色。于分光光度计上在波长 540nm 处测量其吸光度。

二、试剂

① 盐酸（ρ=1.19g/mL）。

② 氢氟酸（ρ=1.14g/mL）。

③ 氨水（ρ=0.90g/mL）。

④ 过氧化氢（ρ=1.10g/mL）。

⑤ 硝酸（1+1）。

⑥ 硫酸（1+1）。

⑦ 柠檬酸溶液（500g/L）。

⑧ 乙醛溶液［（2+5），在冷水浴中配制］。

⑨ 草酰二酰肼溶液（2.5g/L）。

⑩ 铜标准贮备溶液。

称取 1.000g 铜（纯度>99.9%）置于 400mL 烧杯中，加入 20mL 水和 10mL 硝酸，盖上表面皿，加热。待完全溶解后，置于水浴上蒸发至结晶开始析出，以水溶解。移入 1000mL 容量瓶中，冷却，加水稀释至刻度，混匀。此溶液含铜为 1.0mg/mL。

称取 50.00mL 铜标准贮存溶液（含铜为 1.0mg/mL）于 1000mL 容量瓶中，以水稀释至刻度，混匀。此溶液含铜为 0.05mg/mL。

⑪ 铜标准溶液Ⅰ（用时现配）：移取 50.00mL 铜标准贮备溶液（含铜为 0.05mg/mL）于 500mL 容量瓶中，用水稀释至刻度，混匀。此溶液含铜为 5μg/mL。

⑫ 铜标准溶液Ⅱ（用时现配）：移取 50.00mL 铜标准贮备溶液（含铜为 0.05mg/mL）于 1000mL 容量瓶中，用水稀释至刻度，混匀。此溶液含铜为 2.5μg/mL。

三、分析步骤

将试样置于 250mL 烧杯中，盖上表面皿。加入 20mL 水，缓慢加入 30mL 盐酸并缓慢加热至完全溶解。滴加 1mL 过氧化氢，煮沸，蒸发至糊状。加入 50mL 热水，加热溶解盐类，冷却。移入（如需要可过滤）适当的容量瓶（见表 3-8 试液总体积）中，以水稀释至刻度，混匀。

按表 3-8 移取试液于 100mL 烧杯中，加入 10mL 水，按表 3-8 加入柠檬酸溶液，加 10mL 乙醛溶液。用滴管滴加氨水，调节试液至 pH=9.3±0.2（用酸度计检查），记录滴加氨水的体积（mL）。弃去此预试验溶液。

按表 3-8 移取试液于 50mL 容量瓶中，加入 10mL 水，按表 3-8 加入柠檬酸溶液，混匀。按上记录的体积（mL）加入氨水，加入 10mL 乙醛溶液和 10mL 草酰二酰肼溶液，冷却至约 20℃。以水稀释至刻度，混匀，放置 30min。

将部分试液移入吸收池（见表 3-8）中，以随同试料所做的空白试验溶液为参比，于分光光度计上波长为 540nm 处测量其吸光度。从工作曲线上查出相应的铜量。

四、工作曲线

移取 10mL 按分析步骤制备的空白溶液于 100mL 烧杯中，加入 10.00mL 铜标准贮备液和 2mL 柠檬酸溶液，混匀。加入 10mL 乙醛溶液，用滴定管滴加氨水，调节试液至 pH=9.3±0.2，用酸度计检查，记录滴加氨水的体积（mL）。弃去此预试验溶液。

量取 0mL、0.80mL、2.00mL、4.00mL、6.00mL、8.00mL、10.00mL 铜标准溶液Ⅱ和 6.00mL、8.00mL、10.00mL 铜标准溶液Ⅰ于一组 50mL 容量瓶中，各加入 10mL 空白试液和 2mL 柠檬酸溶液，混匀，按上述记录的体积加入氨水，加入 10mL 乙醛溶液，冷却至约 20℃，加入 10mL 草酰二酰肼溶液，以水稀释至刻度，混匀，放置 30min。

将部分系列标准溶液移入比色皿（见表 3-8）中，以试剂空白溶液（不加铜标准溶液）为参比。于分光光度计上波长 540nm 处测量其吸光度。以铜含量为横坐标，吸光度为纵坐标，绘制工作曲线。

按下式计算铜的质量分数：

$$w(\mathrm{Cu})=\frac{m_1\times10^{-6}}{\frac{V_1}{V}\times m_0}\times100\%$$

式中　w（Cu）——铜的质量分数，%；

m_1——从工作曲线上查得铜的量，μg；

V_1——移取试液的体积，mL；

V——试液总体积，mL；

m_0——试料的质量，g。

五、附注

① 试样称取量、稀释倍数等与试样中铜的质量分数的关系见表 3-8。

表 3-8　试样中铜的质量分数与称样量、稀释倍数的关系

铜的质量分数/%	试料的质量/g	试液总体积/mL	移取试液体积/mL	加入柠檬酸溶液体积/mL	比色皿厚度/cm
0.001～0.020	2.0000	100	10.00	3	3
>0.020～0.080	1.0000	200	10.00	2	1
>0.080～0.200	1.0000	500	10.00	2	1
>0.20～0.40	1.0000	500	5.00	2	1
>0.40～0.80	0.5000	500	5.00	2	1

② 硅的质量分数大于 1%的铝合金试样分解应按以下操作：将试料置于 250mL 烧杯中，盖上表面皿。加入 20mL 水，缓慢加入 30mL 盐酸，并缓慢加热至试料完全溶解。滴加 1mL 过氧化氢，煮沸。用水稀释至 70～80mL，冷却。用两层中速定量滤纸过滤，用沸水洗涤烧杯及滤纸，收集滤液于 250mL 烧杯中。将滤纸和残渣置于铂坩埚中，于 100～120℃烘干，在不超过 600℃时小心灰化完全（勿使滤纸燃着），冷却。加入 5mL 氢氟酸和 1mL 硫酸（1+1），滴加硝酸（1+1）至溶液清亮。蒸发至冒尽硫酸烟，冷却。加入数毫升热水和 1～2 滴盐酸，缓慢加热溶解盐类（必要时过滤）。将此溶液合并于含有滤液和洗涤液的 250mL 烧杯中，蒸发至糊状。

③ 本法操作中控制酸度十分重要，否则将使结果受到影响。

六、思考题

① 写出草酰二酰肼及其与铜形成络合物的结构式。

② 乙醛的作用是什么？

③ 试样中含硅高时，其试样分解方法为何不同？

实验二十九　铝及铝合金中钙的测定——火焰原子吸收光谱法

一、方法提要

试样用氢氧化钠溶解，在盐酸介质中，以镧盐作释放剂，8-羟基喹啉做保护剂，于原子吸收光谱仪上波长 422.7nm 处，以氧化亚氮-乙炔富燃性火焰进行钙含量的测定。

二、试剂

① 铝（99.99%，不含钙）。

② 氢氧化钠（高纯）溶液（400g/L）。

③ 盐酸（蒸馏提纯）。

④ 镧盐溶液：称取25g氧化镧置于200mL烧杯中，加入30mL盐酸，微热溶解冷却，移入500mL容量瓶中，以水稀释至刻度，混匀。

⑤ 8-羟基喹啉溶液：称取25g 8-羟基喹啉，置于200mL烧杯中，加入30mL盐酸，微热溶解，冷却，移入500mL容量瓶中，以水稀释至刻度，混匀。

⑥ 铝溶液（5mg/mL）：称取2.5g铝，置于250mL银烧杯中，盖上银表面皿，加入25mL氢氧化钠溶液，待剧烈反应停止后，置于电炉上加热片刻，冷却，将溶液倒入摇动的盛有150mL盐酸的250mL锥形瓶中，沿银烧杯壁加入50mL盐酸，溶解残余的盐类，合并于锥形瓶中，将溶液移入500mL容量瓶中，以水稀释至刻度，混匀。

⑦ 钙标准溶液（0.1mg/mL）：称取0.2497g预先于105℃烘干的碳酸钙，置于300mL烧杯中，盖上表面皿，加入10mL水，逐滴加入盐酸至完全溶解并过量20mL，煮沸驱除二氧化碳，冷却，移入1000mL容量瓶中，以水稀释至刻度，混匀。

三、仪器

原子吸收光谱仪，配备氧化亚氮-乙炔火焰用燃烧器、钙空心阴极灯。

在仪器最佳工作条件下，凡能达到下列指标者均可使用。

灵敏度：在测量试样溶液基本相一致的溶液中，钙的特征浓度应不大于0.15μg/mL。

精密度：用最高浓度的标准溶液测量10次吸光度，其标准偏差应不超过平均吸光度的1.0%。

工作曲线线性：将工作曲线按浓度分成五段，最高段时吸光度差值与最低段的吸光度差值之比，应不小于0.7。

WFX-1B型原子吸收光谱仪测定钙的仪器工作条件见表3-9。

四、分析步骤

按表3-10称取试样（加工成厚度不大于1mm的碎屑，精确至0.0001g）。置于250mL银烧杯中，盖上银表面皿，加入2.5mL氢氧化钠，缓慢加热使其分解，稍冷，沿杯壁吹入少量水，微热使熔块溶解，冷却至室温。将试液倒入摇动的盛有15mL盐酸的250mL锥形瓶中，沿烧杯壁加入5mL盐酸溶解残存的盐类，合并于锥形瓶中。将试液移入100mL容量瓶中，以水稀释至刻度，混匀。按表3-10移取试液于100mL容量瓶中，加入2.0mL镧盐溶液、1.0mL 8-羟基喹啉溶液，以水稀释至刻度，混匀。将随同试料所做的空白试验溶液及试液于原子吸收光谱仪上波长422.7nm处，用氧化亚氮-乙炔富燃性火焰，以水调零，测量钙的吸光度。从工作曲线上查出相应的钙量。

五、工作曲线的绘制

移取0mL、0.10mL、0.20mL、0.40mL、0.60mL、0.80mL、1.0mL钙标准溶液，分别置于一组100mL容量瓶中，按表3-10加入铝溶液及2.0mL镧盐溶液、1.0mL 8-羟基喹啉溶液，以水稀释至刻度，混匀。于原子吸收光谱仪上波长422.7处，用氧化亚氮-乙炔富燃性火焰，以水调零，以含钙量为横坐标，以测量系列标准溶液和溶液（不加钙标准溶液）

的吸光度（减去空白溶液的吸光度）为纵坐标，绘制工作曲线。

按下式计算钙的质量分数：

$$w(\mathrm{Ca})=\frac{m_2-m_1}{m_0}\times 100\%$$

式中　$w(\mathrm{Ca})$——钙的质量分数，%；

m_2——自工作曲线上查得的试料溶液的钙量，g；

m_0——与移取的试液相当的试料量，g。

六、附注

① 仪器工作条件如表 3-9。

表 3-9　使用 WFX-1B 型原子吸收光谱仪测定钙含量的工作条件

波长/nm	灯电流/mA	光谱通带/nm	观察高度/mm	氧化亚氮流量/(L/min)	空气流量/(L/min)	乙炔流量/(L/min)
422.7	3	0.1	7	10	10	1

② 试样称样量及试剂加入量与试样中钙的质量分数关系见表 3-10。

表 3-10　试样称样量、稀释倍数、加入铝标准量与试样钙的质量分数的关系

钙的质量分数/%	试料称样量/g	移取试液体积/mL	工作曲线中加入铝溶液体积/mL
≤0.10	0.2000	25.00	10.0
>0.1000～0.2000	0.1000	25.00	5.0
>0.2000～0.3000	0.1000	10.00	2.0

③ 分析结果的允许误差见表 3-11。

实验室之间分析结果的差值应不大于表 3-11 所列的允许差。

表 3-11　实验室之间钙分析结果允许误差

钙的质量分数/%	允许差/%	钙的质量分数/%	允许差/%
0.010～0.050	0.003	>0.10～0.30	0.02
>0.05～0.10	0.01		

七、思考题

① 用火焰原子吸收法测定铝合金中的痕量钙时，最主要的干扰来自基体铝。请解释铝是如何抑制钙的原子化信号的？通常加入“释放剂”锶盐或镧盐来克服，请说明其作用机理。

② 钙是环境中普遍存在的元素，实验中如何防止来自水、试剂和玻璃器皿的污染？在样品制备过程中应特别注意什么？

综合实验　碳钢及低合金钢的系统分析

一、试样溶液的配制

称取试样 0.5g 置于 100mL 锥形瓶中，加高氯酸（1.67g/mL）10mL，（1+1）硝酸

2mL，加热溶解并蒸发至高氯酸白烟冒出瓶口，冷却，用少量水将盐类溶解，移入100mL容量瓶中，以水稀释至刻度，摇匀后备用。

二、各元素的测定

（一）磷的测定

1. 方法原理

在酸性介质中，正磷酸与钼酸形成黄色的磷钼杂多酸（磷钼黄），在氟化物存在下，以氯化亚锡将磷钼黄还原成磷钼蓝，在600nm处测定吸光度，从工作曲线上查出磷量。

2. 试剂

① 硝酸（1＋2）。

② 钼酸铵-酒石酸钾钠-尿素溶液：将钼酸铵溶液（180g/L）与酒石酸钾钠溶液（180g/L）各50mL，混匀后加入尿素2g。

③ 氟化钠-氯化亚锡溶液：称取氟化钠12g、氯化亚锡1g溶于500mL水中，贮于塑料瓶中（用时配制）。

3. 分析手续

吸取试样溶液10mL，置于150mL干燥的锥形瓶中，加硝酸（1＋2）5mL，加热煮沸，迅速加入钼酸铵-酒石酸钾钠-尿素溶液5mL、氟化钠-氯化亚锡溶液20mL，流水冷却，移入100mL容量瓶中，以水稀释至刻度，摇匀。在波长600nm处用2cm比色皿，以水为空白测定吸光度，从标准曲线上查得磷的百分含量。

工作曲线的绘制：称取含磷量不同的标准钢样0.5g六份，按试样溶液的制备及分析方法操作，测定吸光度并绘制工作曲线。

4. 注释

① 测定磷时所用的锥形瓶必须专用，不应接触磷酸。

② 钼酸铵-酒石酸钾钠-尿素溶液及氟化钠-氯化亚锡溶液必须一次迅速加入，否则再现性差，易产生分析误差。

③ 显色反应应在3min内比色完毕，若放置时间久，色泽会减退。

（二）锰的测定

1. 方法原理

在硝酸银的存在下，用过硫酸铵将锰氧化成紫红色高锰酸，借此进行锰的光度测定。

2. 试剂

① 混合酸：称取硝酸银2g，溶于800mL水中，加硝酸（ρ＝1.425g/mL）100mL、磷酸（ρ＝1.70g/mL）50mL、硫酸（ρ＝1.84g/mL）50mL，混匀。

② 过硫酸铵溶液（300g/L）（用时配制）。

3. 分析手续

吸取试样溶液5mL，置于100mL锥形瓶中，加混合酸5mL、过硫酸铵溶液5mL，加热，待红色高锰酸出现后，继续煮沸10s，冷却，移入50mL容量瓶中，以水稀释至刻度，摇匀。在波长530nm处用3cm比色皿，以水为空白，测定吸光度，从工作曲线上查得锰的百分含量。

工作曲线的绘制：称取含锰量不同的标准钢样0.5g六份，按试样溶液的制备及分析手续操作，测定吸光度并绘制工作曲线。

4. 注释

① 红色高锰酸生成后，应避免长时间煮沸，以防其分解而使分析结果偏低。过硫酸铵

的存在能使高锰酸色泽更稳定。

② 铬与钴对测定有干扰，每1%的铬相当于0.01%的锰，可在计算时减去。

（三）铬的测定

1. 方法提要

在高氯酸冒烟的条件下，将铬氧化至高价。在酸性溶液中高价铬与二苯卡巴肼反应生成紫红色络合物。借此进行铬的光度测定。

2. 试剂

① 磷酸（1＋19）。

② 二苯卡巴肼溶液（5g/L）：称取邻苯二甲酸酐4g，溶于100mL热的乙醇中，加入二苯卡巴肼0.5g，搅拌溶解，贮存于棕色瓶中，此溶液使用期不得超过2～3周。

③ 铬标准溶液：称取经170～180℃干燥的重铬酸钾0.2828g溶于水后，置于1000mL容量瓶中，以水稀释至刻度，摇匀。此溶液含铬为0.1mg/mL。

3. 分析手续

吸取试样溶液2mL，置于100mL容量瓶中［瓶内预先置（1＋9）磷酸约90mL］，加二苯卡巴肼溶液5mL，以（1＋19）磷酸稀释至刻度，摇匀。在波长530nm处，用1cm比色皿，以水为空白，测定吸光度，从工作曲线上查得铬的百分含量。

工作曲线的绘制：称取含铬量不同的标准钢样0.5g六份，按试样溶液的制备和分析手续操作，测定吸光度并绘制工作曲线。或称取不含铬的钢样0.5g六份，置于六只锥形瓶中，按试样溶液的制备方法溶解后，分别加入含铬为0.1mg/mL的标准溶液0mL、4mL、8mL、12mL、16mL、20mL（相当于含铬0%、0.08%、0.16%、0.24%、0.32%、0.40%），移入100mL容量瓶中，以水稀释至刻度，摇匀，然后按上述分析方法吸取此溶液显色，测定吸光度并绘制工作曲线。

4. 注释

① 三价铁离子对测定有干扰，可加磷酸掩蔽。以磷酸掩蔽铁时，一般的显色液中铁量与铬量之比不应超过10000∶1，同时磷酸用量需控制一致，否则结果不稳。

② 二苯卡巴肼溶于乙醇中，应为无色，若呈棕黄色或红棕色，系试剂不纯或乙醇中含有氧化性物质之故。此种溶液不宜使用，否则结果将偏低。

（四）钼的测定

1. 方法原理

在有还原剂存在的酸性溶液中，钼与硫氰酸盐生成橙红色络合物，借此进行钼的比色测定。

2. 试剂

① 硫酸-硫酸钛溶液：取硫酸钛溶液（150g/L）20mL，边搅拌边加入（1＋1）硫酸320mL中，以水稀释至1000mL，摇匀。

② 硫氰酸钠溶液（100g/L）。

③ 氯化亚锡溶液（100g/L）：称取10g氯化亚锡溶于盐酸（ρ1.19g/mL）5mL中，以水稀释至100mL，摇匀。

④ 混合显色溶液：将上述硫酸-硫酸钛溶液、硫氰酸溶液、氯化亚锡溶液和水等体积混合（在使用前配制）。

⑤ 钼标准溶液：称取钼酸钠（$Na_2MoO_4 \cdot 2H_2O$）1.2610g溶于水中，加入硫酸（1＋1）5mL，移入1000mL容量瓶中，以水稀释至刻度，摇匀，此溶液含钼为0.5mg/mL。

3. 分析手续

吸取试样溶液 10mL，置于 100mL 干燥的锥形瓶中，加入混合显色溶液 40mL，于沸水浴中加热 20s，流水冷却至室温，在波长 470nm 处用 2cm 比色皿，以水为空白测定吸光度，从工作曲线上查得钼的百分含量。

工作曲线的绘制：称取含钼量不同的标准钢样 0.5g 六份，按试样溶液的制备及分析方法操作，测定吸光度，并绘制工作曲线。或称取不含钼的钢样 0.5g 六份，置于六只 100mL 锥形瓶中，按试样溶液的制备方法溶解后，分别加入含钼为 0.5mg/mL 的标准溶液 0mL、1mL、3mL、5mL、7mL、9mL（相当于含钼 0%、0.1%、0.5%、0.7%、0.9%），移入 100mL 容量瓶中，以水稀释至刻度，摇匀，然后按上述分析方法吸取此溶液显色，测定吸光度并绘制工作曲线。

4. 注释

① 试样溶液移入锥形瓶时勿沾在瓶壁上，否则在加入显色溶液时，硫氰酸钠与未被还原的三价铁接触，使分析结果偏高。

② 钼的显色溶液混合后加入，不但加快了分析速度，而且显色溶液的稳定性较好。

③ 钒对测定有干扰，每 1%的钒相当于 0.01%的钼，可在计算时减去。

（五）钒的测定

1. 方法原理

在 pH0.2～1.0 并有过氧化氢存在下，五价钒与 PAR 生成红色络合物，以此进行钒的光度测定。铁等元素的干扰可用 EDTA 掩蔽。

2. 试剂

① 过氧化氢溶液（1+10）：取 30%过氧化氢溶液 1mL 与 10mL 水混匀，当日配制。

② EDTA 溶液（0.05mol/L）：称取乙二胺四乙酸二钠 1.8g，溶于水中并稀释至 100mL。

③ PAR 溶液：称取 4-(2-吡啶偶氮）间苯二酚 0.1g，置于 50mL 烧杯中，加乙醇 10mL、0.1mol/L 氢氧化钠溶液 5mL，待溶解后移入 100mL 容量瓶中，以水稀释至刻度，摇匀。

④ 氢氧化钠溶液（0.1mol/L)：称取氢氧化钠 0.4g 溶于水中，并稀释至 100mL，摇匀。

⑤ 钒标准溶液：称取偏钒酸铵（NH_4VO_3）0.2297g，溶于约 100mL 热水中，冷却后，移入 1000mL 容量瓶中，以水稀释至刻度，摇匀。此溶液含钒为 0.1mg/mL。

3. 分析方法

吸取试样溶液 2mL 两份，分别置于 50mL 容量瓶中，按下述方法分别处理：

显色溶液：加 EDTA 溶液 5mL、PAR 溶液 1mL，滴加过氧化氢（1+10）2 滴，于沸水溶液中加热 2min，流水冷却，以水稀释至刻度，摇匀。

空白溶液：加 EDTA 溶液 5mL、PAR 溶液 1mL，于水浴中加热 2min，流水冷却，以水稀释至刻度，摇匀，在波长 530nm 处，3cm 比色皿，以空白溶液作比较，测定吸光度。从工作曲线上查得钒的百分含量。

工作曲线的绘制：称取含钒量不同的标准钢样 0.5g 六份，按试样溶液的制备及分析方法测定吸光度并绘制工作曲线。或称取不含钒的钢样 0.5g 1 份，按试样溶液的制备方法溶解后，以水稀释至 1000mL，摇匀；吸取此溶液 2mL 六份，置于六只 50mL 容量瓶中，分别加入钒标准溶液，按上述分析方法操作，以未加标准溶液者为空白溶液，测定吸光度并绘制工作曲线。

4. 注释

① 大量铜、钛的存在，对测定有干扰。

② 本方法适用于含钒 0.3%以下的试样，含钒 0.3%以上时将使分析结果偏低。

（六）镍的测定

1. 方法原理

在有氧化剂存在的碱性溶液中，镍离子与丁二酮肟生成酒红色络合物，借此进行镍的光度测定。

2. 试剂

① 柠檬酸铵溶液（200g/L）。

② 碘溶液（0.1mol/L）：称取 12.7g 碘和 25g 碘化钾，以少量水溶解后，稀释至 1000mL，混匀。

③ 氨性丁二酮肟溶液（1g/L）：称取丁二酮肟 1g，溶于氨水（ρ0.90g/mL）500mL 中，以水稀释至 1000mL，混匀。

④ 镍标准溶液：称取纯镍 0.1000g 溶于 10mL 硝酸（1+3）中，煮沸驱除氮的氧化物，冷却。移入 500mL 容量瓶中，以水稀释至刻度，摇匀。或称取硫酸镍（$NiSO_4 \cdot 6H_2O$）1.2000g 溶于水中，移入 250mL 容量瓶中，以水稀释至刻度，摇匀。吸取此溶液 20mL，置于 100mL 容量瓶中，以水稀释至刻度，摇匀。上述两种标准溶液含镍为 0.2mg/mL。

3. 分析方法

吸取试样溶液 5mL，置于 100mL 容量瓶中，加柠檬酸铵溶液 25mL，0.1mol/L 碘溶液 5mL，边摇动边加入氨性丁二酮肟溶液 25mL，以水稀释至刻度，摇匀。在波长 530mm 处，用 3cm 比色皿，以水为空白测定吸光度，从工作曲线上查得镍的百分含量。

工作曲线的绘制：称取含镍量不同的标准钢样 0.5g 六份，按试样溶液的制备及分析方法操作，测定吸光度，并绘制工作曲线。或称取不含镍的钢样 0.5g 六份，置于六只 100mL 锥形瓶中，按试样溶液的制备方法溶解后，分别加入含镍为 0.2mg/mL 的标准溶液 0mL，5mL、10mL、15mL、20mL、25mL（相当于含镍 0%、0.2%、0.4%、0.6%、0.8%、1.0%）移入 100mL 容量瓶中，以水稀释至刻度，摇匀。然后上述分析方法吸取此溶液显色，测定吸光度并绘制工作曲线。

4. 注释

① 显色溶液的稳定性较差，应在显色后 10min 内测定完毕。

② 大量锰的存在，会使镍的分析结果偏高。

（七）钛的测定

1. 方法原理

在微酸性溶液中，钛与变色酸生成红褐色的络合物，借此进行钛的光度测定。

2. 试剂

① 变色酸草酸溶液：取草酸溶液（100g/L）580mL、变色酸溶液（16g/L）200mL、亚硫酸钠（100g/L）溶液 16mL、水 160mL 和硫酸（ρ1.84g/mL）50mL 相混合，贮于棕色瓶中。

② 钛标准溶液：称灼烧过的二氧化钛（TiO_2）0.1668g 置于瓷坩埚中，加焦硫酸钾 3～4g，于 600℃高温炉中熔融，冷却，用硫酸（1+19）浸出，移入 500mL 容量瓶，以硫酸（1+19）稀释至刻度，摇匀，此溶液含钛为 0.2mg/mL。

3. 分析方法

显色溶液：吸取试液 10mL，置于 100mL 干燥的锥形瓶中，加变色酸草酸溶液 30mL，摇匀。

空白溶液：加变色酸草酸溶液 30mL 和水 10mL 摇匀。

在波长 500nm 处，用 3cm 比色皿，测定吸光度，从工作曲线上查得钛的百分含量。

工作曲线的绘制：称取含钛量不同的标准钢样 0.5g 六份，按试样溶液的制备及分析方法操作，测定吸光度，并绘制工作曲线；或称取不含钛的钢样 0.5g 六份，置于六只 100mL 锥形瓶中，按试样溶液的制备方法溶解后，分别加入含钛为 0.2mg/mL 的标准溶液 0mL、2mL、4mL、6mL、8mL、10mL（相当于含钛 0%、0.8%、0.18%、0.24%、0.32%、0.40%）移入 100mL 容量瓶中，以水稀释至刻度，摇匀。然后按上述方法吸取此溶液显色，以未加标准溶液者为参比，测定吸光度，并绘制工作曲线。

4. 注释

① 变色酸草酸溶液最好与空气隔绝，防止因氧化而缩短使用时间。

② 显色后，色泽可稳定 20min 左右，所以显色后不宜放置过久。

三、思考题

① 在系统分析中，通常力求用一份母液完成所有元素的测定。请阐述这种“一份试液，分取测定”设计思路的核心优点。

② 在分取出的少量试液中，通常如何精确控制显色所需的酸度环境？

③ 测定磷时，如何消除砷（As）和硅（Si）的干扰？测定铬时，如何消除钒（V）和钼（Mo）的干扰？测定镍时，如何消除铁（Fe）、铜（Cu）、锰（Mn）等离子的干扰？

• 综合探究

某钢铁厂送来一批钢铁样品，需要对其成分进行分析。已知钢铁的主要成分中碳（C）、硅（Si）、锰（Mn）、磷（P）和硫（S）是影响钢铁性能的关键元素，请思考并解决如下问题：

(1) 若样品中存在氧化皮或表面涂层，应如何去除？

(2) 根据钢铁中五大元素的性质，分别选择合适的分析方法，说明选择该方法的理由。若同时测定多种元素，是否可以采用联用技术？若有，列举一种并说明其优势。

(3) 在分析过程中，若发现光谱法测定锰元素的灵敏度较低，可能是什么原因？如何解决该问题？若采用化学滴定法测定硫元素时，发现反应终点难以判断，应如何改进滴定方法？

扫码见参考答案

第四章　岩石矿物土壤及工业原料分析

实验三十　二氧化硅的测定（一）——动物胶凝聚重量法

一、原理

试样经碳酸钠熔融，盐酸提取后蒸发至湿盐状，在浓盐酸溶液中，用动物胶凝聚硅酸，过滤后沉淀物于1000℃灼烧至恒重后，即得二氧化硅含量。

二、试剂

① 无水碳酸钠（固体，用时磨细）。

② 盐酸溶液：(1+1)、(1+19)、(1+49)。

③ 动物胶溶液（10g/L)：称取动物胶 1g 于烧杯中，用冷水润湿，加入 100mL 70～80℃热水，搅拌，使之溶解（用时现配)。

三、分析步骤

称取 0.5g 试样置于盛有 4g 无水碳酸钠的铂坩埚中，搅匀后，上面再覆盖一层（约2g)，将坩埚置于高温炉中，从低温开始逐渐升温至 950℃，在此温度下，熔融 40～60min，取出冷却后，放入 250mL 烧杯中，加 (1+1) 盐酸溶液 30～50mL 加热至熔块完全溶解后，用 2%稀盐酸洗出坩埚，将烧杯放在水浴或低温电热板上蒸发至湿盐状，取下冷却，用玻璃棒小心压碎盐块，加入浓盐酸 20mL，搅拌均匀，置水浴上加热微沸 15min，加入新配制的动物胶溶液 10mL，充分搅拌 1min，并保温 10min，取下加入热水 20mL，搅拌使盐类溶解，用中速定量滤纸过滤，滤液用 250mL 容量瓶承接（供测铁、铝、钛、钙、镁等元素用)，用 5%盐酸洗涤沉淀和烧杯各数次，并用擦子擦洗杯壁。然后用热水洗涤沉淀 8～10 次，将滤纸连同沉淀一起转入已恒重的铂坩埚中，低温灰化后置高温炉内，于 950℃灼烧1h，取出稍冷，放入干燥器中冷却 30min，称重，并反复灼烧至恒重。

结果计算如下式

$$w(\mathrm{SiO_2})=\frac{G_1-G_2}{G}\times 100\%$$

式中　$w(\mathrm{SiO_2})$——$\mathrm{SiO_2}$ 的质量分数，%；

G_1——坩埚和沉淀物的质量，g；

G_2——坩埚的质量，g；

G——试样量，g。

四、注释

① 用动物胶凝聚硅酸时要注意控制温度、酸度和动物胶的用量。温度应控制在 60～70℃，温度过低，则夺取硅酸水分的能力减弱，凝聚作用减缓；温度过高动物胶会部分分

解，凝聚硅酸的能力减弱。盐酸酸度应在 8mol/L 以上；动物胶用量一般为 25～100mg，小于或大于此量，会使硅酸复溶或过滤速度减慢。

② 为提高硅酸溶液的浓度，减少胶团的水化程度，在加动物胶之前，应将溶液蒸发至湿盐状，使动物胶与硅酸充分接触，加速凝聚，当加入动物胶之后，应充分搅拌，并保温一定时间，使硅酸有充分时间凝聚。

③ 硅酸凝聚后，加水溶解可溶性盐类时，用量不能过多，否则溶液体积增大，酸度改变，硅酸沉淀会有少部分复溶，放置时间也不宜过长，过长会使复溶量增大。

④ 动物胶的水溶液不能放置过久，否则容易成胶冻状或腐败变质，失去凝聚硅酸的能力，因此应在临使用前配制。

⑤ 对于含有重金属的硅酸盐样品，应先用盐酸、硝酸溶解后过滤，保存滤液，将残渣与滤纸在铂坩埚中灰化后，再用碳酸钠熔融，盐酸提取，脱硅后，将滤液合并供测其他元素使用。

⑥ 试样中氟含量在 0.3%以上时干扰测定，可加入硼酸，使之成氟化硼而挥发逸出，过量的硼酸可用甲醇除去。

⑦ 动物胶凝聚法简单快速，是目前广泛采用的一种方法，但凝聚并不完全，较两次盐酸脱水法偏低 0.1%～0.3%，对质量要求较严的分析，滤液应用比色法测定硅后加以校正。

五、思考题

① 使用铂、银器皿熔样时应注意哪些事项？

② 动物胶凝聚法测定二氧化硅的原理是什么？采用该方法测定时应注意掌握好哪些条件？

③ 为了缩短熔矿时间，采用无水碳酸钠时是否可以把高温炉预先升到一定温度，再将样品放入，这个温度应低于多少度？

④ 低温灰化时是否可以在封闭的高温炉中进行？为什么？

⑤ 在灼烧二氧化硅沉淀时，如果灼烧温度不足或时间不够，会对测定结果产生什么影响？为什么？

实验三十一　二氧化硅的测定（二）——氟硅酸钾沉淀分离-酸碱滴定法

一、原理

试样经碱熔、水提取、酸化后，在有足够氯化钾存在的强酸性溶液中，硅酸与氟离子定量生成氟硅酸钾沉淀。过滤洗涤后，除去游离酸，将沉淀置于沸水中水解，生成的氢氟酸用氢氧化钠标准溶液滴定，由消耗的氢氧化钠量计算出二氧化硅的含量，其反应式如下：

$$SiO_3^{2-}+3H_2F_2 = SiF_6^{2-}+3H_2O$$

$$SiF_6^{2-}+2K^{+} = K_2SiF_6\downarrow$$

$$K_2SiF_6+3H_2O = H_2SiO_3+2KF+2H_2F_2$$

$$H_2F_2+2NaOH = 2NaF+2H_2O$$

二、试剂

① 氟化钾溶液（200g/L）：称取 40g 氟化钾于塑料烧杯中，加 150mL 水溶解后，加硝

酸和盐酸各 25mL，并加入适量的氯化钾，使之饱和。

② 氯化钾乙醇溶液（50g/L）：将 5g 氯化钾溶于 60mL 水中，再加入 40mL 乙醇。

③ 酚酞指示剂（5g/L）：称取 0.5g 酚酞，溶于 100mL 乙醇中。

④ 氢氧化钠标准溶液（0.1mol/L）：称取 4g 氢氧化钠，用 1000mL 煮沸过的水溶解。

标定：称取经 110℃烘干的邻苯二甲酸氢钾 1.0000g 于 250mL 烧杯中，加 100mL 煮沸并冷至 50～60℃的水充分搅拌，溶解完全后以酚酞作指示剂，用氢氧化钠溶液滴定至粉红色，30s 内不褪色即为终点，按下式计算氢氧化钠标准溶液的浓度：

$$c=\frac{m}{V\times 0.2042}$$

式中 c——氢氧化钠标准溶液的浓度，mol/L；

m——称取邻苯二甲酸氢钾的质量，g；

V——滴定消耗的氢氧化钠标准溶液的体积，mL。

三、分析步骤

扫码看视频

称取 0.1g 试样于预先加有氢氧化钾的镍坩埚中，上面再覆盖一层氢氧化钾（约 2g），置于 400℃的马弗炉中，继续升温至 600～650℃，熔融 10～15min，取出稍冷，放入塑料烧杯中，用少量热水分数次注入坩埚中，将熔块浸出，洗净坩埚（总体积不超过 25mL），在不断搅拌下加入 15mL 浓硝酸、少许纸浆、2g 氯化钾和 5mL 氟化钾溶液，充分搅拌使其溶解，冷至室温，放置 15min，用中速定性滤纸过滤（预先用 50g/L 氯化钾的溶液浸湿滤纸），用 50g/L 氯化钾溶液洗烧杯和沉淀各 3～5 次，以洗去大部分游离酸和杂质。将沉淀和滤纸放入原塑料烧杯中，加入 50g/L 氯化钾乙醇洗液 10mL、酚酞指示剂 2 滴，用氢氧化钠溶液中和游离酸至溶液呈微红色，再加入 100mL 中性沸水，立即用 NaOH 标准溶液滴定至微红色，30s 内不褪色即为终点。

按下式计算样品中 SiO_2 的质量分数：

$$w(SiO_2)=\frac{c\times V\times 0.015}{G}\times 100\%$$

式中 c——氢氧化钠标准溶液的浓度，mol/L；

V——滴定时消耗氢氧化钠标准溶液的体积，mL；

G——试样质量，g。

四、附注

1. 试样也可直接用氢氟酸溶解，但要保持一定的体积，使硅以氟硅酸形式存在于溶液中。一般来讲，0.1g 矿样用 10mL 氢氟酸溶解后体积保留 5mL 左右为宜，体积过小硅有可能呈四氟化硅逸出。

2. 氟硅酸钾的沉淀条件

（1）介质与酸度　在硝酸介质中氟铝酸钾、氟钛酸钾的溶解度大于在盐酸介质中的溶解度，因此通常采用硝酸介质中沉淀氟硅酸钾，有利于消除铝、钛的干扰，硝酸的浓度以 3mol/L 为宜，酸度太低易形成其他氟化物沉淀，酸度太高会增加氟硅酸钾的溶解度，使沉淀不完全。

（2）氯化钾用量　加入氯化钾是为了降低氟硅酸钾的溶解度，保证氟硅酸钾沉淀完全。但加入量过多，又可能生成氟铝酸钾和氟钛酸钾沉淀而干扰测定，同时大量固体氯化钾存在给沉淀的洗涤也增加困难，因此应控制氯化钾的用量，一般在常温下 50mL 溶液中加氯化钾 2～3g，使溶液达到近饱和程度为宜。

(3) 氟化钾用量　加入过量的氟化钾是为了使氟硅酸沉淀完全，但加入量过大，则可能生成氟铝酸钾和氟钛酸钾沉淀而干扰测定，氟化钾用量一般在 50mL 溶液中，铝钛量不高时，加入 1.5～2.0g 为宜，铝钛量高时则加入 1.0～1.5g。加入固体氟化钾时必须充分搅拌，防止局部过浓，使沉淀带有杂质。

(4) 温度和体积　沉淀时的温度在 30℃以下为宜，沉淀的体积不超过 50mL，温度太高，溶液体积太大，都会增加氟硅酸钾的溶解度，使测定结果偏低，但溶液体积过小，溶液中离子浓度过大，易形成其他氟化物沉淀干扰测定。

(5) 放置时间　氟硅酸钾沉淀在 15min～6h 内过滤，测定结果均一致。一般放置 15min 后即可过滤。

3. 水解和滴定

氟硅酸钾沉淀在热水中溶解后，SiF_6^{2-} 先解离为四氟化硅，四氟化硅迅速水解生成氢氟酸：

$$K_2SiF_6 = 2K^+ + SiF_6^{2-}$$

$$SiF_6^{2-} = SiF_4 + 2F^-$$

$$SiF_4 + 3H_2O = 2H_2F_2 + H_2SiO_3$$

四氟化硅的水解是吸热反应，所以必须在热水中进行，一般的做法是加入沸水使沉淀水解，并在滴定过程中保持溶液的温度为 70～90℃，以使水解反应进行完全。

酚酞指示剂的变色范围为 pH8.2～10.0，除酚酞外，中性红 pH6.8～8.0（红至亮黄）、酚红 pH6.8～8.0（黄至红）也都可以用于指示终点。

4. 中和游离酸时，不可将氢氧化钠直接滴在沉淀上，以免沉淀溶解，但在快完成中和操作时，应把滤纸捣碎并浸入溶液中，使滤纸吸附的游离酸能全部被中和。

五、思考题

① 就介质与酸度、氯化钾用量、氟化钾用量、放置时间几个方面讨论氟硅酸钾沉淀的适宜条件？

② 采用氟硅酸钾滴定法测硅，如何消除铝、钛的干扰？

③ 称取 0.5g 邻苯二甲酸氢钾，消耗氢氧化钠标准溶液 14.60mL，求氢氧化钠对二氧化硅的滴定度？

④ 铝含量高时对测定有何干扰现象？

⑤ 如果中和游离酸不完全（酸残留）或过度（呈碱性），对滴定结果有何影响？

实验三十二　三氧化二铝的测定——氟化物置换-EDTA 滴定法

一、原理

于酸性溶液中，加入过量 EDTA，使之与铁、铝、钛等离子络合，以二甲酚橙作指示剂，用锌盐溶液滴定过量的 EDTA，加入氟化钾置换出与铝、钛络合的 EDTA，然后继续用乙酸锌标准溶液滴定释放出的 EDTA，滴定结果为铝、钛合量，减去钛的量，即得铝的含量。

主要反应式如下：

$$Al^{3+} + H_2Y^{2-} = AlY^- + 2H^+$$

$$AlY^- + 6F^- \xlongequal{} AlF_6^{3-} + Y^{4-}$$

$$Y^{4-} + Zn^{2+} \xlongequal{} ZnY^{2-}$$

$$Zn^{2+} + HIn \xlongequal{} ZnIn^+ + H^+$$

二、试剂

① 氟化钾溶液（200g/L）。

② 二甲酚橙指示剂（2g/L）。

③ 乙酸-乙酸铵缓冲溶液（pH=6）：即1000mL水中含有60g乙酸铵和2mL冰乙酸。

④ 铝的标准溶液（含 Al_2O_3 为1mg/mL）：称取金属铝片0.5000g，用10mL 100g/L氢氧化钠溶液溶解，以（1+1）盐酸中和并过量10mL，转入1000mL容量瓶中，用水稀释至刻度，摇匀。

⑤ EDTA溶液（50g/L水溶液）。

⑥ 乙酸锌标准溶液（0.015mol·L^{-1}）：称取3.3g乙酸锌 $Zn(CH_3COO)_2 \cdot 2H_2O$ 于150mL烧杯中，加入乙酸1～2滴，用水溶解后，过滤于1000mL容量瓶中，用水稀释至刻度，摇匀。

标定：吸取铝标准溶液15mL于250mL锥形瓶中，加入EDTA 5mL，用水稀至50～70mL，加一小片刚果红试纸，用（1+1）盐酸和（1+1）氨水调至试纸刚刚变红，加pH=6的缓冲溶液10mL煮沸5min，冷却，加二甲酚橙指示剂2滴，用标准锌盐滴至紫红色[不必记下读数，如果加入二甲酚橙溶液已呈紫色，说明EDTA的加入量不够，应补加适量的EDTA，再用（1+1）盐酸调至黄色]。然后加入氟化钾溶液10mL，摇匀，放在电热板上加热5min，取下冷却至室温。补加二甲酚橙指示剂2滴，用乙酸锌标准溶液滴定至微紫色为终点。

计算：

$$T=\frac{m}{V}$$

式中 T——乙酸锌标准溶液对三氧化二铝的滴定度，g/mL；

m——吸取铝标准溶液中三氧化二铝的质量，g；

V——滴定消耗乙酸锌标准溶液的体积，mL。

三、分析步骤

吸取分离二氧化硅后的滤液25mL于250mL锥形瓶中（或直接用EDTA滴定铁后的溶液），以下操作同乙酸锌溶液的标定。

计算：

$$w(Al_2O_3)=\frac{T\times V}{G}\times 100\% - TiO_2\% \times 0.6381$$

式中 T——乙酸锌标准溶液对三氧化二铝的滴定度，g/mL；

V——消耗乙酸锌标准溶液的体积，mL；

G——称样量，g；

0.6381——二氧化钛换算成三氧化二铝的换算因子。

四、附注

① 铝与EDTA进行络合反应时必须控制适当的酸度，pH在3～4时，络合百分率最

高，但为了与铝、钛金属离子络合及返滴定的需要，采用加入过量的 EDTA 的方法，可将溶液的酸度扩大到 pH=6。

② 加热煮沸时，二甲酚橙指示剂易被破坏，所以在滴定前必须补加。

③ 两次滴定的终点应控制一致，终点颜色不应过红，若第一次滴定时锌盐溶液过量，可补加 EDTA 溶液使出现黄色，然后再以锌盐标准溶液滴定至微红色。

④ 加入 EDTA 后用氨水中和时，如出现浑浊，说明 EDTA 加入量不够，则应重新将溶液用盐酸酸化后再补加 EDTA 溶液，一般 EDTA 溶液应过量 50%。

⑤ 由于钛与铝有相同的反应，故测定结果为铝钛合量。

⑥ EDTA 容量法测定铝，常用的滴定剂有铜盐、锌盐和铅盐。其中锌盐最为广泛，常用二甲酚橙为指示剂。铅盐滴定终点敏锐，但加入氟化物时会生成溶解度较小的氟化铅，在接近终点时出现浑浊。硫酸根大量存在时又生成硫酸铅沉淀。用铅盐作返滴定剂，常常用二甲酚橙、PAR、PAN 为指示剂。铜盐也用得较广，尤其对含量特高的样品用铜盐较好（因用铜盐滴定在 pH 4.5 时，不发生沉淀），常用亚硝基红、PAN、PAR 为指示剂，终点均敏锐。

⑦ 铝与 EDTA 的络合，在室温时反应缓慢，因此需加热煮沸，否则络合不完全。

五、思考题

① 氟化钾置换-EDTA 滴定法的关键是什么？

② 有一硅酸盐矿样要求作全分析，粗查得各成分：SiO_2 50%、Al_2O_3 10%、Fe_2O_3 20%、CaO 2%、MgO 1%，其他元素均小于 1%，某分析人员拟定分析方案之一是：直接用 Na_2CO_3 在坩埚内 1000℃熔矿，然后用（1+1）HCl 提取制备试液，分取溶液进行系统分析，试对这个方案给予评价，并说出你的最佳方案？

③ 为什么两次滴定的终点要控制得一致，怎样才能把握好这两个终点？

④ 跟直接滴定法相比，返滴定法有何优点？

实验三十三　总铁的测定——EDTA 滴定法

一、原理

在 pH 1.8～2.5 酸性溶液中三价铁离子与 EDTA 生成稳定的络合物，以磺基水杨酸为指示剂，在 50～70℃用 EDTA 标准溶液滴定至溶液由紫色变为黄色即为终点。主要反应如下：

$$Fe^{3+} + Ssal^{2-} = [Fe(Ssal)]^{+}$$

$$[Fe(Ssal)]^{+} + H_2Y^{2-} = FeY^{-} + 2H^{+} + Ssal^{2-}$$

式中，$Ssal^{2-}$ 代表磺基水杨酸根离子。

二、主要试剂

① 铁标准溶液（含铁为 1mg/mL）：准确称取纯铁丝 1.0000g 于 250mL 烧杯中，加入 20mL 盐酸，低温加热溶解，冷却后移入 1000mL 容量瓶中加盐酸 30mL，用水稀释至刻度，摇匀。

② 磺基水杨酸（100g/L）。

③ 硝酸（1+1）。

④ 氨水（1+1）。

⑤ EDTA标准溶液（0.02mol·L^{-1}）：称取7.44g乙二胺四乙酸二钠，溶于1000mL水中，如不易溶解可在低温电炉上加热处理。

标定：吸取20mL铁标准溶液于250mL锥形瓶中，加水至50mL，加（1+1）硝酸溶液2mL，加热至50～70℃取下，加磺基水杨酸10滴，用（1+1）氨水滴定至橘红色，再用（1+1）硝酸调至紫红色，并过量3～5滴，加热50～70℃，趁热用标准EDTA溶液滴定至溶液由紫色变为亮黄色（铁含量低时为淡黄色），即为终点。

计算：

$$T=\frac{m}{V}\times 10^3$$

式中 T——EDTA标准溶液对铁的滴定度，mg/mL；

V——滴定消耗EDTA标准溶液的体积，mL；

m——吸取铁标准溶液中含铁量，g。

三、分析步骤

吸取分离二氧化硅后的滤液25mL于250mL锥形瓶中，以下按EDTA溶液的标定手续操作。

计算：

$$w(\mathrm{Fe})=\frac{T\times V}{G}\times 100\%$$

式中 T——EDTA标准溶液对铁的滴定度，g/mL；

V——滴定消耗EDTA标准溶液的体积，mL；

G——取样量，g。

四、注释

① 滴定时酸度应控制在pH 1.8～2.5。pH<1时，磺基水杨酸的络合能力减低，且EDTA与Fe^{3+}不能定量地络合，使结果偏低。pH太大，铝、铁易水解而产生浑浊，其他干扰元素也将增多，影响测定。

② 由于EDTA与铁反应速率较慢，故应在50～70℃滴定。但温度不能过高，否则铝被滴定，使结果偏高。

③ 控制好滴定酸度、温度和速度，是本法的关键。尤其是近终点时，更要放慢滴定速度，防止过量。

④ 如试液中酸度太大，调节pH值时，可先用20%氢氧化钠中和，再用（1+1）氨水调节，避免氨水用量太多，产生大量铵盐影响酸度的控制。

⑤ 大量的铀、氯离子、硝酸根、低于50mg的磷酸根和10mg的氟不干扰测定，大量磷酸根存在使终点不明显，钍和锆干扰测定。

五、思考题

① 试述EDTA络合滴定法测定铁的原理。

② EDTA络合滴定法测定铁需要控制好哪些条件？

③ 样品中如果含有铝、钛、锰等元素，它们是否会干扰测定？如何消除这些干扰？

实验三十四　亚铁的测定——$K_2Cr_2O_7$ 滴定法

一、原理

在隔绝空气产生的二氧化碳气流中，以硫磷混合酸、氟化钠助溶分解矿石，以二苯胺磺酸钠为指示剂，用标准重铬酸钾溶液滴定至稳定紫红色。

二、试剂

① 重铬酸钾标准溶液（含 $\frac{1}{6}K_2Cr_2O_7$ 为 0.0139mol/L）：称取 0.682g 已在 150～180℃烘干 2h 的优级纯重铬酸钾溶于水中，转入 1000mL 容量瓶中，定容，摇匀。此溶液相当于含氧化亚铁为 1mg/mL。

另法（含 $\frac{1}{6}K_2Cr_2O_7$ 为 0.025mol/L）：称取优级纯重铬酸钾 2.4516g，加 1＋1 硫酸几滴于 2000mL 容量瓶中定容，摇匀（重铬酸钾对氧化亚铁的滴定度为 0.025×71.85＝1.796mg・FeO/mL）。

② 硫磷混合酸（各 15%）：在不断搅拌下将 150mL 浓硫酸加入 700mL 水中，冷却后再加入 150mL 浓磷酸。

③ 二苯胺磺酸钠水溶液（5g/L）。

④ 氟化钠（固体）。

⑤ 碳酸氢钠（固体）。

三、分析步骤

称取 0.5g 矿样于 250mL 锥形瓶中，加入碳酸氢钠 1～2g、氟化钠 1g，加入硫磷混合酸 30mL，盖上坩埚盖，加热至沸，并持续 5～8min，立即用蒸馏水冲洗瓶内壁，溶液体积至 120mL，加 2～3 滴二苯胺磺酸钠，用重铬酸钾标准溶液滴定至稳定的紫红色为终点。

扫码看视频

$$w(\text{FeO})=\frac{T\times V}{G}\times 100\%$$

式中　T——重铬酸钾对氧化亚铁的滴定度，mg/mL；

V——消耗重铬酸钾的体积，mL；

G——样品质量，g。

四、附注

① 在亚铁的测定中，硫、锰、有机物是主要干扰因素。当这些组分含量较高时，应考虑消除其干扰的方法。

② 加入碳酸氢钠，可生成二氧化碳气流，保护亚铁使其不被氧化。

③ 本法简单易掌握，适合一般样品的分析。

五、思考题

① 测定岩石矿物中的亚铁时，样品分解的关键是什么？为什么通常要在惰性气氛（如

CO_2）下用氢氟酸-硫酸分解？

② 实验过程中，哪些操作不当最容易导致亚铁的测定结果偏低？请至少列出两点并说明原因。

③ 在测定亚铁时有哪些干扰因素？如何消除？

实验三十五　氧化钾和氧化钠的测定——火焰光度法

一、原理

试样经氢氟酸、盐酸（硝酸）、高氯酸分解，制成 20g/L 盐酸或硝酸溶液，用空气-乙炔火焰，在规定的仪器工作条件下进行钾、钠的测定。

二、试剂与仪器

① 氯化钾（光谱纯）。

② 氯化钠（光谱纯）。

③ 氢氟酸（ρ=1.13g/mL）。

④ 硝酸（ρ=1.42g/mL）。

⑤ 高氯酸（ρ=1.68g/mL）。

⑥ 盐酸（ρ=1.18g/mL）。

⑦ 钾标准溶液：称取 1.9086g 在 105℃烘 2h 的光谱纯氯化钾，加数滴盐酸，加水溶解后转入 1000mL 容量瓶中，用水稀释至刻度，摇匀，此溶液含钾为 1mg/mL。

⑧ 钠标准溶液：称取 2.5419g 在 105℃烘 2h 的光谱纯氯化钠，加数滴盐酸，加水溶解后转入 1000mL 容量瓶中，用水稀释至刻度，摇匀，此溶液含钠为 1mg/mL。

⑨ 钾、钠混合标准溶液：分别准确吸取 25mL 钾标准溶液和钠标准溶液于 250mL 容量瓶中，用水稀释至刻度，摇匀。此溶液含钾、钠各为 100μg/mL。

⑩ SP-1900 型原子吸收光谱仪。

⑪ 钾、钠空心阴极灯。

三、分析步骤

① 仪器工作条件见表 4-1。

表 4-1　仪器工作条件

元素	波长/nm	狭缝/mm	增益	燃烧器高度/mm	燃烧器角度	空气流量/(L/min)	乙炔流量/(L/min)
钾	766.5	0.1	蓝区	10	90°	4.0	1.0
钠	589.0	0.1	蓝区	10	90°	4.0	1.0

② 钾、钠标准系列的配制：准确吸取钾、钠混合标准溶液 0mL、1.0mL、2.0mL、4.0mL、6.0mL、8.0mL、10.0mL，置于一系列 100mL 容量瓶中，加 2mL 盐酸，用水稀释至刻度，摇匀。此溶液含钾钠为 0μg/mL、1.0μg/mL、2.0μg/mL、4.0μg/mL、6.0μg/mL、8.0μg/mL、10.0μg/mL。

③ 样品分析：称取 0.1000～0.5000g 样品于聚四氟乙烯烧杯中，用水润湿，加 10mL 王水、10mL 氢氟酸，加热分解，蒸发至近干，取下稍冷，再加入 5mL 硝酸、5mL 氢氟酸、

1～2mL 高氯酸，继续加热至白烟冒尽。取下稍冷，加入 2mL 盐酸，用水洗杯壁，加热使残渣溶解，转入 50mL 石英容量瓶中，用水稀释至刻度，摇匀，分取一定量溶液，在选定的仪器工作条件下以试剂空白调零点，与相应的标准系列同时测定。

按下式计算氧化钾和氧化钠的含量：

$$w(K_2O\text{或}Na_2O)=\frac{m_1\times V\times V_2\times a\times 10^{-6}}{m\times V_1}\times 100\%$$

式中 m_1——从工作曲线上查得钾或钠的量，μg/mL；

V——制备样品溶液总体积，mL；

V_1——分取样品溶液的体积，mL；

V_2——测定溶液的体积，mL；

m——称样质量，g；

a——钾换算成氧化钾的系数（1.2045）或钠换算成氧化钠的系数（1.3479）。

四、注释

① 游离硫酸、盐酸、硝酸，尤其是硫酸能影响火焰强度而降低灵敏度，但浓度低于 0.2mol/L 时影响较小。在小于 0.4mol/L 的硝酸介质中测定，结果的重现性较佳。浓度较高时，PO_4^{3-} 对钾的测定产生负干扰。

② 当钾、钠浓度过高，而产生自吸现象对灵敏度有影响时，可用稀释法消除。

③ 干扰元素的影响程度与仪器性能有关，仪器性能较差时，铁、钙、镁含量高时有影响，需用碳酸铵沉淀分离后再测定。

五、思考题

① 火焰光度法测定钾、钠的原理是什么？实验中应注意些什么问题？

② 火焰光度法测定钾、钠时，主要有哪些干扰？如何抑制或消除这些干扰？

实验三十六　氧化钙和氧化镁的测定——EDTA 滴定法

一、原理

EDTA 与钙、镁离子在一定的 pH 值下能形成稳定的络合物，其反应如下：

$$Mg^{2+}+H_2Y^{2-}=\!=\!=2H^{+}+MgY^{2-}$$

$$Ca^{2+}+H_2Y^{2-}=\!=\!=2H^{+}+CaY^{2-}$$

选择适当的酸度及指示剂，可以用 EDTA 滴定钙镁含量。

分取分离二氧化硅后的滤液（或试样经酸分解后所得的制备液），调至 pH 6～9，用六亚甲基四胺及铜试剂分离二、三氧化物及重金属离子，然后用 EDTA 标准溶液滴定钙镁含量。

二、试剂

① 六亚甲基四胺（固体）。

② 铜试剂溶液（20g/L）。

③ 氯化铵-氨水缓冲溶液（pH 10）：称取 67.5g 氯化铵溶于 200mL 水中，加 570mL 氨水，用水稀释至 1000mL。

④ 甲基红指示剂（0.5g/L）。

⑤ 氢氧化钾溶液（200g/L）。

⑥ 酸性铬蓝 K-萘酚绿 B 混合指示剂：将 1g 酸性铬蓝 K、2g 萘酚绿 B 和 40g 氯化钾研细混匀，装入小广口瓶中，置于干燥器中备用。

⑦ 钙黄绿素-酚酞混合指示剂：0.8g 钙黄绿素和 0.05g 酚酞溶于 250g/L 氢氧化钾溶液中，用水稀释至 100mL。

⑧ 钙标准溶液（含氧化钙为 1mg/mL）。

⑨ EDTA 标准溶液（0.005mol/L 或 0.01mol/L）：称取乙二胺四乙酸二钠 1.86g 或 3.72g 于 1000mL 烧杯中，加水 300～400mL 和 4mol/L 氢氧化钠溶液 25mL，加热溶解，调节 pH 7～8，冷却，移入 1000mL 容量瓶中，用水稀至刻度，摇匀。

标定：吸取氧化钙标准溶液 10mL 于 250mL 锥形瓶中，加水稀至 100mL，加甲基红指示剂 1 滴，用氢氧化钾溶液中和后，再过量 5mL，加入钙黄绿素-酚酞混合指示剂少许，用 EDTA 标准溶液滴至黄绿色荧光消失为终点。

$$T=\frac{m}{V}$$

式中 T——EDTA 标准溶液对氧化钙的滴定度，g/mL；

V——滴定消耗 EDTA 标准溶液的体积，mL；

m——吸取标准氧化钙的量，g。

三、分析步骤

吸取分离二氧化硅后的滤液 100mL 于 150mL 烧杯中，在电热板上蒸发至湿盐状，取下冷却后，加入固体六亚甲基四胺 2～3g，搅匀。加入铜试剂溶液 10～20mL，摇匀，用水稀释至约 30mL，使可溶性盐类溶解。将溶液连同沉淀一起移入 100mL 容量瓶中，用水稀释至刻度，水浴加热 5min，冷却后干过滤。滤液供氧化钙、氧化镁的测定，沉淀弃去。

1. 氧化钙的测定

吸取上述滤液 25mL 于 250mL 锥形瓶中，用水稀释至 100mL，以下操作手续同 EDTA 的标定（指示剂改用钙黄绿素-酚酞混合指示剂）。

$$w(\mathrm{CaO})=\frac{T\times V}{G}\times 100\%$$

式中 T——EDTA 标准溶液对氧化钙的滴定度，g/mL；

V——滴定消耗 EDTA 标准溶液的体积，mL；

G——取样量，g。

2. 氧化镁的测定

吸取上述溶液 25mL 于 250mL 锥形瓶中，用水稀释至 100mL，用甲基红指示剂调至 pH=10，加入 pH 10 的缓冲溶液 10mL 摇匀。加入酸性铬蓝 K-萘酚绿 B 混合指示剂少许，加热，用 EDTA 标准溶液滴定至溶液呈纯蓝色为终点。

计算：

$$w(\mathrm{MgO})=\frac{T\times(V_1-V)\times 0.7187}{G}\times 100\%$$

式中 T——EDTA 标准溶液对氧化钙的滴定度，g/mL；

V_1——滴定钙、镁合量时所消耗 EDTA 标准的体积，mL；

V——滴定钙时消耗 EDTA 标准溶液的体积，mL；

G——取样量，g；

0.7187——氧化钙换算成氧化镁的系数。

四、注释

① 在钙、镁的络合滴定中，特别是在大量镁存在的条件下，当 pH 值为 12 时滴定钙，就会有大量氢氧化镁沉淀产生，它不但能吸附钙离子，还会吸附指示剂，影响测定结果，因此通常在滴定前加入糊精、蔗糖、甘油或聚乙烯醇等作氢氧化镁的胶体化掩蔽剂，以防止氢氧化镁凝聚。

② 铜试剂加入量要足够，否则干扰元素分离不完全。一般加入铜试剂搅匀，放置后，上面溶液清亮即可。

③ 六亚甲基四胺-铜试剂小体积沉淀法中分出沉淀，结构紧密，含水量少，颗粒粗大，因此表面积小，可以减少沉淀对钙镁的吸附，故只需沉淀一次即可分离完全。

④ 也可用除硅的滤液直接分离一份溶液既测钙又测镁。具体步骤如下：吸取系统溶液 25mL 于 100mL 烧杯中，加一滴甲基红，滴加 400g/L 氢氧化钠至黄色，再用 1∶1 盐酸调至刚好过量一滴，用水稀释至 50mL，加 200g/L 六亚甲基四胺 10mL、铜试剂 25～30mg，摇匀，放置片刻，加热使沉淀凝聚，取下稍冷，过滤，以 1%六亚甲基四胺洗烧杯 3 次、沉淀 5～6 次。在不断搅拌下往滤液中加入 1.5mL 100g/L 氢氧化钠、酸性铬蓝 K-萘酚绿 B 指示剂 5 滴，用标准 EDTA 滴定至溶液由红色变为天蓝色为终点。

在滴定氧化钙的溶液中，加 1∶1 盐酸 4mL，搅拌，使氢氧化镁完全溶解，加入 pH 缓冲溶液 5mL，用标准 EDTA 溶液滴定至溶液由红色变为天蓝色为终点。

五、思考题

① EDTA 测定氧化钙、氧化镁有哪两种方式？

② EDTA 测定氧化钙、氧化镁常用哪些指示剂？

③ 如何利用 EDTA 和指示剂实现钙、镁的连续滴定或分别测定？试述在 pH>12.5 时滴定钙，再在 pH=10 时滴定钙镁总量的方法原理。

④ 某样品经初步鉴定后，含 Ca 1%，Mg 10%，设想在测定过程中将会遇到什么困难，如何解决？

实验三十七　二氧化钛的测定——二安替比林甲烷光度法

一、方法提要

在 0.5～4mol·L^{-1} 盐酸或硫酸介质中，钛与二安替比林甲烷（DAPM）形成黄色络合物，借此进行光度测定，其反应式如下：

$$TiO^{2+} + 3DAPM + 2H^{+} = [Ti(DAPM)_3]^{4+} + H_2O$$

二、试剂

① 二安替比林甲烷（10g/L）：称取 1g 二安替比林甲烷溶于 100mL 2mol/L 的盐酸中。

② 抗坏血酸（固体）。

③ 二氧化钛标准溶液（含二氧化钛为 100μg/mL）：准确称取经 1000℃灼烧过的光谱纯二氧化钛 0.1g，置于铂坩埚内，加焦硫酸钾 1g，在 850℃熔融 20min，取出冷却，将坩埚放入烧杯中，用水提取完后转入 1000mL 容量瓶中，用水稀释至刻度，摇匀。

三、分析步骤

① 标准曲线的绘制：吸取标准二氧化钛溶液 0μg、5μg、10μg、20μg、30μg、40μg、50μg 于 50mL 容量瓶中，用水稀释至 20mL，加入抗坏血酸少许，摇匀，放置 5min 后加入二安替比林甲烷溶液 20mL，用水稀释至刻度，摇匀。40min 后用 2cm 比色皿于波长 420nm 处，以试剂空白为参比测量吸光度，绘制标准曲线。

扫码看视频

② 样品分析：吸取分离二氧化硅后的滤液 10mL 于 50mL 容量瓶中，用水稀释至约 20mL，以下步骤同标准曲线的绘制。按下式计算二氧化钛含量：

$$w(\mathrm{TiO_2})=\frac{c\times10^{-6}}{G}\times100\%$$

式中　c——从标准曲线上查得二氧化钛的质量，μg；

G——分取样品质量，g。

四、附注

① 加抗坏血酸可以还原一些有色的高价离子，如 Fe^{3+}、Cr^{6+}、V^{5+}、Ce^{4+}。

② 氟离子和过氧化氢严重干扰测定，必须除尽。高氯酸与试剂生成白色沉淀，不应存在。

③ 草酸使显色强度降低，可加入铜离子消除影响。

④ 溶液中有 0.5mg 铀（Ⅵ）和锆，10mg 铁（Ⅲ）、铝、钙、镁和铅，15mg 锰（Ⅱ）、镍、铜和锌，3mg 银，1mg 钴、砷（Ⅴ）、钨（Ⅵ）、钼（Ⅵ）、钒（Ⅵ）、铬（Ⅵ）、铌、钼和镧均无干扰。

⑤ 室温较低时，显色速率缓慢，发色后应放置 1h 以上。

⑥ 有色金属离子钴、铜、铬、镍等，其含量较高时可采用不加显色剂的试液作空白来消除其影响。

五、思考题

① 钛的比色法主要有哪几种？

② 干扰钛测定的因素有哪些？

③ 钛的测定应在发色后放置多长时间？

④ 显色反应的酸度、显色剂用量、显色时间和温度如何影响吸光度的稳定性？

实验三十八　氧化锰的测定——银盐-过硫酸铵氧化法

一、原理

在硫酸介质中，以硝酸银为催化剂，用过硫酸铵将二价锰氧化成紫色的高锰酸，借此进行光度法测定。

二、试剂

① 氢氟酸（ρ=1.13g/mL）。

② 硝酸（ρ=1.42g/mL）。

③ 硝酸银（150g/L）。

④ 硫酸溶液（1+1）。

⑤ 磷酸溶液（1+2）。

⑥ 过硫酸铵溶液（250g/L）。

⑦ 锰标准溶液：称取 0.1192g 经 110℃烘 1h 的优级纯硫酸锰（$MnSO_4 \cdot H_2O$），溶于 100mL 水中，加入（1+1）的硫酸溶液 2mL，转入 1000mL 容量瓶中，用水稀释至刻度，摇匀。此溶液含氧化锰为 50μg/mL。

三、分析步骤

① 工作曲线的绘制：准确移取含氧化锰 0μg、25μg、50μg、75μg、100μg、125μg、150μg、200μg 的锰标准溶液，分别置于一系列 50mL 容量瓶中，加入 0.7mL（1+1）的硫酸溶液、1mL（1+2）的磷酸溶液、4mL 过硫酸铵溶液，用水稀释至刻度，摇匀。置水浴上煮沸 2～3min，冷却后于 530nm 处，用 3cm 比色皿以试剂空白为参比，测量吸光度，绘制工作曲线。

② 样品分析：称取 0.2000g 样品置于铂坩埚中，加入 1mL 硝酸、5mL 氢氟酸、1mL（1+1）的硫酸溶液，加热分解并蒸发至三氧化硫白烟冒尽，取下冷却，加 0.7mL（1+1）的硫酸溶液及 10mL 水，加热提取，过滤于 50mL 容量瓶中，用水洗净坩埚及滤纸，以下操作同工作曲线的绘制。

按下式计算氧化锰的含量：

$$w(\mathrm{MnO})=\frac{m_1\times10^{-6}}{m}\times100\%$$

式中 m_1——从工作曲线上查得的氧化锰的量，μg；

m——称样质量，g。

四、注释

① 在硫磷混合酸介质中以硝酸银为催化剂，用过硫酸铵将锰氧化成锰（Ⅶ）

$$2MnSO_4+5(NH_4)_2S_2O_8+8H_2O\xrightarrow{[Ag^+]}2HMnO_4+5(NH_4)_2SO_4+7H_2SO_4$$

反应进行较快，一般煮沸 2～3min 即可完成，这是本法的优点。但是在显色后，过剩的过硫酸铵分解放出的过氧化氢可对高锰酸钾起还原作用，从而使颜色的消退加快，这是其缺点。

② 银盐的存在可使锰（Ⅱ）迅速氧化，但银盐用量要控制，不宜过多，其浓度在 0.02%～0.05%范围内合适。

五、思考题

① 说明本法中加入 H_3PO_4 的作用是什么？

② 光度法测定锰的显色体系有几种？写出有关的显色反应方程式，并比较几种显色方法的优缺点？

③ 氧化过程为何需要加热煮沸？煮沸时间过长或不足会有什么后果？

④ 样品中若含有氯离子、有机物等会干扰测定，应如何预处理样品以消除其影响？

实验三十九　土壤有效磷的提取和测定

一、原理

利用氟化铵-盐酸溶液浸提酸性土壤中的有效磷，利用碳酸氢钠溶液浸提中性和石灰性土壤中的有效磷，所提取出的磷以钼锑抗比色法测定，计算得出土壤样品中有效磷含量。

二、酸性土壤试样（pH≤6.5）有效磷的测定

（1）仪器与试剂

① 硫酸（ρ=1.84g/mL）。

② 盐酸（ρ=1.19g/mL）。

③ 硫酸溶液：5%（体积分数），吸取5mL浓硫酸缓缓加入95mL水中，冷却后用水稀释至100mL。

④ 酒石酸锑钾溶液：5g/L，称取0.5g酒石酸锑钾溶于水中，稀释至100mL。

⑤ 硫酸钼锑贮备液：称取10g钼酸铵[$(NH_4)_6Mo_7O_{24}\cdot 4H_2O$]，溶于300mL约60℃的水中，冷却。另取126mL浓硫酸，缓缓倒入400mL水中，搅匀，冷却。然后将配制好的稀硫酸缓缓注入钼酸铵溶液中，搅匀冷却。再加入100mL 5g/L酒石酸锑钾溶液，最后用水稀释至1L，摇匀，贮存于棕色瓶中备用。

⑥ 钼锑抗显色剂：称取1.5g抗坏血酸，溶于100mL硫酸钼锑贮备液中，此溶液现配现用。

⑦ 二硝基酚指示剂：称取0.2g 2,4-二硝基酚或2,6-二硝基酚溶于100mL水中。

⑧ 氨水溶液（1+3）。

⑨ 氟化铵-盐酸浸提剂：称取1.11g氟化铵溶于400mL水中，加入2.1mL浓盐酸，用水稀释至1L，贮存于塑料瓶中。

⑩ 硼酸溶液：30g/L，称取30g硼酸，在60℃左右的热水中溶解，冷却后稀释至1L。

⑪ 磷标准贮备液：100mg/L，准确称取经105℃烘干2h的磷酸二氢钾0.4394g，用水溶解后，加入5mL浓硫酸，定容至1L。

⑫ 磷标准溶液：5mg/L，吸取5mL磷标准贮备液于100mL容量瓶中，加水定容，摇匀后备用。

⑬ 紫外-可见分光光度计。

⑭ 恒温振荡器。

（2）分析步骤

① 工作曲线的绘制　分别吸取磷标准溶液0.00mL、1.00mL、2.00mL、4.00mL、6.00mL、8.00mL、10.00mL于50mL容量瓶中，加入10mL氟化铵-盐酸浸提剂，再加入10mL硼酸溶液，摇匀，加水至30mL，再加入二硝基酚指示剂2滴，用5%的硫酸溶液或（1+3）的氨水溶液调节溶液刚显微黄色，加入钼锑抗显色剂5.00mL，用水定容至刻度，摇匀。在室温高于20℃的条件下静置30min，用1cm比色皿在波长700nm处，以空白溶液为参比测定吸光度，绘制标准曲线。

② 有效磷的浸提和测定　称取通过2mm筛孔风干试样5g于200mL塑料瓶中，加入

(25±1)℃的氟化铵-盐酸浸提剂 50mL，盖紧瓶塞，在（25±1)℃条件下振荡 30min，立即用无磷滤纸干过滤。吸取滤液 10.00mL 于 50mL 容量瓶中，加入 10mL 硼酸溶液，摇匀，加水至 30mL，再加入二硝基酚指示剂 2 滴，用 5%的硫酸溶液或（1+3）的氨水溶液调节溶液刚显微黄色，加入钼锑抗显色剂 5.00mL，用水定容至刻度，摇匀。在室温高于 20℃的条件下静置 30min，用 1cm 比色皿在波长 700nm 处，以标准溶液零点为参比测定吸光度，同时进行空白溶液测定。

三、中性、石灰性土壤试样（pH≥6.5）中有效磷的测定

（1）仪器与试剂

① 氢氧化钠溶液：100g/L。

② 碳酸氢钠浸提剂：称取 42g 碳酸氢钠溶于约 950mL 水中，用 100g/L 氢氧化钠溶液调节 pH 至 8.50，用水稀释至 1L，储存于聚乙烯瓶或玻璃瓶中备用，如贮存期超过 20d，使用时需重新校正 pH 值。

③ 酒石酸锑钾溶液：3g/L，称取 0.30g 酒石酸锑钾溶于水中，稀释至 100mL。

④ 钼锑贮备液：称取 10g 钼酸铵[$(NH_4)_6Mo_7O_{24}\cdot 4H_2O$]，溶于 300mL 约 60℃的水中，冷却。另取 181mL 浓硫酸，缓缓注入约 800mL 水中，搅匀，冷却。然后将配制好的稀硫酸缓缓注入钼酸铵溶液中，搅匀冷却。再加入 100mL 3g/L 酒石酸锑钾溶液，最后用水稀释至 2L，摇匀，贮存于棕色瓶中备用。

⑤ 钼锑抗显色剂：称取 0.5g 抗坏血酸，溶于 100mL 钼锑贮备液中，此溶液现配现用。

⑥ 磷标准贮备液：100mg/L，准确称取经 105℃烘干 2h 的磷酸二氢钾 0.4394g，用水溶解后，加入 5mL 浓硫酸，定容至 1L。

⑦ 磷标准溶液：5mg/L，吸取 5mL 磷标准贮备液于 100mL 容量瓶中，加水定容，摇匀后备用。

⑧ 紫外-可见分光光度计。

⑨ 恒温振荡器。

（2）分析步骤

① 工作曲线的绘制　分别吸取磷标准溶液 0.00mL、0.50mL、1.00mL、2.00mL、3.00mL、4.00mL、5.00mL 于 25mL 容量瓶中，加入碳酸氢钠浸提剂 10.00mL 及钼锑抗显色剂 5.00mL，慢慢摇动，使 CO_2 逸出后定容。在室温高于 20℃条件下静置 30min，用 1cm 比色皿在波长 880nm 处，以空白溶液为参比测定吸光度，绘制标准曲线。

② 有效磷的浸提和测定　称取通过 2mm 筛孔风干试样 2.50g 于 200mL 塑料瓶中，加入（25±1)℃的碳酸氢钠浸提剂 50mL，盖紧瓶塞，在（25±1)℃条件下振荡 30min，立即用无磷滤纸干过滤。吸取滤液 10.00mL 于 25mL 容量瓶中，缓慢加入钼锑抗显色剂 5.00mL，慢慢摇动，排除 CO_2，再加入 10.00mL 水，充分摇匀。在室温高于 20℃条件下静置 30min，用 1cm 比色皿在波长 880nm 处，以标准溶液零点为参比测定吸光度，同时进行空白溶液测定。

四、结果计算

土壤中有效磷含量，以质量分数 $w(P)$ 计，数值以毫克每千克（mg/kg）表示，按下

式计算：

$$w(P)=\frac{(\rho-\rho_0)\times V\times D}{m}$$

式中　ρ——从标准曲线中求得的显色液中磷的浓度，mg/L；

ρ_0——从标准曲线中求得的空白试样中磷的浓度，mg/L；

V——显色液体积，mL；

D——分取倍数；

m——试样质量，g。

五、附注

① 土样中有机质含量大于5%以上或者滤液颜色太深，可加无磷活性炭一小勺，以消除腐殖质带来的颜色干扰，一般情况下，没有必要加入。

② 显色时间应视具体温度而定，一般为10～20min，最好根据当时温度条件进行显色稳定时间的试验。

③ 提取和过滤的温度对有效磷的含量有较大影响，必须严格控制，提取和过滤的温度控制在（25±1）℃范围内。

六、思考题

① 土壤中有效磷的概念是什么？

② 有效磷浸提时需要注意哪些问题？

③ 提取过程中的固液比、振荡时间、温度等因素如何影响有效磷的提取效率？

④ 钼锑抗光度法测定磷的原理是什么？

实验四十　电感耦合等离子体发射光谱法同时测定钙、镁、钾、钠

一、基本原理

ICP光谱分析法是用电感耦合等离子体作为激发光源的一种发射光谱分析方法。等离子体是氮气通过炬管时，在高频电场的作用下电离而产生的。它具有很高的温度，样品在等离子体中激发比较完全。在等离子体某一特定的观测区，即固定的观察高度，测定的谱线强度与样品浓度具有一定的定量关系。

二、仪器与试剂

① 主要仪器及工作条件

主机：美国TJA公司Atornscan16型顺序扫描电感耦合等离子体发射光谱仪。

光源：高频电感耦合等离子体光源，发射功率为1150W，射频发生器频率为27.2MHz。

进样系统：惰性材料制成十字复合位置喷雾玻璃喷室，提升速度为1.4 mL/min。

分光系统：全息离子刻蚀光栅，刻线为1200条/mm、2400条/mm，出入狭缝为10μm。

观测高度：感应线圈上方15mm。

炬管类型：三层同心石英管。

雾化气压力：30Pa。

工作气体：高纯氩气，冷却气流量为 14L/min，载气流量为 1.0L/min，辅助气流量为 10L/min。

积分时间：2s。

工作线圈：内循环水冷却方式。

数据处理系统：Digital ELEMENTS GL589/39 计算机、Epson LQ-570 打印机。

各元素的测定波长见表 4-2。

表 4-2　各元素的测定波长

元素	Ca	Mg	K	Na
波长/nm	317.9	279.5	766.4	589.5

② 试剂

高纯氮气；碳酸钙（分析纯）；高纯金属镁；高纯金属铁；硝酸（优级纯）；二次蒸馏水；盐酸（优级纯）。

钙标准溶液 [ρ(Ca)=1mg/mL]：准确称取 2.4973g 在 110℃烘干过的碳酸钙，用少量盐酸溶解后，用二次蒸馏水稀释至 1L，备用。

镁标准溶液 [ρ(Mg)=1mg/mL]：准确称取 1.0000g 高纯金属镁，用少量的 6mol/L 盐酸溶解后，用二次蒸馏水稀释至 1L 备用。

钠标准溶液 [ρ(Na)=1mg/mL]：准确称取 0.6355g 经 105℃烘干的光谱纯 NaCl 溶于水，滴加几滴浓盐酸，转入 250mL 容量瓶中，用水稀释至刻度。

钾标准溶液 [ρ(K)=1mg/mL]：准确称取 0.4768g 经 105℃烘干的光谱纯 KCl 溶于水，滴加几滴浓盐酸，转入 250mL 容量瓶中，用水稀释至刻度。

三、实验步骤

① 标准曲线：以 50g/L 的盐酸溶液为低标；以由储备液制得钾、钠、钙、镁各为 100μg/mL 的标准溶液为高标。在选定的仪器工作条件下，建立标准曲线。

② 样品分析：称取 0.1000～0.5000g 样品于聚四氟乙烯烧杯中，用水润湿，加 10mL 王水、10mL 氢氟酸，加热分解，蒸发至近干，取下稍冷，再加入 5mL 硝酸、5mL 氢氟酸、1～2mL 高氯酸，继续加热至白烟冒尽。取下稍冷，加入 2mL 盐酸，用水洗杯壁，加热使残渣溶解，转入 100mL 石英容量瓶中，用水稀释至刻度，摇匀。用 ICP-AES 同时测定钾、钠、钙、镁的含量。

四、思考题

① 原理概述：简述 ICP-OES 的工作原理。它与原子吸收光谱法有哪些不同？

② ICP-OES 分析中主要存在哪些类型的干扰？实验中如何校正这些干扰？

③ 日常使用 ICP-OES 后，应对哪些部件进行清洗和维护？目的是什么？

实验四十一　H_2O^- 的测定——重量法

一、原理

将已知质量的风干样品，在 105～110℃干燥箱内干燥至恒重时所失去的质量即为吸附水。

二、分析步骤

准确称样1g，平铺在已恒重的称量瓶中，半开瓶盖，放入干燥箱中，升温至105～110℃，干燥1h，取出，盖上瓶盖在干燥器中冷至室温（约15min）进行称重（称重前将盖子轻轻开动一下，使瓶内压力与大气平衡），直到恒重为止。

$$w(H_2O^-)=\frac{W_1+G-W_2}{G}\times 100\%$$

式中 W_1——称量瓶的质量，g；

W_2——烘干后样品加称量瓶的质量，g；

G——样品的质量，g。

三、注释

① 吸附水不算作物质的组成部分，其含量是一个变数，它视物质的性质、研细的程度、空气的湿度而定。试样越细，表面积越大，吸附水越多，空气湿度增大，吸附水也增大。

② 温度要严格控制。温度太低，水分蒸发不完全；温度太高，其他易挥发物质也可能被分解，化合水也部分失去，使结果不准确。

③ 吸附水也可在平菲尔特管内进行测定。

④ 也可用瓷坩埚，但事先经过高温灼烧，使坩埚本身质量恒定。

四、思考题

① 什么是吸附水（H_2O^-）？它与结构水（H_2O^+）在性质和结合方式上有何本质区别？

② 测定吸附水的烘干温度通常控制在105～110℃，为什么？温度过高（如>150℃）会有什么风险？

③ 烘干后的样品为什么要放入干燥器中冷却？冷却时间是否需要控制？为什么？

实验四十二 H_2O^+ 的测定——重量法

一、原理

试样经高温灼烧，吸附水、结晶水和结构水均蒸发，并冷凝在玻璃球中。灼烧后拉掉盛试样的玻璃球，并封闭末端。将含水玻璃管称量，然后烘干再称量，失去的质量为吸附水和化合水的合量，减去吸附水，即为化合水的含量。

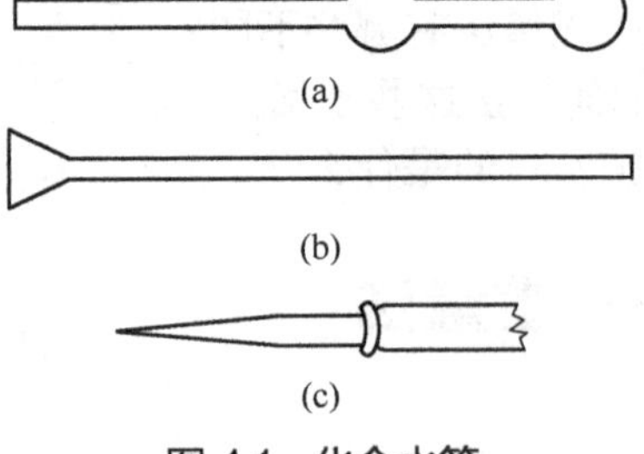

图4-1 化合水管

(a) 双球管；(b) 细长颈漏斗；(c) 套胶管的毛细管

二、仪器

化合水管：为双球管，亦称为平菲尔特管，如图4-1所示。

三、分析步骤

将平菲尔特管洗净烘干，恒重，称取0.5～1g室温风干试样，用细硬漏斗将样品送于管底小球中，管子开口的一端套上毛细管，以防止加热时水蒸气逸出管外而引起损失。用湿布包好中间玻璃球作为冷凝管。然后把管子固定在水平位置上，使开口的一端稍微向下倾斜。开始用酒精喷灯的微弱火焰加热盛样品的末端玻璃 2～3min，并不断转动玻璃管，使之受热均匀，当发现管中开始有水珠凝结时，应迅速强烈灼烧至玻璃球通红再继续5～7min，然后将装样的小球熔融拉掉，将末端封闭，将含水的玻璃管冷至室温，用干纱布擦净玻璃管外壁，取下毛细管，称重。然后将玻璃管放入烘箱内在 105～110℃温度下烘干，冷至室温后称重，两次质量之差为化合水的质量。

计算

$$w(H_2O^+)=\frac{W_1-W_2}{G}\times 100\%$$

式中 W_1——干燥前玻璃管加水分的质量，g；

W_2——干燥后玻璃管的质量，g；

G——干样品的质量，g。

四、注释

① 装样时要小心，不要将样品粘在管壁上。

② 燃烧操作不要在通风处进行，以免火焰不稳定，同时火焰不能触及湿处，防止爆裂。

③ 在室温较高时，熔拉玻璃球后应立即称重，以免水分蒸发。在室温较低时，可以 3～5 个一组进行称重，而烘干称重可成批操作。

④ 凝结水珠的玻璃管在烘箱中不易烘去水分时，可以在喷灯上以微火灼烧。

五、思考题

① 岩石矿物中的水分有几种存在形式？各种形式的水在加热逸出时的温度各是多少？

② 本法测定岩石矿物中水分的原理及注意事项是什么？

实验四十三　灼烧减量的测定——重量法

一、原理

样品在 1000℃高温下灼烧后，失去的质量为灼烧减量（烧失量）。

二、分析步骤

称取 1g 烘干试样（已除去吸附水）放入已在 1000℃灼烧至恒重的瓷坩埚中，然后将坩埚放在高温炉中慢慢升温至 1000℃灼烧 1h，取出稍冷，放入干燥器内冷却至室温（约 20～30min），取出称重，重复灼烧15min，再称量，如此反复操作直至恒重。

扫码看视频

计算：

$$w(\text{灼烧减量})=\frac{W_1+G-W_2}{G}\times 100\%$$

式中 W_1——空坩埚的质量，g；

W_2——坩埚加样品灼烧后的质量，g；

G——样品的质量，g。

三、附注

① 样品灼烧时，除水分、二氧化碳、有机物、氟、氯、硫及一部分钾、钠等在高温下挥发的物质外，样品中亚铁被氧化成高铁，使质量增加。黄铁矿失去硫转变成三氧化二铁，部分硫尚可氧化成硫酸根，如样品有硫酸根，硫酸根与氧化钙在灼烧条件生成不分解的硫酸钙，各种形态的锰大部分氧化成四氧化三锰，也会使结果有所增减。所以灼烧时样品损失的质量是各种化学反应使质量增加和减少的代数和。

② 试样灼烧时，宜从低温慢慢升高温度，以免水分及大量的分解物和挥发物剧烈挥发而溅出，造成损失。

③ 烧失量与样品组成、灼烧时间、温度都有关系，因此，每次灼烧温度、灼烧时间、冷却时间及称重顺序应尽可能一致，称量力求迅速。

④ 烧失量的测定仅适合于一些成分较为单纯的矿石，如硅酸盐和不含黄铁矿的铁矿石等。对于硫化物、氟化物、砷化物等含量较高的矿石，特别是碳酸盐与硫化物共存的矿样，烧失量测定就没有意义。

四、思考题

① 烧失量的定义是什么？烧失量包括哪些物质？什么样的情况下测定烧失量失去意义？

② 测定烧失量时应注意哪些步骤，才能保证结果准确？

③ 在地质、建材等行业，测定灼烧减量有何实际意义？

实验四十四　高含量铀的测定——Fe（Ⅱ）还原-偏钒酸铵滴定法

一、原理

矿样经盐酸、磷酸、氢氟酸、过氧化氢分解，在大于33%磷酸介质中，用硫酸亚铁铵将六价铀还原为四价铀。同时钼、钒等干扰元素也被还原至低价状态，过量亚铁及被还原至低价的一些离子用亚硝酸钠氧化。四价铀与磷酸形成稳定的络离子 $[U(HPO_4)_3]^{2-}$ 不被氧化。过量的亚硝酸钠用尿素破坏，以二苯胺磺酸钠为指示剂，用偏钒酸铵标准溶液滴定四价铀至六价，使溶液呈微紫红色在30s不褪，即为终点。

二、试剂

① 八氧化三铀基准试剂（纯度>99.95%）：使用前经105～110℃烘至恒重，保存于干燥器中。

② 磷酸（ρ=1.69g/mL）。

③ 盐酸（ρ=1.19g/mL）。

④ 氢氟酸（ρ=1.13g/mL）。

⑤ 过氧化氢（30%）。

⑥ 磷酸溶液（1+2）。

⑦ 硫酸溶液（2%）。

⑧ 硫酸亚铁铵溶液（200g/L）：称取20g硫酸亚铁铵 $[(NH_4)_2SO_4 \cdot FeSO_4 \cdot 6H_2O]$，溶于100mL 2%硫酸溶液中。

⑨ 亚硝酸钠水溶液（150g/L）：称取15g亚硝酸钠溶于100mL水中。

⑩ 尿素水溶液（200g/L）：称取 20g 尿素溶于 100mL 水中。

⑪ 二苯胺磺酸钠溶液（2g/L）：称取 0.2g 二苯胺磺酸钠溶于 100mL 2%硫酸溶液中。

⑫ 铀标准溶液：准确称取经预先处理过的八氧化三铀 1.1792g 于 150mL 烧杯中，加入 5～20mL 浓盐酸、2～5mL 过氧化氢，盖上表面皿，于电热板上加热至完全溶解，并蒸至近干。取下，稍冷，加入 10mL（1+1）盐酸，加热至盐类溶解，用蒸馏水冲洗表面皿，溶液转入 1000mL 容量瓶中，用水稀释至刻度，摇匀，此溶液含铀为 1mg/mL。

⑬ 偏钒酸铵溶液的配制与标定

配制：称取一定量偏钒酸铵（称准至 0.0001g）于 400mL 烧杯中，用少量水调成糊状，加入（1+2）硫酸 375mL 搅拌，使其完全溶解，冷却后转入 1000mL 容量瓶中，用水稀释至刻度，摇匀。

标定法Ⅰ——用标准铀标定：准确吸取一定量铀标准溶液 5 份，分别置于 200mL 锥形瓶中，加入 20mL 浓磷酸、1mL 浓盐酸，用水稀释至体积为 60mL，加入 2mL 200g/L 硫酸亚铁铵溶液，加热至沸，立即取下，冷却至 25℃以下，摇动并立即加入亚硝酸钠溶液 1mL，剧烈摇动至溶液棕色消失，立即沿杯壁加入 5mL 尿素溶液。继续摇动至大气泡消失，放置 5min 后加入 3～4 滴二苯胺磺酸钠溶液，用偏钒酸铵标准溶液滴定，至溶液呈微紫红色 30s 不褪色即为终点。

偏钒酸铵标准溶液对铀的滴定度按下式计算：

$$T=\frac{cV_1}{V_2-V_0}\times 10^{-3}$$

式中 T——偏钒酸铵标准溶液对铀的滴定度，g/mL；

c——铀标准溶液的浓度，mg/mL；

V_1——移取铀标准溶液的体积，mL；

V_2——滴定铀标准溶液消耗偏钒酸铵标准溶液的体积，mL；

V_0——滴定试剂空白消耗偏钒酸铵标准溶液的体积，mL。

不同浓度的偏钒酸铵标准溶液的配制与标定时所取的铀量，应与被分析样品的铀含量相近，参见表 4-3。

表 4-3 不同浓度的偏钒酸铵标准溶液的配制与标定时的取铀量

偏钒酸铵标准溶液对铀的滴定度理论值/(mg/mL)	偏钒酸铵标准溶液理论质量浓度/(mol/L)	称取偏钒酸铵量/g	标定时取铀量/mg
0.3	0.00252	0.2949	1.00
0.5	0.0042	0.4919	2.00
1.0	0.0084	0.9828	4.00

标定法Ⅱ——重铬酸钾-硫酸亚铁铵法的标定。

0.01mol·L^{-1} 重铬酸钾标准溶液：准确称取在 150～160℃烘 2h 后的一级或二级重铬酸钾 0.4904g，加水溶解后，移入 1000mL 容量瓶中，用水稀释至刻度，摇匀。

0.01mol·L^{-1} 硫酸亚铁铵标准溶液：准确称取 3.9216g 硫酸亚铁铵溶于 30mL（1+2）硫酸中，移入 1000mL 容量瓶中，加水至刻度，摇匀。

标定：于盛有 50mL 硫磷（各 5%）混合酸的 250mL 锥形瓶中，准确加入 0.01mol·L^{-1} 硫酸亚铁铵溶液 10mL，加入二苯胺磺酸钠指示剂 2 滴，用 0.01mol·L^{-1} 重铬酸钾标准溶液滴定至出现稳定的紫色。设消耗重铬酸钾为 V_1，然后在同一条件下，加入同量的硫酸亚铁铵后，准确加入偏钒酸铵 10mL（视配制偏钒酸铵的浓度高低而定，约能氧化一半的亚铁)，加指示剂2滴，再以重铬酸钾标准溶液滴定至同一终点。

设重铬酸钾消耗量为V_2，同时进行3～5份平行测定，每次滴定体积之差不应大于0.02mL，取其平均值。

偏钒酸铵浓度为：

$$N=\frac{V_1-V_2}{10}\times 0.01$$

$$T(NH_4VO_3/U)=N\times 0.119$$

三、分析步骤

扫码看视频

称取0.1～1g（准确至0.0001g）矿样于100mL烧杯中，用少量水润湿，依次加入10～15mL盐酸、1～2mL过氧化氢、2mL氢氟酸、10mL磷酸，盖上表面皿，摇匀，待剧烈反应停止后，于电炉上加热煮沸10min左右，稍冷，加硫酸亚铁铵溶液2mL，摇匀后加热至近沸，取下，用水冲洗表面皿，沿杯壁加水至总体积为30mL左右，摇匀。用快速滤纸（或纸浆、脱脂棉）过滤于250mL锥形瓶中，用（1＋2）磷酸溶液洗涤烧杯和沉淀4～5次，滤液的总体积控制在50～60mL。冷却至25℃以下，加入亚硝酸钠溶液1mL，剧烈摇动至溶液棕色褪去，立即沿杯壁加入尿素溶液5mL，继续摇至大气泡消失，放置5min，加入3滴二苯胺磺酸钠溶液，用偏钒酸铵标准溶液滴定至微紫红色30s不褪为终点。

结果计算：

$$U=\frac{T(V-V_0)\times 10^{-3}}{G}\times 100\%$$

式中 T——偏钒酸铵标准溶液对铀的滴定度，mg/mL；

V——滴定样品消耗偏钒酸铵标准溶液的体积，mL；

V_0——滴定空白试剂消耗偏钒酸铵标准溶液的体积，mL；

G——称样质量，g。

四、附注

① 溶矿时温度不宜过高，煮沸时间也不宜过长，否则易生成不溶性磷酸盐，使过滤困难，结果偏低。

② 过滤前如发现有黄色有机物可加活性炭0.1～0.2g，用玻璃棒搅拌，放置片刻即可过滤，过滤后如滤液带棕黄色或绿色，说明样品中含钼、钒量较高，需采用有效的分离手段消除干扰。

③ 亚铁应趁热加入，必要时应煮沸片刻，使还原反应更趋完全。

④ 加亚硝酸钠氧化过量的亚铁时，冷却至25℃以下为好。这是由于亚硝酸钠是不稳定化合物，加热易分解。一般情况下冷却可在自来水的流水下冷却。

⑤ 标定偏钒酸铵溶液时，在加亚硝酸钠氧化过量亚铁之前，先加1mL浓盐酸，可加快亚硝酸钠对亚铁离子的氧化速度。滴定亚硝酸钠溶液至亚硝酰铁（Ⅱ）络离子［$Fe(NO)^{2+}$］的棕褐色消失即表示亚铁离子已被完全氧化，此时应立即加入尿素溶液，使剩余的亚硝酸钠分解。此步必须迅速，以防止亚硝酸钠氧化四价铀，使测定结果偏低。

⑥ 滴定时磷酸浓度控制在25%～40%之间为好，酸度过高在滴定时出现假终点，酸度过低反应速度慢，终点有拖尾现象。滴定低含量铀时，必须缓慢并不断摇动，否则易滴过终点。

⑦ 与铀共存于矿样中的非变价元素，一般均无干扰。溶液中含钒3mg、钼40mg不干

扰测定。但 NO_3^- 与钼共存时钼的允许量大大减少，当存在 20mg NO_3^- 时，钼的最大允许量仅为 0.3mg。大于 3mg 的钒使结果偏低，因在磷酸介质中，亚硝酸钠可氧化部分钒自四价到五价，五价钒能氧化溶液中的四价铀，造成结果偏低。

⑧ 遇含有大量钒钼的样品，必须进行分离。分离的方法可用 *N*-苯甲酰苯基羟胺（简称 BPHA）的氯仿溶液从 3.5～5mol/L 磷酸中将钒（Ⅴ）、钼（Ⅵ）萃取除去后，再测定水相中铀。如遇含有大量钼的样品可采用氨水分离法。

⑨ 本法适用于矿石中 0.03%～5%之间铀的测定。

五、思考题

① 试述本方法的原理和主要反应方程式？

② 怎样标定已配制的偏钒酸铵标准溶液？有哪些方法？

③ 亚铁还原铀（Ⅵ）时为什么要趁热加入？用 $NaNO_2$ 氧化过量的 Fe^{2+} 时为什么要冷却到室温？

④ 尿素破坏多余 $NaNO_2$ 这一操作为什么必须迅速？又为什么要摇至大气泡消失？

⑤ 用标准铀标定偏钒酸铵时，在加亚硝酸钠之前要先加 1mL 盐酸，其作用如何？为什么在样品测定中不需另加 1mL 盐酸？

⑥ 用亚钛还原铀（Ⅵ）时为什么不需要加热？

⑦ 滴定时磷酸浓度过高或过低会出现什么现象？

⑧ 与光度法相比，滴定法适用于测定什么含量范围的铀？其优点是什么？

实验四十五　微量铀的测定（一）——TRPO 萃取分离-5-Br-PADAP 光度法

一、原理

矿石经氢氟酸、王水分解后，在1mol/L 硝酸介质中，铀（Ⅵ）以硝酸铀酰形式被三烷基氧膦（简称 TRPO）萃取，在氟化钠抗坏血酸存在下，使铀和大部分干扰元素分离。用 pH 值为 7～8 的混合络合剂反萃取，使铀转入水相。在 pH＝7～8 微碱性介质中，铀（Ⅵ）与 5-Br-PADAP 及氟离子形成稳定的紫红色三元络合物，在波长 578nm 处呈最大吸收，借此进行铀的分光光度测定。

主要反应如下：

萃取 $$UO_2^{2+}+2NO_3^- \rightleftharpoons UO_2(NO_3)_2$$

$$UO_2(NO_3)_2(\text{水})+2TRPO(\text{有}) \rightleftharpoons UO_2(NO_3)_2 \cdot 2TRPO(\text{有})$$

显色 $$UO_2^{2+}+\text{Br-PADAP}+3F^- \rightleftharpoons [UO_2^+ \cdot (\text{Br-PADAP})\text{-}F_3]^-$$

二、试剂

① TRPO 环已烷溶液 4%（体积分数）：量取工业纯 TRPO 40mL，以环已烷溶解，并稀释至 1000mL。

② 0.5g/L 5-Br-PADAP＋乳化剂 OP 混合显色剂：称取 0.5g 5-Br-PADAP 溶于 300mL 无水乙醇中，再加乳化剂 OP 200mL，用水稀释至 1000mL，摇匀。

③ 铀标准溶液：准确称取在 105～110℃烘干至恒重的八氧化三铀 0.2948g，置于 100mL 烧杯中，加入 10mL 盐酸、1mL 硝酸，加热蒸至近干，加 1mol/L 硝酸溶解，转移

至250mL容量瓶中，用1mol/L硝酸稀释至刻度，摇匀。此溶液含铀为1mg/mL。

取上述溶液10mL于1000mL容量瓶中，用1mol/L硝酸稀释至刻度，摇匀，此溶液含铀为10μg/mL。

④ 混合络合剂溶液：称取5g 1,2环已二胺四乙酸（简称CyDTA）、5g氟化钠于100mL烧杯中，用20%氢氧化钠溶解，用1mol/L盐酸和（1+1）氨水调pH值为7～8，然后用水稀释至1L。

⑤ 三乙醇胺缓冲溶液（20%）：量取200mL三乙醇胺，溶于600mL蒸馏水中，用（1+1）盐酸中和至pH值为7.8，然后用活性炭褪色，放置过夜，过滤后，再用酸度计调节pH值为7.8，用水稀释至1L。

⑥ 酚酞溶液（1g/L）：称取0.1g酚酞，溶解在60mL乙醇中，用水稀释至100mL。

⑦ 硝酸（1mol/L）。

⑧ 氟化钠溶液（30g/L）。

⑨ 抗坏血酸溶液（50g/L）：用时现配。

⑩ 氢氧化钠溶液（20%）。

⑪ 盐酸（1mol/L）。

⑫ 氨水（1+1）。

三、分析手续

1. 工作曲线的绘制

准确吸取0μg、10μg、20μg、30μg、40μg、50μg铀的标准溶液，分别置于125mL（60mL）分液漏斗（预先加入10mL 1mol/L硝酸）中，再沿漏斗壁加1mol/L硝酸至30mL，加入氟化钠溶液1mL、抗坏血酸溶液2mL摇匀。加入TRPO-环已烷溶液5mL，以100次/min的速率萃取2min，静置分层后，弃去水相，用10mL 1mol/L硝酸洗有机相一次，弃去水相。向有机相加入10mL混合络合剂溶液，反萃取2min，静置分层后水相接入25mL容量瓶中，加入1滴酚酞指示剂以（1+1）氨水调至红色出现，再以1mol/L盐酸调至无色，加入三乙醇胺缓冲溶液2mL，5-Br-PADAP和乳化剂OP混合剂2mL，用水稀释至刻度后摇匀，在15～30℃放置30min，以试剂空白为参比，在578nm处用1cm比色皿测定吸光度，绘制工作曲线。

2. 样品分析

称取0.1000～0.5000g样品，置于50mL聚四氟乙烯烧杯中，用少量水润湿，加入5mL氢氟酸、1mL硝酸，在砂浴上加热蒸至近干，取下稍冷，加入10mL王水，在砂浴上加热蒸干。用10mL 1mol/L硝酸溶液溶解残渣（如不溶残渣较多时，需进行过滤），然后将溶液转入分液漏斗中，以1mol/L硝酸溶液洗涤烧杯2～3次（体积控制在30mL左右），以下操作同工作曲线的绘制。

结果计算：

$$w(\mathrm{U})=\frac{c\times10^{-6}}{G}\times100\%$$

式中 c——从校正曲线上查得的铀量，μg；

G——称样质量，g。

四、注释

① 萃取时硝酸浓度在0.5～4mol/L范围内对结果无影响，本实验选用1mol/L硝酸

萃取。

② 萃取前加入氟化钠主要是掩蔽锆和钍，试验证明，随着 30g/L 氟化钠用量增大，测得结果越低，故在一般情况下采用 30g/L 氟化钠 1mL 为宜。

③ 反萃液中要避免流入有机相，以防显色时出现浑浊，影响测定结果。

④ 用过的 TRPO-环已烷废液用 5%碳酸钠（相比 1∶1）萃取 3min，分层后弃去水相，用水洗一次，弃去水相，再以 1mol/L 硝酸萃取一次，弃去水相，有机相再以水洗两次，即可使用。

⑤ 本法适用于矿石中 0.001%～0.05%铀的测定。

五、思考题

① TRPO 对铀（Ⅵ）萃取，属于何种类型的萃取体系？其萃取机理如何？

② TRPO 萃取铀（Ⅵ）需选择哪些适宜萃取条件，才能保证萃取完全？

③ 萃取前加入氟化钠和抗坏血酸的作用是什么？

④ 为什么用混合络合剂可以将铀（Ⅵ）反萃下来？反萃过程中操作上应注意什么？

实验四十六　微量铀的测定（二）——离子交换分离-偶氮胂Ⅲ光度法

一、原理

矿样经混合铵盐分解后，以 4mol/L 盐酸提取，742 阴离子交换树脂分离，用水解析铀，在 pH 2～2.5 时，以偶氮胂Ⅲ为显色剂，光度法测定铀。本法测定范围为 0.000*n*%～0.*n*%。

二、仪器与试剂

① 721 型分光光度计。

② 玻璃交换管：长 10cm，内径 0.8～1.0cm；毛细管内径 0.2cm。

③ 混合铵盐：取固体 NH_4F ∶ $(NH_4)_2SO_4$ ∶ NH_4NO_3 ∶ NH_4Cl 按 3∶0.5∶1∶1 比例进行配制，将铵盐放在大瓷盘上混合均匀。然后放入烘箱控制温度 60～70℃，烘干 2h 以上（在烘干过程中要经常翻动几次），待铵盐的吸附水除去后取出，在研钵中研碎，装入塑料瓶中，置于干燥器内保存备用。

④ 742 强碱性阴离子交换树脂：筛分强碱性 742 树脂，取其 40～60 目部分，用水漂洗除去悬浮物后在水中浸泡 24h 以上。用工业乙醇浸渍 4h，用水洗去乙醇，再用（1+1）盐酸洗至无黄色，随即用 2 倍于树脂体积的 4mol/L 盐酸浸泡一天，浸泡期间，间歇搅拌，此时树脂即被转化成氯型。

⑤ 2,4-二硝基酚溶液（1g/L）：称取 0.1g 2,4-二硝基酚溶于 100mL 乙醇中。

⑥ 缓冲溶液（0.5mol/L 氯代乙酸溶液）：用 0.5mol/L 的乙酸钠溶液调节 pH 值为 2.5±0.1，两者体积比约为 10∶3。

⑦ 混合掩蔽剂［10g/L TTHA（三亚乙基四胺六乙酸）-50g/L EDTA（乙二胺四乙酸二钠）］：称取 5g TTHA 和 25g EDTA 于 500mL 烧杯中，加 400mL 水于电热板上稍加热搅拌，用 150g/L 氢氧化钠中和至试剂全部溶解，此时 pH 值约为 6～7，过滤后将溶液转入 500mL 容量瓶中用水稀释至刻度。

⑧ 偶氮胂Ⅲ溶液（0.5g/L）：准确称取 0.05g 偶氮胂Ⅲ于 500mL 烧杯中，用蒸馏水溶解后转入 100mL 容量瓶中，用水稀释至刻度。

⑨ 铀的标准溶液：准确称取基准物八氧化三铀 1.1790g 于 100mL 烧杯中，加（1+1）盐酸 20mL、过氧化氢 1mL，盖上表面皿。加热微沸至近干，使过氧化氢彻底分解。再加（1+1）盐酸 10mL。温热，用水冲洗表面皿与烧杯内壁，然后转入 1000mL 容量瓶中，加水稀释至标线，摇匀，此溶液含铀为 1mg/mL。

准确分取上述溶液 10mL，用 4mol/L 盐酸准确稀释至 1000mL，此溶液含铀为 10μg/mL。

⑩ 抗坏血酸（50g/L）。

⑪ 盐酸（4mol/L）：于 200mL 水中加入浓盐酸 100mL，即（1+2）盐酸。

⑫ 盐酸（3mol/L）：于 300mL 水中加入浓盐酸 100mL，即（1+3）盐酸。

⑬ 氨水（1+1）：1 份氨水与 1 份水混合。

三、分析步骤

1. 标准曲线的绘制

扫码看视频

分别吸取 5μg、10μg、15μg、20μg、25μg 或 10μg、20μg、30μg、40μg、50μg 标准铀于 25mL 容量瓶中，用少量水稀释，滴加两滴 2,4-二硝基酚指示剂，用（1+1）氨水调至溶液呈黄色，加入掩蔽剂 1mL，用 3mol/L 盐酸调至溶液无色，再过量 2 滴，随即加入 2mL 缓冲溶液、2mL 偶氮胂Ⅲ，用水稀至刻度，摇匀，分别以 3cm 和 1cm 的比色皿，以试剂空白作参比，在 721 型分光光度计上 645nm 处测其吸光度，绘制标准曲线。

2. 742 阴离子交换树脂装柱

取一定量已处理好的树脂用湿法装柱（柱底预先垫少许玻璃纤维），树脂层高为 8～10cm，待其自行下沉后，加 10～20mL 4mol/L HCl 检查流速，要求控制流速为 2mL/min，如流速达不到要求，需重新装柱。

3. 铀淋洗曲线

分别取 40μg 标准铀于 4mol/L 盐酸平衡好的交换柱上，然后用 20mL 4mol/L 盐酸分两次淋洗，待溶液滴尽后，用 18mL 去离子水分九次解析铀，每次 2mL 的解析液分别用 25mL 容量瓶承接，以下操作步骤同标准曲线的绘制。按标准曲线绘制方法显色后测其吸光度。根据解析液的累计体积和吸光度绘制铀淋洗曲线，再根据铀淋洗曲线确定用去离子水淋洗时废弃多少毫升（以不含铀为标准）和选用多少毫升去离子水淋洗铀为适宜。

4. 工作曲线的绘制

准确吸取标准铀 0μg、5μg、10μg、15μg、20μg、25μg 及 0μg、10μg、20μg、30μg、40μg、50μg 两组，分别放入交换柱的贮液杯中（杯中预先加 3～5mL 4mol/L 盐酸），再补加 4mol/L 盐酸，分三次淋洗杂质，待淋洗液流尽后，用 2mL 去离子水淋洗，淋洗液弃去，再用 15mL 去离子水分三次解析铀，解析液用 25mL 容量瓶承接，加二滴 2,4-二硝基酚指示剂，以下操作同标准曲线绘制。

5. 样品分析

称取 0.1000～0.5000g 矿样于 100mL 烧杯中，加入 5～10g 混合铵盐，用手摇动烧杯，使矿样与铵盐混合均匀，然后放在低温电炉上使铵盐熔化，再升高温度使铵盐分解至浓白烟冒尽，待烧杯壁上白膜消失后，取下冷却，沿烧杯壁滴加王水 7～8mL，再置于电炉上加热至干（要防止溅跳），取下冷却，沿烧杯壁加入 20mL 4mol/L 盐酸，加热使盐类溶解，待溶液温热时（45℃左右），加入 50g/L 抗坏血酸 1mL（如溶液中铁含量高时，可适当增加），在不断搅拌下使铁的黄色基本褪尽后，稍冷，过滤于预先用 4mol/L 盐酸平衡的离子交换柱中，待溶液流尽后，用 40mL 4mol/L 盐酸分 8 次冲洗烧杯及淋洗交换柱。以下步骤按工作曲线绘制进行，根据测得的吸光度，从相应的工作曲线上查得铀量，按下式计算矿样中铀的含量。

计算：

$$w(\mathrm{U})=\frac{C}{G}\times10^{-4}$$

式中 C——从工作曲线上查得铀量，μg；

G——称样质量，g。

四、附注

① 铵盐熔矿称样最好不超过 0.5g。称样多，分解不完全造成结果偏低。当用王水分解样品时要将溶液蒸干，驱尽 NO_3^-，否则 NO_3^- 与铀形成硝酸铀酰不为树脂吸附，使结果偏低。

② 树脂的颗粒最好为 40～60 目，颗粒太粗测定结果不稳定，颗粒太细影响流速。

③ 742 大孔树脂在 3～5mol/L 盐酸酸度范围内铀的分配系数较高，故采用 $4\mathrm{mol}\cdot\mathrm{L}^{-1}$ 盐酸分离杂质效果较好。

④ 在 4mol/L 盐酸酸度下，钍、钇、钪、钙、钡、镍、钛、钒等不被吸附，钼（Ⅵ）、钨（Ⅵ）、铟、锌、镉、汞、锡、铅、锑、铋被完全吸附或部分吸附，铁在大于 2mol/L 的盐酸中以氯络铁阴离子 $FeCl_6^{4-}$ 形式被强烈吸附，而干扰测定。

⑤ 在 4mol/L 盐酸中以抗坏血酸还原铁（Ⅲ）至铁（Ⅱ），二价铁不被吸附（只有当盐酸酸度大于 8mol/L 时才被微弱地吸附），从而可使铁与铀分离。

⑥ 络合物颜色深浅与溶液的 pH 值有关，用偶氮胂Ⅲ测定铀（Ⅵ）最适宜的酸度为 pH1.7～2.5，pH 值小于 1.7，铀（Ⅵ）-偶氮胂Ⅲ的稳定性减弱，吸光度下降。pH 值大于 2.5 时偶氮胂Ⅲ溶液本身由粉红色逐渐向紫色、蓝色变化，致使试剂空白在 645nm 处的吸收增加，同时铀酰离子水解效应也随介质 pH 值上升而加剧。为了保证分析结果的准确性，必须严格控制显色酸度在 pH 2～2.5 范围内。

⑦ 本方法适用于分析一般性的和钍、钇、钪、钙、锆、钛含量较高的矿样中的铀，但不适于分析铜、铅、钼、铋等含量较高的矿样。

五、思考题

① 742 强碱性阴离子交换树脂吸附铀（Ⅵ）的化学机理是怎样的？

② 树脂在装柱前如何处理？装柱时应注意些什么？

③ 为什么要在 4mol/L 盐酸介质中进行交换分离铀（Ⅵ）？为什么不在硝酸介质中进行？

④ 铀的淋洗曲线如何绘制？绘制淋洗曲线的目的何在？

⑤ 铁是怎样干扰测定的？采用什么方法消除铁的干扰？

⑥ 偶氮胂Ⅲ显色测铀为什么显色酸度要控制在 pH=2～2.5 范围内？

⑦ 偶氮胂Ⅲ属于哪类显色剂？其化学性质如何？

实验四十七　微量钍的测定——离子交换分离-偶氮胂Ⅲ光度法

一、原理

矿样用过氧化钠熔融或混合铵盐分解，然后将矿样制备为4mol/L的盐酸溶液，在一定量酒石酸的存在下，用氢型大孔强酸性阳离子交换树脂吸附钍（Ⅳ），使钍与大量的锆、钛、铀及少量稀土等元素分离。在4mol/L盐酸酸度下钍定量由树脂吸附，当有铵型官能团时，草酸铵定量解析钍，在4mol/L盐酸介质中，用偶氮胂Ⅲ显色测定。

本法适用于测定矿石中钍含量范围为0.000n%～0.n%。

二、仪器与试剂

① 72型分光光度计或721型分光光度计。

② 盐酸（ρ=1.19g/mL）。

③ 过氧化钠（固体）。

④ 混合铵盐［NH_4NO_3∶NH_4Cl∶$(NH_4)_2SO_4$∶NH_4F=3∶3∶2∶2］。

⑤ 酒石酸溶液（400g/L）。

⑥ 氯化铵溶液（200g/L）。

⑦ 草酸铵溶液（40g/L）。

⑧ 抗坏血酸（固体）。

⑨ 偶氮胂Ⅲ水溶液（0.5g/L）。

⑩ 钍标准溶液：准确称取2.379g硝酸钍于200mL烧杯中，加浓盐酸10mL，盖上表面皿，加热蒸至近干，再重复处理一次，取下用（1+2）盐酸冲洗杯壁及表面皿，加（1+2）盐酸20mL，溶解后转入1000mL容量瓶中，再补加（1+2）盐酸150mL，用水稀至刻度，摇匀，此时溶液含钍为1mg/mL。

取上述溶液2mL，用（1+2）盐酸稀至200mL，配成10μg/mL钍标准溶液。

⑪ 强酸性阳离子交换树脂的处理：将一定量的40～60目离子交换树脂用水浸渍24h，使其充分溶胀。用水反复漂洗悬浮物，用工业乙醇浸渍4h，除去醇溶物，再用水洗至无醇为止。用2倍于树脂体积的4mol/L盐酸转型，每次用4mol/L盐酸浸渍时间为2～4h，浸渍期间间歇搅拌。此时树脂已几乎全部转成氢型。

离子交换柱的准备：取内径为0.8～1cm的离子交换柱，用水洗涤干净，柱底垫以玻璃纤维，用湿法将已转成氢型的树脂装入柱中，使树脂层高为9～10cm，流速控制为2mL/min。

⑫ 离子交换树脂的再生：经草酸铵解析钍后的树脂，用10mL去离子水淋洗，除去铵盐，再用10mL 4mol·L^{-1}盐酸流经树脂层，最后用10mL 4mol/L盐酸浸泡备用。

三、分析手续

1. 工作曲线的绘制

准确吸取标准钍0μg、5μg、10μg、15μg、20μg、25μg，置于4mol/L盐酸已平衡的阳离子交换柱中，用20mL 4mol/L盐酸分两次（每次10mL）淋洗，待盐酸流尽后，加15mL氯化铵淋洗，再加入10mL去离子水淋洗，流出液弃去，然后用12mL草酸铵分6次（每次2mL）解析钍于25mL容量瓶中，加少许（约5mg）抗坏血酸和8mL浓盐酸、2mL偶氮胂Ⅲ溶液，用水稀释至刻度，摇匀，在波长660nm处，以试剂空白作参比，分别用2cm、

1cm 比色皿在分光光度计上测其吸光度，绘制工作曲线。

2. 钍淋洗曲线的绘制

取 50μg 钍溶液于已用 4mol/L 盐酸平衡过的阳离子交换柱中，加 20mL 4mol/L 盐酸（每次 10mL）淋洗，待 4mol/L 盐酸流尽后，加 15mL 氯化铵转型，用 10mL 去离子水淋洗，淋洗液分别用 25mL 容量瓶承接，以下操作同工作曲线的绘制。根据淋洗液的累计体积和吸光度，绘制钍淋洗曲线，再根据钍淋洗曲线确定用草酸铵溶液淋洗钍的体积。

3. 样品分析

准确称取矿样 0.1000～0.5000g 于 25mL 刚玉坩埚中，加入 2～4g 过氧化钠，用细玻璃棒搅匀，表面再覆盖一薄层过氧化钠，玻璃棒上黏附的过氧化钠，用小块滤纸擦拭后投入坩埚中。

将坩埚放入已升温至 600～650℃的高温炉中，熔融 10min 左右，取出，趁热摇匀。冷却后，用去离子水冲洗坩埚外壁，放入 250mL 烧杯中，用 40～50mL 热水提取熔块。坩埚内壁附着的不溶物用带乳胶头的玻璃棒擦拭，或滴加 1～2 滴 1mol/L 盐酸，使其溶解后用热水冲洗坩埚。将提取液置电炉上加热近沸，取下冷却后，用快速滤纸过滤，用水洗烧杯和沉淀 3～5 次，用 20mL 4mol/L 盐酸将沉淀溶解于原烧杯中，加 40%酒石酸 2mL，将此溶液全部或分取部分溶液上柱，并以 4mol/L 盐酸洗烧杯，洗液合并于柱中，以下操作步骤同工作曲线绘制。

计算：

$$w(\mathrm{Th})=\frac{C}{G}\times10^{-4}$$

式中 C——工作曲线上查得钍量，μg；

G——称样质量，g。

四、注释

① 在 0.1～5mol/L 盐酸的酸度范围内，多孔性的阳离子交换树脂能定量地吸附钍，但对其他阳离子的吸附能力则随酸度的增高而减弱。

因此为了更好地分离干扰离子，用 4mol/L 盐酸作为上柱介质。当此溶液通过树脂层时干扰测定的钛、铀（Ⅵ）、钼等离子不被吸附，随进柱液同时出柱（如矿样中稀土含量高可适当增加 4mol/L 盐酸的用量，消除其干扰）。

② 加少量抗坏血酸是为了消除微量铁（Ⅲ）的干扰。大于 2mg 的氟使钍的吸附率偏低，但氟离子在过氧化钠熔矿后，用水提取熔块时已转入溶液，其影响可不必考虑。

③ 酒石酸对锆、铈的干扰有一定的消除能力，在 4mol/L 盐酸介质中，加入 51%酒石酸 2mL，既不影响钍的吸附，又可降低树脂对锆、铈的吸附率。但由于在 4mol/L 盐酸介质中，树脂对锆仍有很强的吸附能力，故对锆量高于钍的几十倍乃至几百倍的矿样不宜采用离子交换分离法。

④ 吸附在树脂上的钍不易被一般的酸或盐洗脱，故在洗脱钍之前应将树脂用氯化铵溶液转成铵型，在铵型树脂中钍的分配系数大大降低，从而使钍易于被带有可络合钍的阳离子的铵盐（草酸铵）洗脱。

⑤ 含钍矿样的分析，一般采用过氧化钠熔矿，熔矿时间长，操作麻烦，如采用混合铵盐熔矿，则可大大简化熔矿手续。

⑥ 加入偶氮胂Ⅲ溶液后，络合物瞬间充分显色，但在一定时间内随放置时间的延

长，有色络合物的吸光度微微上升，故加入偶氮胂Ⅲ后，应立即测量吸光度。在30℃左右放置2h后吸光度降低，显色后2h完成测定，否则吸光度降低，对10μg钍产生明显干扰。

⑦ 采用多孔性阳离子交换树脂在4mol/L盐酸介质中分离干扰离子，分离效率高，淋洗速度快，分离铀的效果更为显著，用草酸铵解析钍时，解析体积小，洗涤曲线峰陡，基本无拖尾现象。因此操作速度快，手续简便，适用于含铀、磷、稀土、铁较高的矿石中微量钍的测定。

五、思考题

① 强酸性阳离子交换树脂交换钍的化学机理是怎样的？

② 树脂如何处理？处理树脂的目的是什么？

③ 分离钍为什么要在4mol/L盐酸介质中进行？

④ 吸附钍的树脂为什么要用氯化铵转型？

⑤ 为什么用草酸铵能将钍淋洗下来？

实验四十八　微量稀土总量的测定——PMBP-苯萃取分离-偶氮氯膦-mN光度法

一、原理

矿样用过氧化钠熔融后，在三乙醇胺、EDTA存在下，用沸水提取，使稀土与硅、铝、铁、锰、钨、镉、铜等杂质分离，以抗坏血酸、磺基水杨酸为掩蔽剂，在pH 5.5酸度下，PMBP-苯萃取稀土，用甲醇反萃取，加偶氮氯膦-mN与稀土元素生成蓝紫色络合物进行比色测定。

二、主要试剂

① 稀土氧化物标准溶液：称取800℃灼烧过的光谱纯镧、铈、钇、镱的氧化物，用盐酸加热溶解（氧化铈用硫酸及过氧化氢加热溶解，并蒸发至冒尽白烟，用盐酸溶解盐类），分别配制成含稀土为1mg/mL的溶液。

② 稀土总量标准溶液：称取于850℃灼烧过1h的从本地区提纯的稀土氧化物0.5g，加盐酸5mL及过氧化氢数滴，加热溶解，冷却后移入500mL容量瓶中，用水稀释至刻度，摇匀，此溶液含稀土氧化物为1mg/mL，根据需要再稀释成不同的浓度。

采用标准稀土氧化物配制稀土总量标准溶液时，可按镧∶铈∶钇∶镱＝2∶3∶4.5∶0.5的比例，配成含稀土为10μg/mL的2%盐酸溶液。

③ 乙酸-乙酸钠缓冲溶液（pH 5.5）：取无水乙酸钠164g（或三水合乙酸钠272g）加水溶解后过滤，加入冰乙酸16mL，用水稀释至1000mL，用酸度计检查，用5%盐酸或10%氢氧化钠溶液调节。

④ PMBP-苯萃取液（5g/L）。

⑤ 偶氮氯膦-mN溶液（0.5g/L）。

⑥ 溴甲酚绿（1g/L）：0.1g溴甲酚绿溶于100mL 20%乙醇中。

⑦ 磺基水杨酸溶液（200g/L）。

⑧ 甲酸溶液（50g/L）。

三、分析手续

1. 工作曲线绘制

分别取 0μg、5μg、10μg、15μg、20μg、25μg 稀土总量标准溶液于 60mL 分液漏斗中，加 4mL 20%磺基水杨酸溶液、1 滴溴甲酚绿指示剂，缓慢滴入（1+1）氨水至出现蓝色，再用（1+9）盐酸调至黄绿色，加入 5mL 乙酸-乙酸钠缓冲溶液，15mL PMBP-苯萃取液，振荡 1min，分层后弃去水相，再用水（约 5mL）洗有机相 2～3 次，弃去水相后，加入 1mL 5%抗坏血酸及 15mL 甲酸溶液反萃取 1min，静置分层后，水相转入干燥的 25mL 容量瓶中，加偶氮氯膦-mN 溶液 2mL，用水稀释至刻度，摇匀，于 670nm 波长处，以试剂空白为参比，用 1cm 比色皿测量吸光度，绘制工作曲线。

2. 矿样分析

称取 0.1～0.5g 矿样于刚玉坩埚中，加入 3～4g 过氧化钠，搅匀，表面再覆盖一层，置于已升温至 650～700℃的高温炉中熔融 10min，取出冷却，将坩埚置于 250mL 烧杯中，加（1+1）三乙醇胺 10mL，用沸水提取，加 10%氯化镁溶液 1～2mL、5% EDTA 溶液 1mL，搅拌，煮沸，静置一定时间，待沉淀完全沉降后过滤，用 1%氢氧化钠溶液洗涤沉淀 1～2 次，以含数滴过氧化氢的热的（1+2）盐酸溶解沉淀于 50mL 容量瓶中，用水洗净滤纸并稀释至刻度，摇匀。分取一定量制备液于分液漏斗中，以下手续同工作曲线绘制。

计算：

$$w(RE_2O_3)=\frac{m_1\times10^{-6}}{G\times\frac{V_2}{V_1}}\times100\% \quad 或 \quad w(RE)=\frac{m_2\times10^{-6}}{G\times\frac{V_2}{V_1}}$$

式中 m_1——由工作曲线上查得总稀土氧化物的质量（用本地区提纯的稀土氧化物绘制的工作曲线），μg；

m_2——由工作曲线上查得稀土总量的质量（用标准稀土溶液按一定比例配制的稀土总量绘制的工作曲线），μg；

G——称样量，g；

V_1——样品溶液总体积，mL；

V_2——分取样品溶液体积，mL。

四、注释

① 熔解岩石矿物样品时，应用最广泛的是过氧化钠、氢氧化钠和氢氧化钠-过氧化钠熔融分解法。此法优点是分解比较完全，熔融时间短，可在刚玉、铁、镍和银坩埚中进行；钨、钼、铝、磷和硅等，用水提取熔块时，留在溶液中与稀土分离。

② 矿样经碱熔水提取后，在碱性介质中除稀土外，铁、铝、锰、钙、铋等也同时成氢氧化物沉淀析出，若铁含量高，可在提取时加入三乙醇胺和 EDTA，因三乙醇胺或 EDTA 能与铁、锰、钙等形成稳定的络合物而与稀土分离，若试样中没有铁、锰、钙等杂质存在，三乙醇胺特别是 EDTA，用量不能过多，否则会与稀土络合使测定结果偏低，因此需要控制三乙醇胺和 EDTA 用量。

③ 在 pH 1.8 的甲酸溶液中，等量氧化铈与氧化镱和偶氮氯膦-mN 形成络合物，在 670nm 处有一等吸光点，以此作为稀土总量的测定波长，测定误差较小。

④ 萃取时调节溶液的 pH 值是关键。杂质存在量多时，指示剂的颜色变化不易看清，

调节时需仔细观察。

⑤ PMBP浓度可在很大范围内变动，增加PMBP浓度有利于提高稀土的萃取率，但浓度太大，会给下一步操作带来困难。

五、思考题

① 稀土试样的分解方法有哪几种？

② 分解试样时加入三乙醇胺和EDTA的目的是什么？

③ PMBP属于哪类萃取剂？萃取稀土时有哪些特点？

④ 测定稀土总量的方法有哪些？

实验四十九 痕量金的测定——P_{350}微色谱柱分离-硫代米蚩酮光度法

一、原理

试样经灼烧除硫及有机质后，用（1+1）王水于沸水浴上分解，制备成王水溶液，经甲基磷酸二甲庚酯（P_{350}）微色谱柱分离富集微量金，用10g/L亚硫酸钠洗脱，在pH 4.0乙酸-乙酸钠缓冲溶液和十二烷基硫酸钠存在下，用硫代米蚩酮显色，在550nm测定络合物的吸光度。测定范围为（0.2～500）$\times 10^{-6}$。

二、仪器与试剂

① 分光光度计。

② 减压微色谱柱装置：本装置是利用一根带有12个支管（ϕ6mm×40mm）的25mm玻璃管作为总管，通过支管用圆壁橡皮管与500mL抽滤瓶相连，微色谱柱用橡皮塞与抽滤瓶连接。整个装置可以连接真空泵或水龙头上的水冲泵进行。由于分离速度较快，通常只用10支色谱柱就能满足成批操作的要求。

③ 浓盐酸（ρ=1.18g/mL）。

④ 硝酸（ρ=1.40g/mL）。

⑤ 丙酮。

⑥ 盐酸（1+9）。

⑦ 盐酸（4mol/L）。

⑧ 王水（1+1）[盐酸+硝酸+水=3+1+4]，现用现配。

⑨ 亚硫酸钠溶液 [$\rho(Na_2SO_3)$=10g/L]，现用现配。

⑩ 磷酸氢二钠溶液 [$\rho(Na_2HPO_4)$=2g/L]。

⑪ 十二烷基硫酸钠（SDS）[ρ(SDS)=20g/L]。

⑫ 乙酸-乙酸钠缓冲溶液（pH 4.0）：称取10g无水乙酸钠溶于适量水中，加25mL冰乙酸（ρ=1.05g/mL），用水稀释至500mL，于酸度计上调pH至4.0。

⑬ 混合掩蔽剂：称取12.5g EDTA与62.5g柠檬酸钠，加热溶解于适量水中，冷却后用水稀释至500mL，摇匀。

⑭ 硫代米蚩酮（TMK）乙醇溶液 [ρ(TMK)=0.2g/L]：称取0.02g TMK，加8mL

丙酮溶解后，加无水乙醇稀释至100mL，摇匀贮于棕色瓶中避光保存。

⑮ 金标准溶液：称取光谱纯金0.1g于250mL烧杯中，加20mL（1+1）王水加热溶解，加入1g KCl于水浴上蒸干后，加入50mL浓盐酸微热溶解，移入1000mL容量瓶中，以水稀释至刻度，摇匀，金的质量浓度为100μg/mL。

⑯ 金标准比色溶液：准确移取5.0mL金标准溶液（含金量为100μg/mL）于50mL容量瓶中，加5mL浓盐酸，以水稀释至刻度，摇匀。此液含金为10μg/mL。

⑰ P_{350} 萃淋树脂（120～140目）。

⑱ 微色谱柱：玻璃管内径3mm，高100mm，下端镶嵌砂芯，并与毛细管玻璃塞连接，上端安装一小漏斗。

三、分析步骤

1. P_{350} 色谱柱的制备

称取0.3～0.5g P_{350} 树脂于盐酸（4mol/L）中浸泡0.5～1h，用水漂洗至中性，用湿法减压装入色谱柱，柱床高度为70mm，柱床上面覆盖少量玻璃纤维。使用前用4～6mL盐酸（1+9）淋洗柱床，抽尽柱床溶液后按操作手续进行1～2次空白试验，待空白值稳定后，用盐酸（1+9）平衡，并抽尽柱床溶液后备用。用过的色谱柱，用盐酸（1+9）淋洗2～3次（每次2mL）后，备用。

2. 工作曲线绘制

准确移取含金溶液（10μg/mL）0.0μg、2.0μg、4.0μg、6.0μg、8.0μg、10.0μg，分别转入色谱柱中，流速约为2mL/min。待溶液流尽后，用盐酸（1+9）淋洗柱床3次，每次2mL，再用磷酸氢二钠溶液（2g/L）淋洗3次，每次2mL，弃去淋洗液并抽尽柱床溶液，用2mL亚硫酸钠溶液（10g/L）分两次洗脱金，洗脱液接于10mL比色管中。

于洗脱液中加入0.5mL混合掩蔽剂、2mL pH 4.0的乙酸-乙酸钠缓冲溶液、1mL SDS溶液（20g/L）、1mL TMK乙醇溶液（0.2g/L），用水稀释至刻度，摇匀，置于60～70℃热水中加热5min，取出用流水冷却后，于550nm处，用1cm比色皿，以柱空白为参比，测量吸光度。

3. 样品分析

称取试样10g于瓷舟中，置于650℃高温炉中灼烧1h，取出冷却后转入200mL聚碳酸酯瓶中，加王水（1+1）50mL于沸水浴上加热分解1h，冷却后将残渣和溶液一并转入100mL容量瓶中，加0.5%聚丙烯酰胺1mL，用水稀释至刻度，摇匀后，溶液即刻澄清，放置10～20min，取上层清液2～25mL（根据试样中金的含量而定），转入色谱柱中，以下操作按绘制工作曲线步骤进行，随同带空白试验。

按下式计算金的含量

$$w(\mathrm{Au})=\frac{(m_1-m_0)\times V\times 10^{-6}}{m\times V_1}$$

式中 m_1——从工作曲线上查得试液中金量，μg；

m_0——从工作曲线上查得试剂空白中金量，μg；

V_1——分取试液体积，mL；

V——试样的总体积，mL；

m——称样量，g。

四、附注

① 上柱酸度1.2mol/L HCl（1+9）比1mol/L HCl的金回收率高，本方法选1+9HCl

上柱。

② 本方法关键是显色酸度要严格控制，金上柱后，必须用磷酸氢二钠多次淋洗柱床至中性，并且在用 Na_2SO_3 洗脱前，要将抽气嘴上酸用水冲洗掉。

③ 测定更低含量金，可绘制 0μg、1.0μg、2.0μg、3.0μg、4.0μg、5.0μg 金工作曲线，测定时用 3cm 比色皿。

④ P_{350} 萃淋树脂，用来测定样品时最多能用 3～4 次（因杂质量大）就需更换。

⑤ 分析误差范围见表 4-4。

表 4-4　痕量金测定的分析误差范围

含量/(g/t)	允许偶然误差		含量/(g/t)	允许偶然误差	
	相对误差/%	绝对误差/(g/t)		相对误差/%	绝对误差/(g/t)
>100	5		5～20	15	
50～100	8		3～5	20	
20～50	10		<3		0.5

⑥ 本法的显色体系是 Au^{3+} 被还原为 Au^{+}。显色反应按下式进行

$$\underset{\text{黄色}}{Au^{+}+4TMK}+C_{12}H_{25}OSO_3^{-}\longrightarrow \underset{\text{红色}}{[Au(TMK)_4]C_{12}H_{25}OSO_3}$$

配合物的组成比为 Au∶TMK=1∶4，最大吸收波长为 555nm，$\xi=1.1\times10^5$，属于较灵敏的显色体系。

⑦ P_{350} 萃淋树脂也可用 TBP 萃淋树脂代替，操作方法与使用 P_{350} 树脂相同。

五、思考题

① 什么是萃淋树脂？

② 微色谱柱与常规色谱柱相比，在进行分离富集时有哪些优点？

③ 硫代米蚩酮光度法测定痕量金的原理是什么？

④ 硫代米蚩酮与金显色的最佳条件（pH、显色剂用量、稳定性）是什么？

设计性实验　工业原料或废渣的系统分析

一、实验目的

1. 培养学生在矿石矿物分析中解决实际问题的能力，并通过实践加深对理论课程的理解，使其掌握分析技巧。

2. 培养学生查阅参考资料的能力。

二、基本内容和要求

1. 由老师指定或学生自选一种工业原料或工业废渣的全分析为课题，在充分调研和分析参考资料的基础上，提出系统分析方案，经教师审阅后写出详细的实验实施方案，并通过实验完成系统分析，写出实验报告。

2. 系统分析方案提纲只要求写出完成系统分析所包括的项目及对这些项目进行系统分析的思路提纲。要求文字简练，为提纲式，但一个题目应有两个以上不同系统的方案。

实验实施方案是在老师审定提纲后确定的系统分析方案，写出具体实验实施方案。实施

方案内容包括：

① 题目；

② 方法概述；

③ 所需仪器和试剂，以及试剂名称、规格数量和配制方法；

④ 分析步骤；

⑤ 数据处理方法及相关公式；

⑥ 实验中要注意的有关问题。

进行系统分析实验，要求按自行设计的实验方案独自完成系统分析实验（要求从仪器试剂选用、配制到样品分析均自行独立完成）。

实验完成后要进行总结，并撰写实验报告。实验报告的内容包括：系统分析方案简述、实验结果、本方案与常规现行方案的比较（系统的科学性、最优化比较）、讨论（操作关键、存在问题及改进意见）。

三、思考题

① 你认为设计一个分析方法的核心理念是什么？

② 针对不同类型的工业原料或废渣，你会如何选择样品分解方法？请阐述选择不同分解方法的依据。

③ 请举例说明在你的分析流程中，至少两处可能存在的主要干扰。你在设计方案中采用了哪些具体的化学手段来消除这些干扰？其原理是什么？

④ 一个可靠的分析方案必须包含质量保证措施，你将如何设计实验来验证你所测定结果的准确性？请提出至少两种方法。

• 综合探究

1. 某地质勘探队在野外采集了一块岩石样本，需要对其成分进行分析，特别关注其中的硅（Si）、铝（Al）、铁（Fe）、钙（Ca）和镁（Mg）等无机元素的含量。请思考并解决如下问题：

（1）样品预处理：若岩石样品中存在有机物或杂质，应如何处理？

（2）样品分解方法的选择：

A. 根据岩石矿物的性质，选择合适的样品分解方法（酸分解法、碱分解法、熔融法等）。说明选择该方法的理由。

B. 若采用酸分解法，如何选择合适的酸和分解条件？

（3）分析过程中的问题及解决方法：

A. 在分析过程中，若发现硅（Si）的测定结果偏低，可能是什么原因？如何解决该问题？

B. 若钙（Ca）和镁（Mg）的含量较低，如何提高分析的灵敏度？

2. 某地质实验室采用电感耦合等离子体原子发射光谱法（ICP-AES）对一批岩矿样本中的铀（U）和钍（Th）含量进行测定。在初步分析过程中，实验室发现部分样本的铀和钍测定结果存在明显偏差，与预期值或历史数据差异较大。实验室怀疑可能存在以下问题：样本前处理不当、仪器条件优化不足、光谱干扰未完全消除，或者数据处理过程中出现错误。请根据 ICP-AES 的原理和操作流程，分析可能导致测定结果偏差的原因，并提出相应的解决方案。

扫码见参考答案

第五章 化工产品分析

实验五十 无机化工产品中氯化物的测定——汞量法

汞量法是国家标准中测定氯化物含量的仲裁法。适用于氯化物（以 Cl 计）含量为 0.01～80mg 的样品，当使用的硝酸汞浓度小于 0.02mol/L 时，滴定应在乙酸水溶液中进行。

一、原理

在微酸性的水或乙醇水溶液中，用强电离的硝酸汞标准溶液滴定氯离子，使其生成难电离的氯化汞，稍过量的二价汞离子与二苯偶氮碳酰肼指示剂形成紫红色络合物指示终点。反应式如下：

$$Hg(NO_3)_2 + 2Cl^- \longrightarrow HgCl_2 + 2NO_3^-$$

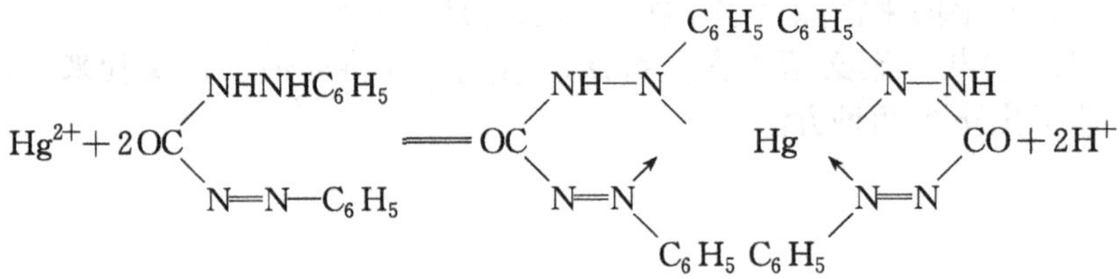

二、仪器与试剂

① 微量滴定管：分度值为 0.01mL。

② 氯化钠基准试剂。

③ 硝酸溶液（1+1）。

④ 硝酸溶液（1mol/L）：量取 63mL 硝酸（分析纯），用蒸馏水稀释至 1000mL。

⑤ 氢氧化钠溶液（1mol/L）：量取 52mL 饱和氢氧化钠溶液，用蒸馏水稀释到 1000mL。

⑥ 硝酸汞（分析纯或优级纯）。

⑦ $\varphi=95\%$乙醇（分析纯）。

⑧ 溴酚蓝乙醇溶液（1g/L）：称取 0.1g 溴酚蓝，溶于 100mL $\varphi=95\%$乙醇溶液中。

⑨ 二苯偶氮碳酰肼指示剂：称取 0.5g 二苯偶氮碳酰肼，溶于 100mL $\varphi=95\%$乙醇溶液中，当变色不灵敏时应重新配制。

⑩ 氯化钠标准溶液（0.1mol/L）：称取预先于 400℃干燥至恒重的氯化钠基准试剂 5.84g，准确至 0.0001g，置于 250mL 烧杯中，加少量水溶解，移入 1000mL 容量瓶中，用水稀释至刻度，摇匀。其准确浓度为 $c(NaCl)=\dfrac{m(NaCl)}{58.44}$（mol/L）。

⑪ 硝酸汞溶液$\left\{c\left[\frac{1}{2}Hg(NO_3)_2\right]=0.1mol/L\right\}$。

配制：称取 17.13g 硝酸汞［$Hg(NO_3)_2 \cdot H_2O$］或 16.68g［$Hg(NO_3)_2 \cdot 1/2H_2O$］置于 250mL 烧杯中，加入（1+1）硝酸溶液 7mL，加少量蒸馏水溶解，必要时应过滤，稀释至 1000mL。

标定：移取 25mL 氯化钠标准溶液于 250mL 锥形瓶中，加入 100mL 蒸馏水和 2～3 滴1g/L 溴酚蓝指示剂，再用 1mol/L 硝酸溶液调至溶液由蓝色变为黄色，再加 3 滴硝酸溶液，加 1mL 二苯偶氮碳酰肼指示剂，用硝酸汞标准溶液滴定至溶液颜色由黄色变成紫红色为终点。

同时做空白试验。

硝酸汞标准溶液的浓度计算：

$$c[1/2Hg(NO_3)_2]=\frac{c_1 \times V_1}{V-V_0}$$

式中 $c[1/2Hg(NO_3)_2]$——硝酸汞标准溶液的浓度，mol/L；

V——硝酸汞标准溶液的体积，mL；

V_0——空白试验时硝酸汞标准溶液的体积，mL；

c_1——氯化钠标准溶液的浓度，mol/L；

V_1——氯化钠标准溶液的体积，mL。

$c[1/2Hg(NO_3)_2]<0.02$mol/L 的标定方法：取 5.00mL 相应的氯化钠标准溶液，置于锥形瓶中，加 5mL 蒸馏水、30mL $\varphi=95\%$ 乙醇和 2 滴 1g/L 溴酚蓝指示剂，并滴加硝酸（1+15）至溶液由蓝色变为黄色，再多加 2～3 滴硝酸溶液，加 1mL 二苯偶氮碳酰肼指示剂（5g/L），用相应浓度的硝酸汞标准溶液滴定至溶液由黄色变为紫红色为终点，同时做空白试验，其浓度的计算同上。

三、分析步骤

称取适量样品，用合适的方法处理或移取经化学处理后的适量样品溶液［使干扰离子不超过规定限量，含氯量为 0.01～80mg］，置于锥形瓶中，控制总体积为 100～200mL（如在乙醇水溶液中进行滴定，则总体积不大于 40mL。乙醇与水的体积比为 3∶1）。加 2～3 滴溴酚蓝指示剂，若溶液为黄色，滴加氢氧化钠溶液至蓝色，再滴加 1mol/L 硝酸滴至恰成黄色，过量 2～6 滴硝酸溶液（在乙醇水溶液中应过量 2～3 滴），将溶液的 pH 值调至 2.5～3.5。

在上述试液中加入 1mL 5g/L 二苯偶氮碳酰肼指示剂，用适当浓度的硝酸汞标准溶液滴定至溶液由黄色变为紫红色为终点，记下硝酸汞标准溶液用去的体积，同时做空白试验。

四、结果计算

化工产品中氯化物含量（以 Cl 计）的计算：

$$w(Cl)=\frac{c[1/2Hg(NO_3)_2]\times(V-V_0)\times 0.03545}{m}\times 100\%$$

式中 $w(Cl)$——氯的质量分数，%；

$c[1/2Hg(NO_3)_2]$——硝酸汞标准溶液的浓度，mol/L；

V——硝酸汞标准溶液的体积，mL；

V_0——空白试验时消耗硝酸汞标准溶液的体积，mL；

m——试样质量，g；

0.03545——与 1.00mL 硝酸汞标准溶液$\left\{c\left[\frac{1}{2}Hg(NO_3)_2\right]=1.000\text{mol/L}\right\}$相当的以 g 表示的氯的质量，g/mmol。

五、附注

① 氯化物的含量与标准溶液浓度的关系。

预计样品中氯化物的含量（以 Cl 计），建议采用的标准溶液的浓度见表 5-1。

表 5-1　氯化物含量与选用的 $Hg(NO_3)_2$ 标准溶液的浓度

样品中 Cl^- 含量(w)	0.01～2	2～25	25～80
$c[1/2Hg(NO_3)_2]/mol \cdot L^{-1}$	0.001～0.02	0.02～0.03	0.03～0.1

② 溶液的酸度：汞量法最适宜的 pH 值为 2.3～3.5，pH 值过低使分析结果偏高，pH 值过高使分析结果偏低，采用溴酚蓝指示剂来调节，当溴酚蓝在溶液中由蓝色变为黄色时，pH 值约为 3.6，再过量 4～6 滴硝酸溶液（1＋15）（如为乙醇水溶液时，则过量 2～3 滴），pH 值约为 2.8，同时溴酚蓝存在可遮蔽二苯偶氮碳酰肼的灰色，使终点更为明显。

③ 干扰离子：SO_4^{2-}、SO_3^{2-}、$[Fe(CN)_6]^{3-}$、$[Fe(CN)_6]^{4-}$、$S_2O_3^{2-}$、NO_2^-、SCN^-、CN^-、S^{2-}等干扰测定。SO_4^{2-} 的影响，由于硫酸是二元酸，因分步电离引起轻微的缓冲作用，当浓度达到 10mg/L 时，将产生干扰，可加入过量的硝酸溶液（1mol/L），并严格控制溶液酸度。SO_3^{2-}、$S_2O_3^{2-}$ 的影响，当浓度达 1mg/L 时，SO_3^{2-} 将与 Hg^{2+} 反应而干扰测定，可将被测溶液调至近中性后（用溴酚蓝作指示剂，由黄变蓝），加 2mL 1mol/L 氢氧化钠溶液，慢慢滴加适量的 300g/L 过氧化氢溶液，将 SO_3^{2-} 氧化成 SO_4^{2-}，微热近沸至无小气泡产生为止，冷却后调 pH 值再测定。

S^{2-} 与 Hg^{2+} 作用生成沉淀，当浓度达 1mg/L 时影响测定，可在碱性介质中用过氧化氢把 S^{2-} 氧化成 SO_4^{2-}，以消除其影响。

$[Fe(CN)_6]^{4-}$ 和 $[Fe(CN)_6]^{3-}$ 与 Hg^{2+} 反应生成沉淀影响测定，可向被测试液中加入 2～3 倍于试样量的硝酸锌加热至沸腾，冷却，加水定容，过滤，弃去初滤液，取剩余滤液供测定用，以消除其影响。

CN^- 与 Hg^{2+} 生成 $Hg(CN)_2$ 沉淀或 $Hg(CN)_4^{2-}$ 络合物，可向被测试液中加入 2 倍于 CN^- 含量的甲醛，放置 20min，再用硝酸调节 pH 值后，待测定。

SCN^- 与 Hg^{2+} 生成 $Hg(SCN)_2$ 沉淀，可缓缓加入适量 300g/L 过氧化氢溶液，加热煮沸至无小气泡产生。

NO_2^- 浓度较大时，对终点有明显的干扰，当发现终点变色不明显，中和时所使用的硝酸需重新配制，最好使用新开封的硝酸。

④ 滴定接近终点时，滴定速度应缓慢，以使络合完全。

⑤ 5g/L 二苯偶氮碳酰肼加入量以 1mL 为宜，如加入不足，则终点变化不明显。

⑥ 废液的处理：滴定后的含汞废液收集于约 50L 容器中，当废液达约 40L 时依次加入 400mL（w＝40%）氢氧化钠溶液，10g 硫化钠（$Na_2S \cdot 9H_2O$）摇匀。10min 后缓慢加入 400mL 300g/L 过氧化氢溶液，充分混合，放置 24h 后将上层清液排入废水中，沉淀物转移入另一容器中，由专人进行汞的回收，以防止汞废液的污染。

六、思考题

① 与莫尔法相比，汞量法在测定条件上有何突出优点？

② 滴定溶液的 pH 为何必须控制在 2.5～3.5 之间？pH 过高或过低分别会对滴定结果产生何种影响？

③ 汞盐为有毒物质，实验过程中应注意哪些安全事项？废液应如何处理？能否提出一种环境友好型的替代测定方法？

实验五十一　肥皂和洗涤剂中 EDTA（络合剂）含量的测定——硫酸铜滴定法

一、原理

利用 EDTA 在一定酸度下可与金属离子形成稳定的络合物的原理，将样品溶液用盐酸溶液调节 pH 值至 4～5 后，以 1-(2-吡啶偶氮)-2-萘酚作指示剂，用硫酸铜标准溶液滴定所含 EDTA。

二、仪器与试剂

① pH 计：配有玻璃电极和甘汞电极及磁力搅拌器。

② 微量滴定管：容量 2mL，最小分度为 0.01mL。

③ 盐酸溶液（5mol/L）。

④ 乙酸盐缓冲溶液（pH 4.65）：混合等体积的乙酸溶液（0.4mol/L）和氢氧化钠溶液（0.2mol/L）。

⑤ 1-(2-吡啶偶氮)-2-萘酚（PAN）乙醇溶液（1g/L）。

⑥ 硫酸铜标准溶液（0.0100mol/L）：称取 2.497g 硫酸铜五水合物（$CuSO_4 \cdot 5H_2O$），准确至 0.001g。用水溶解并定量转移至 1000mL 容量瓶中，稀释至刻度，混匀。制得的硫酸铜溶液用乙二胺四乙酸二钠标准溶液（0.02mol/L）标定其准确浓度。

三、分析步骤

1. 试验溶液的制备

称取约 10g 样品，准确至 0.001g，于 250mL 烧杯中，用水溶解并定量转移至 500mL 容量瓶中，稀释至刻度，充分混匀。

如果产品组成中络合剂含量低于 0.1%时，可省略上述稀释步骤，直接称取样品 5g，称准至 0.001g，于 150mL 烧杯中进行测定。

如溶液中有沉淀或悬浮物，将溶液通过干的快速定性滤纸过滤，弃去前 20mL，收集上清液供测定用。如此操作，可排除存在的 4A 沸石对 EDTA 测定的干扰。

2. 测定

吸取含有 0.003～0.005g EDTA 试验溶液的整分份（滴定消耗的硫酸铜标准溶液体积应在 0.80～1.40mL 之间）到 150mL 烧杯中，加水至 80mL，置磁力搅拌器上。插入已预先校准好的 pH 计的电极，在搅拌下加盐酸溶液调整 pH 值至 4～5。将电极抬起，冲洗后移开。

肥皂脂肪酸含量低对测定无干扰，但在必要时，可将 80℃热溶液通过湿滤纸过滤，除去脂肪酸。用 50mL 热水分三次洗涤烧杯及滤器，洗涤液并入滤液。

加入 5mL 乙酸盐缓冲溶液，加水至 130mL。加热溶液至约 60℃。加 5～6 滴 PAN 指示剂，在搅拌下从微量滴定管滴加硫酸铜标准溶液，当滴定至溶液由黄色变到红色，并保持 1min 不变时即为终点。

四、结果计算

试样中 EDTA 以乙二胺四乙酸二钠二水合物计的质量分数 w_1 按下式计算：

$$w_1=\frac{c\times V_1\times 372\times 50}{m\times V_0}\times 100\%$$

试样中 EDTA 以乙二胺四乙酸计的质量分数 w_2 按下式计算：

$$w_2=\frac{c\times V_1\times 292\times 50}{m\times V_0}\times 100\%$$

式中 V_0——用于测定的试验溶液整分份的体积，mL；

V_1——滴定所消耗的硫酸铜标准溶液的体积，mL；

c——硫酸铜标准溶液的浓度，mol/L；

m——试样的质量，g；

372——乙二胺四乙酸二钠二水合物的摩尔质量，g/mol；

292——乙二胺四乙酸的摩尔质量，g/mol。

五、附注

① 对 EDTA 含量不超过 2%的同一样品，由同一操作者使用同一仪器相继进行的两次平行测定之差应不超过 0.01%。

② 洗涤剂中 EDTA 含量一般较少，滴定速度应在不断搅拌下缓慢加入，以免过量。

③ 试样 pH 值的调节一定要严格，没有 pH 计的情况下，可用精密 pH 试纸代替。

六、思考题

① 请阐述以硫酸铜标准溶液滴定 EDTA 的原理。为何选择 Cu^{2+} 作为滴定剂而不是其他金属离子？

② 实验为何要在 pH≈4～5 的乙酸-乙酸钠缓冲体系中进行？pH 偏离最佳范围对 Cu^{2+} 与 EDTA 的络合反应及指示剂变色有何影响？

③ 滴定过程为何需要加热？加热的温度应控制在什么范围？温度过高有何弊端？

④ 本方法测定的是"EDTA 及其盐类"，样品中如果含有其他能与 Cu^{2+} 络合的组分(如磷酸盐、柠檬酸盐)，是否会干扰测定？如何评估这种干扰？

实验五十二　洗衣粉中活性氧含量的测定——高锰酸钾滴定法

一、原理

洗衣粉中活性氧主要以过硼酸钠、过氧化钠形式存在。它们遇水释放出过氧化氢。利用过氧化氢和高锰酸钾在酸性溶液中发生氧化还原反应，可实现对洗衣粉中活性氧的测定。

二、仪器与试剂

① 容量瓶（1000mL）。

② 锥形瓶（500mL）。

③ 机械搅拌器。

④ 硫酸铝十八水合物 [$Al_2(SO_4)_3\cdot 18H_2O$]。

⑤ 含铋和锰的硫酸溶液：溶解 2g 硝酸铋五水合物 [$Bi(NO_3)_3 \cdot 5H_2O$] 和 2g 硫酸锰一水合物（$MnSO_4 \cdot H_2O$） [或相当量四或五水合物（$MnSO_4 \cdot 4H_2O$ 或 $MnSO_4 \cdot 5H_2O$）] 于 1000mL [$c(1/2H_2SO_4)=5mol/L$] 硫酸溶液中。

⑥ 含铝、铋和锰的硫酸（若需要）溶液：溶解 50g 硫酸铝、5g 硝酸铋五水合物和 5g 硫酸锰一水合物于 1000mL [$c(1/2H_2SO_4)=5mol/L$] 硫酸溶液中。

⑦ 高锰酸钾 [$c(1/5KMnO_4)=0.1mol/L$] 标准溶液：新标定。

三、分析步骤

称取约 10g 样品（准确至 0.01g）的试验份，移入 2000mL 烧杯中，将容量瓶充注 35～40℃的水至刻度并加至试验份中，排尽需几秒钟。用搅拌器激烈搅拌 3min，使试验份溶解，可能存在有少量不溶性的硅酸盐等可不必除去（即溶液 A）。

在溶解操作时，将 50mL 硫酸溶液置于锥形瓶中，并在不停地摇动下，逐滴加入高锰酸钾溶液，直到出现不褪的淡粉红色。

用移液管移取 100mL 溶液 A 至锥形瓶。用高锰酸钾溶液滴定至淡粉红色至少 15s 不褪。

若终点不明显，可以加 1g 硫酸铝或 20mL 硫酸溶液重复测定。

四、结果计算

洗衣粉中活性氧的质量分数按下式计算：

$$w(O)=\frac{V\times c\times 8.0}{m}\times 100\%$$

式中 V——测定消耗高锰酸钾标准溶液的体积，mL；

c——所用高锰酸钾标准溶液的浓度，mol/L；

m——试验份的质量，g。

五、附注

① 试样溶解：在试样溶解后应尽快进行测定；关于溶解试验份的规定程序，未考虑使用常规的容量玻璃器皿，允许按样品的性质用适当方式溶解试验份。

② 几种试剂的作用：加入硫酸锰可以避免某些洗衣粉可能发生相对长的诱导期；硝酸铋能与 EDTA 或其他乙酸胺类的络合剂相络合，因此排除了任何可能的干扰；若加入硫酸铝，使先与缩合磷酸盐反应，可以避免在某些情况下，因与锰离子生成络合物而使终点不明显。

③ 本法适用于测定过氧水合物，如过硼酸钠、过碳酸钠；不适用于分析除含过氧水合物外，还含有在分析条件下能与酸性高锰酸盐反应的洗衣粉。

含有乙二胺四乙酸（EDTA）或其他同类络合剂时，如其浓度不超过 1%（质量分数），此法仍适用。

④ 重复性：对同一样品，由同一分析者使用同一仪器相继测定，两次结果的最大允许差应不超过平均值的 1.3% [活性氧含量约 2%（质量分数）]。

⑤ 再现性：对同一样品，在两个不同试验室中所得结果的最大允许差应不超过平均值的 5% [活性氧含量约 2%（质量分数）]。

六、思考题

① 洗衣粉中的“活性氧”通常来自什么物质？请写出其在酸性条件下与高锰酸钾反应的离子方程式。

② 高锰酸钾法自身的终点是如何判断的？为何终点后溶液的粉红色在短时间内可能会消失？

③ 样品中若含有少量的还原性物质（如 Fe^{2+}、Sn^{2+}）或有机色素，会对测定结果产生什么影响？

实验五十三　电镀用硫酸铜的测定——硫代硫酸钠滴定法

一、原理

在微酸性条件下，试样中加入的适量碘化钾与二价铜作用，析出等化学计量的碘。用硫代硫酸钠标准滴定溶液滴定析出的碘，以淀粉为指示剂，由颜色的变化来判断终点。

二、仪器与试剂

① 玻璃砂芯坩埚：孔径 5～15μm。

② 恒温干燥箱：控制温度为 105～110℃。

③ 碘化钾。

④ 焦磷酸钠。

⑤ 乙酸溶液（4＋1）。

⑥ 氨水溶液（1＋4）。

⑦ 硫氰酸钾溶液（100g/L）。

⑧ 硫代硫酸钠标准滴定溶液（0.1mol/L）。

⑨ 淀粉指示剂（10g/L）：使用期为 2 周。

三、分析步骤

1. 试验溶液的制备

称取 10g 试样（精确至 0.0002g），溶于少量蒸馏水中，待溶解后用已于 105～110℃干燥至恒重的玻璃砂芯坩埚过滤，以热蒸馏水洗涤滤渣至洗液无色并用氨水溶液检查无铜离子反应时为止。将滤液冷却至室温，并收集于 500mL 容量瓶中，用水稀释至刻度，摇匀。保留玻璃砂芯坩埚和滤渣用于水不溶物含量的测定。

2. 测定

用移液管移取 50mL 试验溶液，置于 250mL 碘量瓶中，加 1g 焦磷酸钠、2g 碘化钾及 10mL 乙酸溶液，摇匀，置于暗处放置 10min，用硫代硫酸钠标准溶液滴定至溶液呈淡黄色，加入 2mL 淀粉指示剂，继续滴定溶液呈蓝色后，加入 10mL 硫氰酸钾溶液，混匀后继续滴定至蓝色消失，即为终点。

同时做空白试验。

四、结果计算

以质量分数表示的硫酸铜（以 $CuSO_4\cdot 5H_2O$ 计）含量（w）按下式计算：

$$w(CuSO_4\cdot 5H_2O)=\frac{c\times(V_1-V_0)\times 0.2497}{m\times\frac{50}{500}}\times 100\%=\frac{2.497\times c\times(V_1-V_0)}{m}\times 100\%$$

式中　c——硫代硫酸钠标准滴定溶液的实际浓度，mol/L；

V_1——滴定试验溶液消耗硫代硫酸钠标准滴定溶液的体积，mL；

V_0——滴定空白试验溶液消耗硫代硫酸钠标准滴定溶液的体积，mL；

m——试料的质量，g；

0.2497——与1.00mL硫代硫酸钠标准滴定溶液［$c(Na_2S_2O_3)=1.000mol/L$］相当的以克表示的硫酸铜（以$CuSO_4 \cdot 5H_2O$计）的质量。

五、附注

① 取两次平行测定结果的算术平均值为测定结果。平行测定结果的绝对差值不大于0.3%。

② 焦磷酸钠溶解较慢，研细后有利于操作时间的缩短。

③ 淀粉指示剂必须在近终点时加入。

④ 在含杂质量较多时，终点易泛色，KI加入量改为4g后可避免此现象。

六、思考题

① 请写出碘量法测定Cu^{2+}所涉及的全部化学反应方程式。并说明I^-在反应中扮演了什么角色？

② 淀粉指示剂为何要在近终点时加入？

③ 焦磷酸钠在此起何作用？

④ 标定$Na_2S_2O_3$溶液的基准物质有哪些？举例说明。

实验五十四　工业硫酸锰的测定——硫酸亚铁铵滴定法

一、原理

在磷酸介质中，于220～240℃下用硝酸铵将试料中的二价锰定量氧化成三价锰，以N-苯代邻氨基苯甲酸作指示剂，用硫酸亚铁铵标准溶液滴定。

二、仪器与试剂

① 磷酸。

② 硝酸铵。

③ 无水碳酸钠。

④ N-苯代邻氨基苯甲酸指示剂（2g/L）溶液：称取0.2g N-苯代邻氨基苯甲酸，溶于少量水中，加0.2g无水碳酸钠，低温加热溶解后加水至100mL，摇匀。

⑤ 硫磷混合酸：于700mL水中徐徐加入150mL硫酸及150mL磷酸，摇匀，冷却。

⑥ 重铬酸钾标准溶液［$c(1/6K_2Cr_2O_7)\approx0.1mol/L$］：准确称取在120℃烘至恒重的基准重铬酸钾4.9g（精确至0.0002g）。置于1000mL容量瓶中，加适量水溶解后，稀释至刻度，摇匀。

⑦ 硫酸亚铁铵标准滴定溶液｛$c[Fe(NH_4)_2(SO_4)_2]\approx0.1mol/L$｝：硫酸亚铁铵标准滴定溶液的标定应与样品测定同时进行。

配制：称取40g硫酸亚铁铵溶于300mL（1+4）硫酸溶液中，加700mL水，摇匀。

标定：移取25mL重铬酸钾标准溶液，加10mL硫磷混合酸，加水至100mL。用硫酸亚铁铵标准滴定溶液滴定至橙黄色消失。加入2滴N-苯代邻氨基苯甲酸指示剂，继续滴定至溶液显亮绿色即为终点。硫酸亚铁铵标准滴定溶液的浓度 c 按下式计算：

$$c=\frac{V_1\times m}{49.03\times V}$$

式中　m——称取重铬酸钾的实际质量，g；

49.03——重铬酸钾（$1/6K_2Cr_2O_7$）的摩尔质量，g；

V_1——移取重铬酸钾标准溶液的体积，mL；

V——滴定中消耗硫酸亚铁铵标准滴定溶液的体积，mL。

三、分析步骤

称取约 0.5g 试样（精确至 0.0002g）置于 500mL 锥形瓶中，用少量水润湿，加入 20mL 磷酸，摇匀后加热至近沸，保持液面平静并微冒白烟（此时温度为 220～240℃），移离热源，立即加入 2g 硝酸铵并充分摇匀，让黄烟逸尽。冷却至约 70℃后，加 100mL 水，充分摇动，使盐类溶解，冷却至室温。用硫酸亚铁铵标准滴定溶液滴定至浅红色，加入 2 滴 N-苯代邻氨基苯甲酸指示剂，继续滴定至溶液由红色变为亮黄色即为终点。

四、结果计算

以质量分数表示的硫酸锰（$MnSO_4\cdot H_2O$）含量（w_1）按下式计算：

$$w_1(MnSO_4\cdot H_2O)=\frac{c\times V\times 0.1690}{m}\times 100\%$$

以质量分数表示的硫酸锰（以 Mn 计）含量（w_2）按下式计算：

$$w_2(Mn)=\frac{c\times V\times 0.05494}{m}\times 100\%$$

式中　c——硫酸亚铁铵标准滴定溶液的实际浓度，mol/L；

V——滴定中消耗的硫酸亚铁标准滴定溶液的体积，mL；

m——试料的质量，g；

0.1690——与 1.00mL 硫酸亚铁铵标准滴定溶液 $\{c[Fe(NH_4)_2(SO_4)_2]=1.00mol/L\}$ 相当的以克表示的硫酸锰的质量；

0.05494——与 1.00mL 硫酸亚铁铵标准滴定溶液 $\{c[Fe(NH_4)_2(SO_4)_2]=1.00mol/L\}$ 相当的以克表示的锰的质量。

五、附注

① 取平行测定结果的算术平均值为测定结果。两次平行测定结果的绝对差值不大于 0.5%（以锰计不大于 0.2%）。

② 质量要求：外观为白色、略带粉红色的结晶粉末。工业硫酸锰应符合表 5-2 的要求。

表 5-2　工业硫酸锰的技术要求

指标项目	指标	指标项目	指标
硫酸锰($MnSO_4\cdot H_2O$)/%　≥	98.0	氯化物(Cl)/%　≤	5
(以 Mn 计)/%　≥	31.8	水不溶物/%　≤	0.05
铁(Fe)/%　≤	0.004	pH 值	5.0～6.5

③ 样品分解时，在冷的情况下，硝酸铵不能将锰氧化至三价状态，加热到 100℃时反应开始，反应温度以 220～240℃较适宜。为了控制此温度规定加热至近沸，并保持液面近于

平静并微微冒白烟，温度过高会导致结果不准确。

④ 在锰氧化至三价的反应过程中所产生的亚硝酸盐会使高价锰还原而导致反应不能进行到底，需加入过量的硝酸铵使与亚硝酸盐进行反应使之分解，故在加入硝酸铵后必须充分摇匀让黄烟逸尽。

⑤ 加入硝酸铵时，以快速一次加入为好。

六、思考题

① 二价锰在不同的条件下能氧化成哪几种价态？

② 样品分解时，为什么温度过高会导致结果不准确？

③ 本方法基于什么氧化还原反应？请写出硫酸亚铁铵滴定法测定锰的化学方程式。

实验五十五　氯化钾的测定——四苯硼酸钠重量法

一、原理

试样经水溶解后，加入甲醛溶液，使存在的铵离子转变成六亚甲基四胺；加入乙二胺四乙酸二钠消除其他干扰阳离子。在弱碱性介质中，用四苯硼酸钠沉淀钾，过滤后，于120℃干燥沉淀并称量。其反应式如下：

$$K^+ + NaB(C_6H_5)_4 = KB(C_6H_5)_4 \downarrow + Na^+$$

二、仪器与试剂

① 玻璃坩埚式过滤器：4 号过滤器，滤板孔径为 7～16μm。

② 氢氧化钠溶液（200g/L）。

③ 乙二胺四乙酸二钠溶液（40g/L）。

④ 四苯硼酸钠 [$NaB(C_6H_5)_4$] 碱性溶液：溶解 32.5g 四苯硼酸钠于 480mL 水中，加 2mL 氢氧化钠溶液（400g/L）和 20mL 氯化镁溶液（100g/L），搅拌 15min，用中速滤纸过滤，该试剂可使用一周左右，如有浑浊，使用前应过滤。

⑤ 甲醛溶液 [36%（体积分数）]：使用前过滤。

⑥ 洗涤液（室温下饱和的四苯硼酸钾溶液）：在含有约 0.1g 氯化钾的 100mL 溶液中，加入过量的四苯硼酸钠溶液进行沉淀，生成的四苯硼酸钾沉淀用 4 号玻璃坩埚式过滤器抽滤，并用蒸馏水洗涤至无氯离子，然后将沉淀转移到 5L 蒸馏水中，呈悬浮状态，摇动 1h，使用时过滤出所需要的量。

⑦ 酚酞指示液：溶解 0.5g 酚酞于 100mL 95%的乙醇中。

三、分析步骤

1. 试验溶液的制备

称取约 5g 试样（精确至 0.001g）置于 400mL 烧杯中，加入 150mL 水，在不断搅拌下加热，微沸 5min，取下冷却至 20℃，移入 500mL 容量瓶中，用水稀释至刻度，摇匀。此为溶液 A。

干过滤溶液 A，弃去最初少量滤液。移取 25mL 滤液于 250mL 容量瓶中，用水稀释至刻度，摇匀。此为溶液 B。

2. 测定

移取 50mL 溶液 B 于 250mL 烧杯中，加入 10mL EDTA 溶液及 2～3 滴酚酞指示液，在搅拌下逐滴加入氢氧化钠溶液至红色出现。加 5mL 甲醛溶液。此时如红色消失，应再补加氢氧化钠溶液至红色。盖上表面皿，在沸水浴上加热 15min（此时溶液应保持红色）。

取下烧杯，稍冷，在搅拌下逐滴加入 10mL 四苯硼酸钠溶液，继续搅拌 1min。在流水中迅速冷却至 20℃以下，放置 10min。用预先在（120±2)℃干燥至恒重的玻璃坩埚式过滤器抽滤。先抽滤上层清液，再用洗涤液转移沉淀至过滤器中，继续用洗涤液洗涤沉淀 12 次左右，每次洗涤液用量约 5mL。

过滤器和沉淀于（120±2)℃烘箱内干燥 90min，取出过滤器，放入干燥器内冷却至室温，称量，精确至 0.0001g。

四、结果计算

以质量分数表示的氧化钾（K_2O）含量（w_1）按下式计算：

$$w_1(K_2O)=\frac{0.1314\times m_1}{m\times\frac{25}{500}\times\frac{50}{250}}\times100\%\times\frac{100}{100-x}$$

式中 m_1——干燥后的四苯硼酸钾质量，g；

m——试样的质量，g；

x——试样中水分的质量分数，%；

0.1314——四苯硼酸钾质量换算为氧化钾质量的系数。

以质量分数表示的氯化钾含量（w_2）按下式计算：

$$w_2(KCl)=\frac{0.2081\times m_1}{m\times\frac{25}{500}\times\frac{50}{250}}\times100\%\times\frac{100}{100-x}$$

式中 m、m_1、x——同上式；

0.2081——四苯硼酸钾质量换算为氯化钾质量的系数。

五、附注

① 取平行分析结果的算术平均值为最终分析结果，平行分析结果的绝对差值氧化钾应不大于 0.38%。

② 质量要求：外观为白色或微红色结晶体；工、农业用氯化钾技术指导应符合表 5-3 要求。

表 5-3 工、农业用氯化钾的技术要求/%

项目	指标						
	Ⅰ类	Ⅱ类			Ⅲ类		
		优等品	一等品	合格品	优等品	一等品	合格品
氧化钾(K_2O)含量 ≥	62	60	59	57	60	57	54
水分(H_2O) ≤	2	2	4	6	6	6	6
钙镁(Ca+Mg)含量 ≤	0.2	0.4	—	—	—	—	—
钙(Ca)含量 ≤	—	—	0.5	0.8	—	—	—
镁(Mg)含量 ≤	—	—	0.4	0.6	—	—	—
氯化钠(NaCl)含量 ≤	1.2	2.0	—	—	—	—	—
水不溶物含量 ≤	0.1	0.3	—	—	—	—	—

注：除水分外，各组分含量均以干基计算。Ⅰ类：为特种工业用氯化钾，适用于电解法制取氢氧化钾、氯酸钾等；Ⅱ类：为工业用氯化钾，适用于化工行业中各种钾盐的生产。Ⅲ类：为农业用氯化钾，适用于配制复混肥或直接作为肥料施用。

六、思考题

① 重量法操作中应注意些什么？

② 洗涤沉淀时，为什么选用四苯硼酸钾的饱和溶液而不是水？

③ 沉淀的干燥温度应控制在什么范围？为什么温度不能过高？

实验五十六　硫酸铵的测定（一）——蒸馏法

一、原理

硫酸铵在碱性溶液中蒸馏出的氨，用过量的硫酸标准滴定溶液吸收，在指示剂存在下，以氢氧化钠标准滴定溶液回滴过量的硫酸。

二、仪器与试剂

① 氢氧化钠溶液（450g/L）。

② 硫酸标准溶液 $[c(\frac{1}{2}H_2SO_4)=0.5mol/L]$。

③ 氢氧化钠标准滴定溶液（0.5mol/L）。

④ 甲基红-亚甲基蓝混合指示剂：溶解 0.1g 甲基红于 50mL 乙醇中，再加入 0.05g 亚甲基蓝，溶解后，用相同的乙醇稀释至 100mL。

⑤ 硅脂或其他不含氮的润滑脂。

⑥ 本方法使用的蒸馏仪器如图 5-1 所示。

⑦ 防爆沸石或防爆装置，后者由一根长 100mm、直径 5mm 玻璃棒接上一根长 25mm 聚乙烯管。

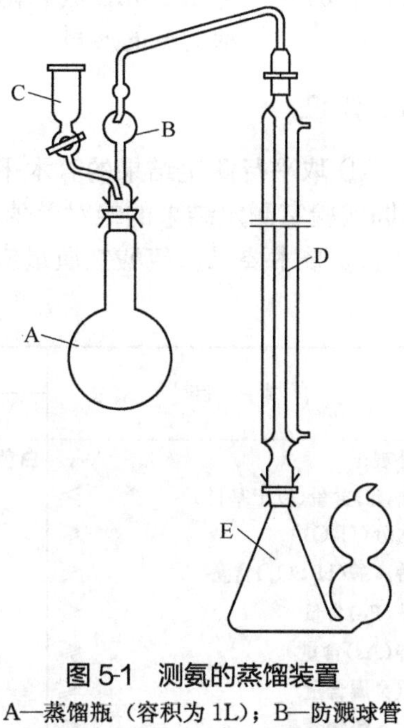

图 5-1　测氨的蒸馏装置

A—蒸馏瓶（容积为 1L）；B—防溅球管（平行地插入滴液漏斗 C）；C—滴液漏斗（容积为 50mL）；D—直形冷凝管（有效长度约 400mm）；E—吸收瓶（容积为 500mL，瓶侧连接双连球）

三、分析步骤

1. 试样溶液的制备

称取 10g 试样，精确至 0.001g，溶于少量水中，转移至 500mL 容量瓶中，用水稀释至刻度，混匀。

2. 蒸馏

从容量瓶中吸取 50mL 试液于蒸馏瓶 A 中，加入约 350mL 水和几粒防爆沸石（或防爆装置：将聚乙烯管接触烧瓶底部）。

用大肚移液管加入 50mL 硫酸标准滴定溶液于吸收瓶 E 中，并加入 80mL 水和 5 滴混合指示剂溶液。

用硅脂涂抹仪器接口，按图 5-1 安装蒸馏仪器，并确保仪器所有部分密封。

通过滴液漏斗 C 往蒸馏瓶 A 中注入氢氧化钠溶液 20mL，注意滴液漏斗 C 中至少留有几毫升溶液。加热蒸馏，直到吸收瓶 E 中的收集量达到 250～300mL 时停止加热，打开滴液漏斗 C，拆下防溅球管 B，用水冲洗冷凝管 D，并将洗涤液收集在吸收瓶 E 中，拆下吸收瓶。

3. 滴定

将吸收瓶E中溶液混匀，用氢氧化钠标准滴定溶液回滴过量的硫酸标准滴定溶液，直至指示剂呈灰绿色为终点。

4. 空白试验

在测定的同时，除不加试样外，按样品完全相同的分析步骤、试剂和用量进行平行操作。

四、结果计算

氮含量（w 以干基计）以质量分数表示，按下式计算：

$$w(\mathrm{N})=\frac{(V_1-V_2)\times c\times 0.01401}{m\times\frac{100-x_{\mathrm{H_2O}}}{100}}\times 100\%$$

式中 V_1——测定时消耗氢氧化钠标准滴定溶液的体积，mL；

V_2——空白试验消耗氢氧化钠标准滴定溶液的体积，mL；

c——氢氧化钠标准滴定溶液的实际浓度，mol/L；

m——试样的质量，g；

$x_{\mathrm{H_2O}}$——试样中水的百分含量；

0.01401——与1.00mL氢氧化钠标准滴定溶液［$c(\mathrm{NaOH})=1.000\mathrm{mol/L}$］相当的以克表示的氮的质量。

五、附注

① 取平行测定结果的算术平均值为测定结果，平行测定结果的绝对差值不大于0.06%；不同实验室测定结果的绝对差值不大于0.12%。

② 技术要求。硫酸铵质量应符合表5-4要求。

表5-4 硫酸铵的技术要求

项目		指标		
		优等品	一等品	合格品
外观		白色结晶，无可见机械杂质	无可见机械杂质	
氮(N)含量(以干基计)	≥	21.0	21.0	20.5
水分(H_2O)	≤	0.2	0.3	1.0
游离酸(H_2SO_4)含量	≤	0.03	0.05	0.20
铁(Fe)含量	≤	0.007	—	—
砷(As)含量	≤	0.00005	—	—
重金属含量	≤	0.005	—	—
水不溶物含量	≤	0.01	—	—

六、思考题

① 如何配制与标定NaOH标准溶液？

② 蒸馏法的原理是什么？

③ 蒸馏装置的气密性为何至关重要？如果装置漏气，会导致什么后果？

④ 为什么必须进行空白实验？空白实验的结果应如何处理？

实验五十七　硫酸铵的测定（二）——甲醛法

一、原理

在中性溶液中，铵盐与甲醛作用生成六亚甲基四胺和相当于铵盐含量的酸，在指示剂存在下，用氢氧化钠标准滴定溶液滴定。

二、仪器与试剂

① 氢氧化钠溶液（4g/L）。

② 氢氧化钠标准滴定溶液（0.5mol/L）。

③ 甲醛乙醇溶液（250g/L）。

④ 甲基红指示剂乙醇溶液（1g/L）。

⑤ 酚酞指示剂乙醇溶液（10g/L）。

三、分析步骤

1. 试样溶液的制备

称取 1g 试样，精确至 0.001g，置于 250mL 锥形瓶中，加 100～120mL 水溶解，再加 1 滴甲基红指示剂溶液，用氢氧化钠溶液调节至溶液呈橙色。

2. 测定

加入 15mL 甲醛溶液至试液中，再加入 3 滴酚酞指示剂溶液，混匀。放置 5min，用氢氧化钠标准滴定溶液滴定至浅红色，经 1min 不消失（或滴定至 pH 计指示 pH 8.5）为终点。

3. 空白试验

在测定的同时，除不加试样外，按样品完全相同的分析步骤、试剂和用量进行平行操作。

四、结果计算

氮含量（w，以干基计）以质量分数表示，按下式计算：

$$w(\mathrm{N})=\frac{(V_1-V_2)\times c\times 0.01401}{m\times\dfrac{100-x_{\mathrm{H_2O}}}{100}}\times 100\%$$

式中　V_1——测定时消耗氢氧化钠标准滴定溶液的体积，mL；

V_2——空白试验消耗氢氧化钠标准滴定溶液的体积，mL；

c——氢氧化钠标准滴定溶液的实际浓度，mol/L；

m——试样的质量，g；

$x_{\mathrm{H_2O}}$——试样中水的百分含量；

0.01401——与 1.00mL 氢氧化钠标准滴定溶液 [c(NaOH)＝1.000mol/L] 相当的以克表示的氮的质量。

五、附注

取平行测定结果的平均值为测定结果，平行测定结果的绝对差值不大于 0.06%；不同实验室测定结果的绝对差值不大于0.12%。

六、思考题

① 请阐述甲醛法测定硫酸铵的原理。

② 加入甲醛后，为何需要静置一段时间？静置时间不足对测定结果有何影响？

③ 甲醛法测定硫酸铵主要的干扰因素有哪些？

④ 甲醛法与蒸馏法测硫酸铵各有何优缺点？

实验五十八　工业用尿素中铁含量的测定——邻菲啰啉分光光度法

一、原理

用抗坏血酸将试液中的三价铁离子还原为二价铁离子，在 pH 2～9 时，二价铁离子与邻菲啰啉生成橙红色络合物，在最大吸收波长 510nm 处，用分光光度计测定其吸光度。

本实验选择 pH 值为 4.5 条件下生成络合物。

二、仪器与试剂

① 盐酸溶液（1+1）。

② 氨水溶液（1+1）。

③ 硫酸（ρ=1.84g/mL）。

④ 乙酸-乙酸钠缓冲溶液（pH≈4.5）。

⑤ 抗坏血酸（20g/L 溶液）：该溶液使用期限 10d。

⑥ 邻菲啰啉溶液（2g/L）。

⑦ 硫酸铁铵［$NH_4Fe(SO_4)_2 \cdot 12H_2O$］。

⑧ 铁标准溶液（含铁 0.100mg/mL）：称取 0.863g 的硫酸铁铵，准确至 0.001g，置于200mL 烧杯中，加入 100mL 水、10mL 硫酸，溶解后，定量转移到 1000mL 容量瓶中，用水稀释至刻度，摇匀。

⑨ 铁标准溶液（含铁 0.010mg/mL）：用铁标准溶液（0.1mg/mL）稀释 10 倍，只限当日使用。

⑩ 分光光度计：带有 3cm 或 1cm 的比色皿。

⑪ pH 计。

三、分析步骤

① 标准比色溶液的制备：按表 5-5 在一系列 100mL 烧杯中，分别加入给定体积的铁标准溶液（0.01mg/mL）。加水至约 40mL，使用 pH 计，用盐酸溶液调节溶液的 pH 值接近2，加入 2.5mL 抗坏血酸溶液、10mL 乙酸-乙酸钠缓冲溶液、5mL 邻菲啰啉溶液，定量转移至 100mL 容量瓶中，用水稀释至刻度，摇匀。

② 以铁含量为零的溶液作为参比溶液，在波长 510nm 处，用分光光度法测定标准比色溶液的吸光度，并绘制标准曲线。

③ 试样及试液制备：称量约 10g 试样（精确至 0.01g）置于 100mL 烧杯中，加少量水使试样溶解，加入 10mL 盐酸溶液，加热煮沸，并保持 3min，冷却后，将试液定量过滤于

100mL 烧杯中，用少量水洗涤几次，使溶液体积约为 40mL。

表 5-5　铁标准系列配制

铁标准溶液用量/mL	对应的铁含量/μg	铁标准溶液用量/mL	对应的铁含量/μg
0	0	6.00	60.0
1.00	10.0	8.00	80.0
2.00	20.0	10.00	100.0
4.00	40.0		

使用 pH 计，用氨水溶液调节溶液的 pH 值约为 2，将溶液定量转移到 100mL 容量瓶中，加 2.5mL 抗坏血酸溶液、10mL 乙酸-乙酸钠缓冲溶液、5mL 邻菲啰啉溶液，用水稀释至刻度，混匀。在分光光度计上波长 510nm 处，以空白溶液为参比，测定吸光度。

四、结果计算

从标准曲线上查出所测定吸光度对应的铁含量。

试样中铁含量以铁 w(Fe) 计，用质量分数表示，按下式计算：

$$w(\mathrm{Fe})=\frac{m_1-m_2}{m}\times 100\%$$

式中　m_1——试样中测得铁的质量，g；

m_2——空白试验所测得铁的质量，g；

m——试样的质量，g。

所得结果表示至五位小数。

五、附注

① 平行测定结果的绝对差值不大于 0.00030%；如测定结果小于 0.00030%，平行测定结果的相对误差不大于 100%；不同实验室测定结果的绝对差值不大于 0.00040%，如测定结果小于 0.00040%，其相对误差不大于 100%。

取平行测定结果的算术平均值作为测定结果。

② Cu^{2+}、Co^{2+}、Ni^{2+}、Ca^{2+}、Hg^{2+}、Zn^{2+} 等也能与邻菲啰啉生成稳定络合物，在少量情况下，不影响 Fe^{2+} 的测定，量大时可用 EDTA 掩蔽或预先分离。

若试样含铁量≤15μg，可在调整 pH 值前加入 5.00mL 铁标准溶液（0.01mg/mL），然后在结果中扣除。

六、思考题

① pH 值对显色有何影响？

② 试样中的干扰物质如何消除？

实验五十九　有机化工产品酸值的测定——酸碱滴定法

一、原理

样品中的游离酸与氢氧化钾发生中和反应，从氢氧化钾标准滴定溶液所消耗的量，可计算出游离酸的量。

二、仪器与试剂

① 微量滴定管：分度值 0.02mL 或更小。

② 具磨口塞锥形瓶：100mL 或 250mL。

③ KOH 乙醇标准溶液：（0.05mol·L^{-1} 或 0.02mol·L^{-1}）。

④ 酚酞指示剂乙醇溶液（10g/L)。

⑤ 乙醇。

⑥ 石油醚。

三、分析步骤

1. 易溶于乙醇的样品酸值测定

量取 100mL 乙醇，加 2 滴酚酞指示剂，以氢氧化钾溶液（0.05mol·L^{-1} 或 0.02mol·L^{-1}）中和后备用。称取 5～10g 样品（精确至 0.01g）置于具有磨口塞的 100～250mL 锥形瓶中，然后加入 50mL 已中和的乙醇，另取 250mL 锥形瓶一个，加入 50mL 已中和的乙醇，不加试样作为终点比色标准。待试样瓶中样品全溶后，以氢氧化钾标准滴定溶液（0.05mol·L^{-1} 或 0.02mol·L^{-1}），用微量滴定管滴定到与标准颜色相同（滴定需在 30s 内完成），保持 15s 不褪色即为终点。

2. 不易溶于乙醇的样品酸值测定

量取 100mL 石油醚-乙醇混合液（1＋1），加 1mL 酚酞指示剂，用氢氧化钾标准滴定溶液中和后备用。称取 5～10g 样品（精确至 0.01g），置于具有磨口塞的 100～250mL 锥形瓶中，然后分别加入 50mL 已中和的石油醚-乙醇混合液，以下步骤同易溶于乙醇的样品酸值测定。

3. 不易溶于乙醇，而色泽较深的样品酸值测定

准确称取 5～10g 样品（精确至 0.01g），置于干燥的 250mL 锥形瓶中，加入 40mL 石油醚-乙醇混合液（1＋1），待完全溶解后再加 50mL 新经煮沸并冷却的水，加 5 滴酚酞指示剂，若溶液无红色出现，用氢氧化钾标准溶液滴定至粉红色，15s 不褪色即为终点。同时做空白试验。

四、结果计算

$$\text{酸值}(\text{mg}\cdot\text{KOH/g})=\frac{c\times V\times 56.11}{m}$$

式中 V——耗用 KOH 标准滴定溶液的体积，mL；

c——氢氧化钾标准滴定溶液的实际浓度，mol·L^{-1}；

m——样品质量，g；

56.11——KOH 的摩尔质量。

五、附注

① 在水溶液中，甲酸酯、乙酸酯、二羟醇酯等易水解的酯极易皂化，会干扰水解酯的存在，滴定终点极易褪色。

② 酸酐、酰氯存在，也易水解成羧酸，用碱滴定时水解更易发生。

③ 活泼醛在水溶液中，有碱参与时易发生羟醛缩合，消耗碱而产生干扰。

六、思考题

① 什么是“酸值”？其单位是什么？测定酸值有何实际意义？
② 滴定为何通常在乙醇或乙醇-水混合溶剂中进行，而不是在水中？
③ 使用易燃有机溶剂（如乙醇、乙醚）时，应注意哪些安全事项？
④ 如何消除可能产生的干扰因素？

实验六十　有机化工产品中皂化值和酯含量的测定——酸碱滴定法

一、原理

样品中的游离酸类和酯类与氢氧化钾乙醇溶液共热时，发生皂化反应，剩余的碱可用酸的标准溶液进行滴定，从而求出中和样品所需的氢氧化钾质量（mg）或酯含量。

二、仪器与试剂

① 盐酸标准溶液（0.5mol·L^{-1}）。
② 酚酞指示剂乙醇溶液（10g/L）。
③ 中性乙醇：用碱液调至酚酞微红色。
④ 氢氧化钾乙醇溶液（0.5mol·L^{-1}）。

三、分析步骤

称取若干克样品（精确至0.0002g，视皂化值或酯含量多少而定），置于250mL酯化瓶中。准确加入50mL氢氧化钾乙醇溶液（$c_{KOH}=0.5mol \cdot L^{-1}$），然后装上回流冷凝管，在水浴上维持微沸状态回流1/2～1h（视样品性质而定），勿使蒸汽逸出冷凝管。取下冷凝管，用10mL中性乙醇冲洗冷凝管的内壁和塞的下部，加1mL酚酞指示剂，用盐酸标准溶液滴定剩余的氢氧化钾到溶液的粉红色刚好褪去即为终点，同时做空白试验。

四、结果计算

$$\text{皂化值(mg·KOH/g)}=\frac{(V_1-V_2)\times c\times 56.11}{m}$$

$$\text{酯含量}=\frac{(V_1-V_2)\times c\ \dfrac{M}{n\times 1000}}{m}\times 100\%-x$$

式中 V_1——空白试验耗用盐酸溶液的体积，mL；
V_2——滴定样品耗用盐酸溶液的体积，mL；
c——HCl标准溶液实际浓度，mol·L^{-1}；
m——样品质量，g；
M——样品中酯的摩尔质量，g/mol；
n——酯的价数；

x——酸值换算为酯含量的百分数（酸值<1 可忽略不计）；

56.11——KOH 的摩尔质量。

五、附注

① 有醛存在时，不能用碱皂化直接测定酯，因为皂化时醛亦要消耗碱，所以试样中含有醛类时，应事先加入过量羟胺，使醛与羟胺生成肟，再以皂化法测定酯。

② 酰胺亦会干扰测定，因其遇碱水解生成羧酸盐，有些酰胺能定量皂化。

③ 皂化过程中，OH^- 的浓度越大，皂化反应速率越快，越容易反应完全，但碱度过大会造成测定误差增大。

六、思考题

① 请准确区分“皂化值”、“酯值”和“酸值”。它们三者之间有何关系？

② 请写出酯类在碱性条件下发生皂化反应的通用方程式，以及用盐酸返滴定的原理。

③ 皂化反应为何需要在回流装置中加热进行？加热温度对其有何影响？

④ 在该方法判定酯时，哪些物质的存在会产生干扰？如何消除这些干扰？

设计性实验　化工产品中主要成分和杂质分析

一、实验目的

① 培养学生在化工产品分析中解决实际问题的能力，并通过实践加深对理论课程的理解。

② 培养学生查阅文献资料的能力，提高设计水平、动手能力及完成实验报告的能力。

二、基本内容和要求

1. 由教师指定或学生自选一种化工产品，分析其中的主要成分和杂质成分。

2. 在参考资料的基础上，拟定初步方案，经教师审阅后写出详细的实验内容，包括：

① 题目；

② 方法概述；

③ 仪器及试剂品种、数量和配制方法；

④ 实验内容及分析步骤（标定、测定等）。

3. 按拟订方案进行实验，并写出实验报告。实验报告内容包括：题目、方法提要、实验结果的相关数据及计算公式与计算结果、对实验结果及所选方案的评价与讨论。

三、思考题

① 如果你拿到一个未知的工业级化工产品（如无水碳酸钠、工业硫酸锌等），你如何初步界定其“主要成分”和“杂质”？阐述从拿到样品到出具完整分析报告的全流程，包括哪些必要的步骤。

② 针对“主要成分”（含量高，通常>1%）和“痕量杂质”（含量低，通常<0.1%或更低）在含量上的差异，你会分别选择哪一类分析方法？请以工业氯化钾为例，说明你选择何种方法测定其主要成分 KCl 含量，又选择何种方法测定其中可能含有的钙、镁、钠等杂质离子，并阐述你做出这些选择的依据。

• 综合探究

某化工企业生产一批用于电子行业的高纯度化工产品（如高纯硫酸、高纯盐酸等），在质量检测过程中，发现产品中存在少量无机杂质元素（如铁、铜、锌、钙、镁等），这些杂质元素的含量虽然很低，但对产品的最终应用性能有显著影响。企业需要对这些杂质元素进行精确分析，以确保产品质量符合行业标准。在初步分析中，企业采用常规的光谱分析方法（如原子吸收光谱法，AAS）对杂质元素进行检测，但发现部分杂质元素的测定结果不稳定，且与预期值存在偏差。企业怀疑可能是分析方法选择不当、样品前处理不充分或仪器条件未优化等问题导致的。请你分析可能导致测定结果不稳定和存在偏差的原因，并提出相应的解决方案。

扫码见参考答案

第六章　食品分析

实验六十一　食品中铝的测定——铬天青 S 比色法

一、原理

样品经硝酸-高氯酸处理后，试液中三价铝离子在 pH 5.5 的乙酸-乙酸钠缓冲介质中，与铬天青 S（CAS）及溴化十六烷基三甲铵（CTMAB）形成蓝绿色三元络合物，于波长 640nm 处测定吸光度并与标准比较定量。

二、仪器与试剂

① 硝酸（优级纯）。

② 高氯酸（分析纯）。

③ 硫酸（优级纯）。

④ 盐酸（优级纯）。

⑤ 乙酸-乙酸钠缓冲溶液：称取 34g 乙酸钠（$NaAc \cdot 3H_2O$），溶于 450mL 水中，加 2.6mL 冰乙酸，调 pH 值至 5.5，用水稀释至 500mL。

⑥ 0.5g/L 铬天青 S 溶液：称取 50mg CAS，用水溶解并稀释至 100mL。

⑦ 0.2g/L CTMAB 溶液：称取 20mg CTMAB，用水溶解并稀释至 100mL，必要时加热助溶。

⑧ 10g/L 抗坏血酸溶液：称取 1.0g 抗坏血酸，用水溶解并定容至 100mL，临用时现配。

⑨ 铝标准贮备液：精密称取 1.0000g 金属铝（纯度 99.99%），加 50mL 6mol/L 盐酸溶液，加热溶解，冷却后，移入 1000mL 容量瓶中，用水稀释至刻度，该溶液含铝为 1mg/mL。

⑩ 铝标准使用液：吸取 1.00mL 铝标准贮备液，置于 100mL 容量瓶中，用水稀释至刻度，再从中吸取 5.00mL 于 50mL 容量瓶中，用水稀释至刻度，该溶液含铝为 1μg/mL。

⑪ 分光光度计。

三、分析步骤

1. 样品处理

将样品（不包括夹心、夹馅部分）粉碎均匀，取约 30g，置于 85℃烘箱中干燥 4h 后，称取 1.00～2.00g，置于 150mL 锥形瓶中，各加入 10～15mL 硝酸-高氯酸（5+1）混合液，加玻璃珠，盖好玻片盖，放置片刻，置电热板上缓缓加热，至消化液无色透明，并出现大量高氯酸烟雾时，取下冷却，加 0.5mL 硫酸，再置电热板上加大热度以除去高氯酸，高氯酸除尽时取下放冷后加 10～15mL 水，加热至沸。冷后用水定容至 50mL 容量瓶中。同时做空白试验。

2. 测定

吸取 0.0mL、0.5mL、1.0mL、2.0mL、4.0mL、6.0mL 铝标准使用液（分别相当于

0.0μg、0.5μg、1.0μg、2.0μg、4.0μg、6.0μg 铝)，置于 25mL 比色管中，依次向各管中加入 1mL 硫酸溶液（1+99)。

吸取 1.0mL 样品消化液和空白液，各置于 25mL 比色管中。

向标准管、样品管、试剂空白管中各加入 8.0mL 乙酸-乙酸钠缓冲溶液、1.0mL 10g/L 抗坏血酸溶液，混匀，然后各加 2.0mL 0.2g/L 的 CTMAB 溶液和 2.0mL 0.5g/L 的 CAS 溶液，轻轻混匀后，用水稀释至刻度。室温（20℃左右）放置 20min 后，用 1cm 比色皿于波长 640nm 处测定吸光度，以空白溶液作参比，绘制标准曲线。

四、结果计算

$$\rho(\mathrm{Al})=\frac{(A_1-A_2)\times 1000}{m\times \dfrac{V_2}{V_1}\times 1000}\quad (\mathrm{mg}\cdot\mathrm{kg}^{-1})$$

式中 $\rho(\mathrm{Al})$——样品中铝的含量，mg/kg；

A_1——测定用样品消化液中铝的质量，μg；

A_2——试剂空白液中铝的质量，μg；

m——样品质量，g；

V_1——样品消化液总体积，mL；

V_2——测定用样品消化液体积，mL。

五、附注

① 本方法最低检出限 0.5μg。本方法回收率为 88.3%～97.8%，相对标准偏差为 2.9%～9.4%。

② 样品消化时关键是赶净高氯酸，因为残留高氯酸对显色有影响。络合物的稳定性与温度有关，温度越高，反应速率越快，显色越完全，故放置时间的长短要因温度而定。

③ 我国食品卫生标准中面制食品中铝的允许量标准见表 6-1。

表 6-1 面制食品中铝的允许量标准

品　种		指标(以 Al 计)/(mg/kg)
油炸面制食品(干重计)	≤	100
蒸制面制食品(干重计)	≤	100
烘烤面制食品(干重计)	≤	100

国外在铝对人体健康的危害方面研究较多，但未规定食品中铝的允许限量。因为一般食品中的含铝量很低，对人体的危害较小。世界卫生组织于 1989 年正式将铝确定为食品污染物加以控制，提出铝的暂定每周容许摄入量为 7mg/(kg·体重)，即每天 1mg/(kg·体重)。

④ 本方法为 CAS 分光光度法，适用于面制食品及其他食品中铝的测定。采用 CTMAB 为表面活性剂，显色较稳定，反应快速，有效地提高了方法的灵敏度。本方法操作简便，不需特殊仪器，其精密度和准确度均可达到化学定量分析的要求，适合一般实验室的样品检测。

六、思考题

① 实验中的 pH 值对显色反应有什么影响？为何要使用乙酸-乙酸钠缓冲体系精确控制 pH？pH 偏高或偏低会导致什么后果？

② 食品基体中常见的铁（Fe^{3+}）、铜（Cu^{2+}）等离子如何干扰测定？实验中使用了什么掩蔽剂来消除干扰？请说明其掩蔽原理。

③ 我国对食品中铝的残留限量有何规定？通过本实验测定常见食品中的铝含量，对于食品安全有何重要意义？

实验六十二　食品中糖精钠的测定——高效液相色谱法

一、原理

样品加温除去二氧化碳和乙醇，调 pH 值至近中性，过滤后进高效液相色谱仪，经色谱分离后，根据保留时间和峰面积进行定性和定量。取样量为 10g，进样量为 10μL 时最低检出量为 1.5ng。

二、仪器与试剂

① 高效液相色谱仪（配紫外检测器）。

② 甲醇：经滤膜（0.45μm）过滤。

③ 氨水（1+1）：氨水加等体积水混合。

④ 乙酸铵溶液（0.02mol/L）：称取 1.54g 乙酸铵，加水至 1000mL 溶解，经滤膜（0.45μm）过滤。

⑤ 糖精钠标准储备溶液：准确称取 0.0851g 经 120℃ 烘干 4h 后的糖精钠（$C_6H_4CONNaSO_2 \cdot 2H_2O$），加水溶解定容至 100mL 容量瓶中。糖精钠含量为 1.0mg/mL，作为储备溶液。

⑥ 糖精钠标准使用溶液：吸取糖精钠标准储备液 10.0mL 放入 100mL 容量瓶中，加水至刻度。经滤膜（0.45μm）过滤。该溶液相当于含糖精钠为 0.10mg/mL。

三、分析步骤

1. 样品处理

汽水：称取 5.00～10.00g，放入小烧杯中，微温搅拌除去二氧化碳，用氨水（1+1）调 pH≈7，加水定容至适当的体积，经滤膜（0.45μm）过滤。

果汁类：称取 5.00～10.00g，用氨水（1+1）调 pH≈7，加水定容至适当的体积，离心沉淀，上清液经滤膜（0.45μm）过滤。

配制酒类：称取 10.0g，放小烧杯中，水浴加热除去乙醇，用氨水（1+1）调 pH≈7，加水定容至 20mL，经滤膜（0.45μm）过滤。

2. 高效液相色谱参考条件

色谱柱：YWG-C_{18} 4.6mm×250mm×10μm 不锈钢柱。

流动相：甲醇-乙酸铵溶液（0.02mol/L）（5+95）。

流速：1mL/min。

检测器：紫外检测器，波长 230nm，灵敏度 0.2AUFS。

3. 测定

取样品处理液和标准使用液各 10μL（或相同体积），注入高效液相色谱仪进行分离，以其标准溶液峰的保留时间为依据进行定性，以其峰面积求出样液中被测物质的含量，供计算。

四、结果计算

$$X_1=\frac{m_1\times 1000}{m_2\times\frac{V_2}{V_1}\times 1000}$$

式中 X_1——样品中糖精钠的含量，g/kg；

m_1——进样体积中糖精钠的质量，mg；

V_2——进样体积，mL；

V_1——样品稀释液总体积，mL；

m_2——样品质量，g。

结果以算术平均值（含三位小数）表述。

五、思考题

① 简述高效液相色谱法分离和测定糖精钠的基本原理。

② 实验中使用的流动相（如甲醇-乙酸铵溶液）其组成和比例对糖精钠的保留时间和分离效果有何影响？

③ 在 HPLC 分析中，如何根据色谱图对糖精钠进行定性确认？外标法定量的原理和操作要点是什么？

④ 我国食品添加剂使用标准中对糖精钠的使用范围和最大使用量有何规定？

实验六十三　食品中黄曲霉毒素 B_1 的测定

一、原理

样品中黄曲霉毒素 B_1 经有机溶剂提取、浓缩、硅胶 G 薄层色谱分离后，在紫外灯的波长 365nm 下产生蓝紫色荧光，根据其在薄层板上显示的荧光强度与标准比较来测定含量。

二、仪器与试剂

① 小型粉碎机。

② 样筛。

③ 电动振荡器。

④ 全玻璃浓缩器。

⑤ 玻璃板（5cm×20cm）。

⑥ 薄层板涂布器。

⑦ 展开槽：内长 25cm、宽 6cm、高 4cm。

⑧ 紫外灯：100～125W，带有波长 365nm 滤光片。

⑨ 微量注射器或血色素吸管。

⑩ 三氯甲烷。

⑪ 正己烷或石油醚（沸程 30～60℃或 60～90℃）。

⑫ 甲醇。

⑬ 苯。

⑭ 乙腈。

⑮ 无水乙醚或乙醚经无水硫酸钠脱水。

⑯ 丙酮。

以上试剂在试验时先进行一次试剂空白试验，如不干扰测定即可使用，否则需逐一进行重蒸。

⑰ 硅胶 G（薄层色谱用）。

⑱ 三氟乙酸。

⑲ 无水硫酸钠。

⑳ 氯化钠。

㉑ 苯-乙腈混合液：量取 98mL 苯，加 2mL 乙腈，混匀。

㉒ 甲醇水溶液（55＋45）。

㉓ 黄曲霉毒素 B_1 标准溶液。

ⅰ 仪器校正：测定重铬酸钾溶液的摩尔吸光系数，以求出使用仪器的校正因子。准确称取 25mg 经干燥的重铬酸钾（基准级），用硫酸（0.5＋1000）溶解后并准确稀释至 200mL，相当于 $c(K_2Cr_2O_7)=0.0004mol/L$。再吸取 25mL 此稀释液于 50mL 容量瓶中，加硫酸（0.5＋1000）稀释至刻度，相当于 0.0002mol/L 溶液。再吸取 25mL 此稀释液于 50mL 容量瓶中，加硫酸（0.5＋1000）稀释至刻度，相当于 0.0001mol/L 溶液。用 1cm 石英比色皿，在最大吸收峰的波长（接近 350nm）处用硫酸（0.5＋1000）作空白，测得以上三种不同浓度的溶液的吸光度，并按下式计算出以上三种浓度的摩尔吸光系数的平均值。

$$\varepsilon_1=\frac{A}{c}$$

式中 ε_1——重铬酸钾溶液的摩尔吸光系数；

A——测得重铬酸钾溶液的吸光度；

c——重铬酸钾溶液的浓度。

再以此平均值与重铬酸钾的摩尔吸光系数值 3160 比较，即求出使用仪器的校正因子。

$$f=\frac{3160}{\varepsilon}$$

式中 f——使用仪器的校正因子；

ε——测得的重铬酸钾摩尔吸光系数平均值。

若 f 大于 0.95 或小于 1.05，则使用仪器的校正因子可忽略不计。

ⅱ 黄曲霉毒素 B_1 标准溶液的制备：准确称取 1～1.2mg 黄曲霉毒素 B_1，先加入 2mL 乙腈溶解后，再用苯稀释至 100mL，避光，置于 4℃冰箱中保存。该标准溶液约为 10μg/mL。用紫外分光光度计测此标准溶液的最大吸收峰的波长及该波长的吸光度值。

计算

$$\rho_1=\frac{A\times M\times 1000\times f}{\varepsilon_2}$$

式中 ρ_1——黄曲霉毒素 B_1 标准溶液的浓度，μg/mL；

A——测得的吸光度；

f——使用仪器的校正因子；

M——黄曲霉毒素 B_1 的相对分子质量，312；

ε_2——黄曲霉毒素 B_1 在苯-乙腈混合液中的摩尔吸光系数，19800。

根据计算，用苯-乙腈混合液调到标准溶液浓度恰为 10.0μg/mL，并用分光光度计核对其浓度。

ⅲ 纯度的测定：取 5μL 10μg/mL 黄曲霉毒素 B_1 标准溶液，滴加于涂层厚度为 0.25mm 的硅胶 G 薄层板上，用甲醇-三氯甲烷（4＋96）与丙酮-三氯甲烷（8＋92）展开。在紫外灯下观察荧光的产生，必须符合以下条件：在展开后，只有单一的荧光点，无其他杂质荧光点；原点上没有任何残留的荧光物质。

㉔ 黄曲霉毒素 B_1 标准使用液：准确吸取 1mL 标准溶液（10μg）于 10mL 容量瓶中，加苯-乙腈混合液至刻度，混匀，此溶液每毫升相当于 1.0μg 黄曲霉毒素 B_1。吸取 1.0mL 此稀释液，置于 5mL 容量瓶中，加苯-乙腈混合液稀释至刻度，此溶液每毫升相当于 0.2μg 黄曲霉毒素 B_1。再吸取黄曲霉毒素 B_1 标准溶液（0.2μg/mL）1.0mL，置于 5mL 容量瓶中，加苯-乙腈混合液稀释至刻度，此溶液每毫升相当于 0.04μg 黄曲霉毒素 B_1。

㉕ 次氯酸钠溶液（消毒用）：取 100g 漂白粉，加入 500mL 水，搅拌均匀。另将 80g 工业用碳酸钠（$Na_2CO_3 \cdot 10H_2O$）溶于 500mL 温水中，再将两液混合、搅拌澄清后过滤。此滤液含次氯酸浓度约为 20g/L。若用漂粉精制备，则碳酸钠的量可以加倍，所得溶液的浓度约为 50g/L。污染的玻璃仪器用 10g/L 次氯酸钠溶液浸泡半天或用 50g/L 次氯酸钠溶液泡片刻后，即可达到消毒效果。

三、分析步骤

1. 取样

样品中污染黄曲霉毒素高的霉粒一粒可以左右测定结果，而且有毒霉粒的比例小，同时分布不均匀。为避免取样带来的误差，必须大量取样，并将该大量样品粉碎，混合均匀，才有可能得到能代表一批样品的相对可靠的结果，因此采样必须注意以下几点。

① 根据规定采取有代表性样品。

② 对局部发霉变质的样品检验时，应单独取样。

③ 每份分析测定用的样品应从大样经粗碎与连续多次用四分法缩减至 0.5～1kg，然后全部粉碎。粮食样品全部通过 20 目筛，混匀。花生样品全部通过 10 目筛，混匀。或将好、坏分别测定，再计算其含量。花生油和花生酱等样品不需制备，但取样时应搅拌均匀。必要时，每批样品可采取 3 份大样作样品制备及分析测定用，以观察所采样品是否具有一定的代表性。

2. 提取

（1）玉米、大米、麦类、面粉、薯干、豆类、花生、花生酱等

① 甲法：称取 20.00g 粉碎过筛样品（面粉、花生酱不需粉碎），置于 250mL 具塞锥形瓶中，加 30mL 正己烷或石油醚和 100mL 甲醇水溶液，在瓶塞上涂上一层水，盖严防漏。振荡 30min，静置片刻，以叠成折叠式的快速定性滤纸过滤于分液漏斗中，待下层甲醇水溶液澄清后，放出甲醇水溶液于另一具塞锥形瓶内。将 20.00mL 甲醇水溶液（相当于 4g 样品）置于另一 125mL 分液漏斗中，加 20mL 三氯甲烷，振摇 2min，静置分层，如出现乳化现象可滴加甲醇促使分层。放出三氯甲烷层，经盛有约 10g 预先用三氯甲烷湿润的无水硫酸钠的定量慢速滤纸滤于 20mL 蒸发皿中，再加 5mL 三氯甲烷于分液漏斗中，重复振摇提取，三氯甲烷层一并滤于蒸发皿中，最后用少量三氯甲烷洗过滤器，洗液合并于蒸发皿中。将蒸发皿放在通风橱中，于 60℃水浴上通风挥干，然后放在冰盒上冷却 2～3min 后，准确加入 1mL 苯-乙腈混合液（或将三氯甲烷用浓缩蒸馏器减压吹干后，准确加入 1mL 苯-乙腈混合液）。用带橡皮头的滴管的管尖将残渣充分混合，若有苯的结晶析出，将蒸发皿从冰盒上取出，继续溶解、混合，晶体即消失，再用此滴管吸取上清液转移于 2mL 具塞试管中。

② 乙法（限于玉米、大米、小麦及其制品）：称取 20.00g 粉碎过筛样品于 250mL 具塞锥形瓶中，用滴管滴加约 6mL 水，使样品湿润，准确加入 60mL 三氯甲烷，振荡 30min，加 12g 无水硫酸钠，振摇后，静置 30min，用叠成折叠式的快速定性滤纸过滤于 100mL 具塞锥形瓶中。取 12mL 滤液（相当 4g 样品）于蒸发皿中，在 65℃水浴上通风挥干，准确加入 1mL 苯-乙腈混合液，以下按甲法自“用带橡皮头的滴管的管尖将残渣充分混合”起，依法操作。

(2) 花生油、香油、菜油等　称取 4.00g 样品置于小烧杯中，用 20mL 正己烷或石油醚将样品移入 125mL 分液漏斗中。用 20mL 甲醇水溶液分次洗烧杯，洗液一并移入分液漏斗中，振摇 2min，静置分层后，将下层甲醇水溶液移入第二个分液漏斗中，再用 20mL 甲醇水溶液重复振摇提取一次，提取液一并移入第二个分液漏斗中，在第二个分液漏斗中加入 20mL 三氯甲烷，以下按甲法自“振摇 2min，静置分层”起，依法操作。

(3) 酱油、醋　称取 10.00g 样品于小烧杯中，为防止提取时乳化，加 0.4g 氯化钠，移入分液漏斗中，用 15mL 三氯甲烷分次洗涤烧杯，洗液并入分液漏斗中。以下按分析步骤提取甲法自“振摇 2min，静置分层”起，依法操作，最后加入 2.5mL 苯-乙腈混合液，此溶液每毫升相当于 4g 样品。

或称取 10.00g 样品，置于分液漏斗中，再加 12mL 甲醇（以酱油体积代替水，故甲醇与水的体积比仍约为 55+45），用 20mL 三氯甲烷提取，以下按分析步骤提取甲法自“振摇 2min，静置分层”起，依法操作。最后加入 2.5mL 苯-乙腈混合液，此溶液每毫升相当于 4g 样品。

(4) 干酱类（包括豆豉、腐乳制品）　称取 20.00g 研磨均匀的样品，置于 250mL 具塞锥形瓶中，加入 20mL 正己烷或石油醚与 50mL 甲醇水溶液。振荡 30min，静置片刻，以叠成折叠式快速定性滤纸过滤，滤液静置分层后，取 24mL 甲醇水层（相当 8g 样品，其中包括 8g 干酱类本身约含有 4mL 水的体积在内），置于分液漏斗中，加入 20mL 三氯甲烷，以下按分析步骤提取甲法自“振摇 2min，静置分层”起，依法操作。最后加入 2mL 苯-乙腈混合液。此溶液每毫升相当于 4g 样品。

(5) 发酵酒类　同酱油、醋处理方法，但不加氯化钠。

3. 测定——单向展开法

① 薄层板的制备：称取约 3g 硅胶 G，加相当于硅胶量 2～3 倍左右的水，用力研磨 1～2min，至成糊状后立即倒入涂布器内，推成 5cm×20cm、厚度约 0.25mm 的薄层板三块。在空气中干燥约 15min 后，在 100℃活化 2h 取出，放入干燥器中保存，一般可保存 2～3d，若放置时间较长，可再活化后使用。

② 点样：将薄层板边缘附着的吸附剂刮净，在距薄层板下端 3cm 的基线上用微量注射器或血色素吸管滴加样液。一块板可滴加 4 个点，点距边缘和点间距约为 1cm，点直径约为 3mm。在同一板上滴加点的大小应一致，滴加时可用吹风机用冷风边吹边加。滴加样式如下：

第一点：10μL 黄曲霉毒素 B_1 标准使用液（0.04μg/mL）。

第二点：20μL 样液。

第三点：20μL 样液+10μL 0.04μg/mL 黄曲霉毒素 B_1 标准使用液。

第四点：20μL 样液+10μL 0.2μg/mL 黄曲霉毒素 B_1 标准使用液。

③ 展开与观察：在展开槽内加 10mL 无水乙醚，预展 12cm，取出挥干，再于另一展开槽内加 10mL 丙酮-三氯甲烷溶液（8+92），展开 10～12cm 取出，在紫外灯下观察结果，方法如下。

由于样液点上加滴黄曲霉毒素 B_1 标准使用液，可使黄曲霉毒素 B_1 标准点与样液中的黄曲霉毒素 B_1 荧光点重叠。如样液为阴性，薄层板上的第三点中黄曲霉毒素 B_1 为 0.0004μg，可用作检查在样液内黄曲霉毒素 B_1 最低检出量是否正常出现；如为阳性，则起定性作用，薄层板上的第四点中黄曲霉毒素 B_1 为 0.002μg，主要起定位作用。

若第二点在与黄曲霉毒素 B_1 标准点的相应位置上无蓝紫色荧光点，表示样品中黄曲霉毒素 B_1 含量在 5μg/kg 以下；如在相应位置上有蓝紫色荧光点，则需进行确证试验。

④ 确证试验：为了证实薄层板上样液荧光系黄曲霉毒素 B_1 产生的，加滴三氟乙酸，产生黄曲霉毒素 B_1 的衍生物，展开后此衍生物的比移值约为 0.1。于薄层板左边依次滴加两个点。

第一点：10μL 0.04μg/mL 黄曲霉毒素 B_1 标准使用液。

第二点：20μL 样液。

于以上两个点各加一小滴三氟乙酸盖于其上，反应 5min 后，用吹风机吹热风 2min 后，使热风吹到薄层板上的温度不高于 40℃。再于薄层板上滴加以下两个点。

第三点：10μL 0.04μg/mL 黄曲霉毒素 B_1 标准使用液。

第四点：20μL 样液。

再展开同③，在紫外灯下观察样液是否产生与黄曲霉毒素 B_1 校准点相同的衍生物。未加三氟乙酸的三、四两点，可依次作为样液与标准的衍生物空白对照。

⑤ 稀释定量：样液中的黄曲霉毒素 B_1 荧光点的荧光强度如与黄曲霉毒素 B_1 标准点的最低检出量（0.0004μg）的荧光强度一致，则样品中黄曲霉毒素 B_1 含量即为 5μg/kg。如样液中荧光强度比最低检出量强，则根据其强度估计减少滴加微升数或将样液稀释后再滴加不同微升数，直至样液点的荧光强度与最低检出量的荧光强度一致为止。滴加试样如下：

第一点：10μL 黄曲霉毒素 B_1 标准使用液（0.04μg/mL）。

第二点：根据情况滴加 10μL 样液。

第三点：根据情况滴加 15μL 样液。

第四点：根据情况滴加 20μL 样液。

计算

$$X=0.0004\times\frac{V_1\times D}{V_2}\times\frac{1000}{m_1}$$

式中 X——样品中黄曲霉毒素 B_1 的含量，μg/kg；

V_1——加入苯-乙腈混合液的体积，mL；

V_2——出现最低荧光时滴加样液的体积，mL；

D——样液的总稀释倍数；

m_1——加入苯-乙腈混合液溶解时相当样品的质量，g；

0.0004——黄曲霉毒素 B_1 的最低检出量，μg。

结果的表述：报告测定值的整数位。

四、思考题

① 请阐述本实验选择硅胶 G 作为固定相，并使用薄层色谱法分离黄曲霉毒素 B_1 的主要原理。与高效液相色谱法相比，薄层色谱法在此应用中有何优缺点？

② 在进行薄层色谱分析之前，食品样品需要经过复杂的提取、净化和浓缩等前处理步骤。请说明这些步骤的目的是什么？

③ 黄曲霉毒素 B1 是强致癌物，且实验过程中会用到多种有毒有机溶剂。请从个人防护、实验操作和废弃物处理三个方面，说明在本实验中应注意哪些安全事项？

实验六十四 食品中苏丹红的检测——液相色谱法

一、原理

食品中苏丹红着色剂经乙腈提取后，过滤，滤液用反相高效液相色谱仪进行色谱分析。以波长可变的紫外-可见检测器定性与定量。

二、仪器与试剂

① 万分之一分析天平。

② 配有紫外-可见检测器的高效液相色谱仪。

③ 色谱柱 LiChroCART250-4HPLC（Cartbridge Supersher 100 RP18）。

④ 乙腈（色谱纯）。

⑤ 水（色谱级）。

⑥ 冰乙酸。

⑦ 三氯甲烷。

⑧ 苏丹红 1 号（Aldrich Chemical Company）。

⑨ 苏丹红 2 号（Acros organics 化工合成有机物）。

⑩ 苏丹红 3 号（Acros organics 化工合成有机物）。

⑪ 苏丹红 4 号（Acros organics 化工合成有机物）。

⑫ 苏丹橙 B（Acros organics 化工合成有机物）。

⑬ 苏丹红 7B（Acros organics 化工合成有机物）。

⑭ 胭脂树橙（特殊合成产品）。

⑮ 标准溶液：称取 50.0mg 着色剂（按产品标明的纯度折算纯着色剂），并按以下方式移入 100mL 容量瓶中定容。

着色剂溶解和转移溶剂及定容溶剂分别为：苏丹红 1 号用乙腈、乙腈；苏丹红 2 号用乙腈、乙腈；苏丹红 3 号用三氯甲烷、乙腈；苏丹红 4 号用三氯甲烷、乙腈；苏丹橙 B 用乙腈、乙腈；苏丹红 7B 用乙腈、乙腈；胭脂树橙用三氯甲烷、三氯甲烷。

⑯ 标准使用液：取上述标准贮备液各 5mL，移入 50mL 容量瓶中，以乙腈定容，再分别从以上容量瓶中吸取 0.5mL、1mL、2.5mL、4mL 和 5mL 溶液，移入 50mL 容量瓶中，以乙腈定容，此时溶液中各种着色剂的浓度分别为 0.5μg/mL、1μg/mL、2.5μg/mL、4μg/mL、5μg/mL。

除有特殊指明外，本方法中涉及试剂均为分析纯，实验用水均为蒸馏水、去离子水或相同质量的分析用水。

三、分析步骤

1. 样品制备

将采集样品放入一个容量较大的密闭容器中混合均匀。对于固体样品要用打浆机或粉碎机磨细。

① 甜椒或红辣椒粉：称取 10g（准确至 0.01g）样品于锥形瓶中，用量筒加入 100mL

乙腈。

② 粉状调味品：称取 5g（准确至 0.01g）样品于锥形瓶中，用量筒加入 100mL 乙腈。

③ 调味辣椒酱、原味辣椒酱、辣椒油等：称取 20g（准确至 0.01g）样品于锥形瓶中，用量筒加入 100mL 乙腈。

④ Merguez 香肠、西班牙加调料的口利左香肠和肉制品：称取 20g（准确至 0.01g）样品于锥形瓶中，用量筒加入 100mL 乙腈。

充分混合数分钟，振荡 1h 后过滤于锥形瓶中，检测样品取样量及其稀释浓度要视产品中待测物的含量而定，以符合液相色谱检测限的要求。

2. 高效液相色谱测定

① 流动相：溶剂 A 为酸性水溶液（165mL 乙酸溶于 1000mL 水中）；溶剂 B 为乙腈。

② 梯度洗脱，B70％（0min）→B95％（20min）→B100％（30min）→B100％（42min）。

③ 流速：0.7mL/min。

④ 基线稳定后开始进样，两次进样间隙时间为 10min。

⑤ 进样量：10μL。

⑥ 检测波长：在 300～600nm 波长范围进行扫描，确定三个测定波长（432nm、478nm 和 520nm）。

3. 标准曲线

用 5 个标准使用溶液的测定值绘制标准曲线，各种色素的标准曲线分别在最大吸收波长处由 5 点回归计算（苏丹橙 B 在 432nm 波长有最大吸收，苏丹红 1 号、苏丹红 2 号和胭脂树橙在 478nm 波长有最大吸收，苏丹红 3 号、苏丹红 4 号和苏丹红 7B 在 520nm 波长有最大吸收）。

将制好的样液过 0.45μm 的膜，装入自动进样器的小瓶后进行液相色谱测定，得到结果。

标准回归曲线经过每次实验配制的系列标准溶液测定结果的验证。

四、结果计算

着色剂含量（R）按以下公式计算：

$$R = c \times V \times \frac{D}{m} \quad (\text{mg/kg})$$

式中 c——样品中待测组分的浓度，μg/mL；

m——检测样品取样量，g；

V——样品溶液体积，mL；

D——样品溶液的稀释倍数。

五、附注

① 本方法涉及以辣椒为主要成分的产品中苏丹红 1 号、苏丹红 2 号、苏丹红 3 号、苏丹红 4 号、苏丹橙 B、苏丹红 7B 和胭脂树橙的检测。

② 苏丹红是应用于诸如油彩、蜡、地板蜡和香皂等化工产品中的一种非生物合成着色剂，一般不溶于水，易溶于有机溶剂。胭脂树橙是一种食品着色剂，但不允许在辣椒粉和调味品中使用。

六、思考题

① 苏丹红染料为何被禁止作为食品添加剂？

② 在反相液相色谱中，苏丹红Ⅰ-Ⅳ号出峰顺序是怎样的？

③ 除了保留时间匹配，还可以通过哪些信息对苏丹红进行辅助定性，以降低假阳性风险？

实验六十五　果汁饮料中总酸度的测定——酸碱滴定法

一、原理

总酸度是指饮料中所有酸性成分的总量，以酚酞作指示剂，用碱标准溶液滴定至微红色30s不褪色为终点，由消耗标准碱液的量就可以求出样品中酸的百分含量。

二、仪器与试剂

① 碱式滴定管。

② 移液管（10～25mL）。

③ 锥形瓶（150mL或250mL）。

④ NaOH标准溶液（0.1mol/L）：称取120g NaOH（分析纯）于250mL烧杯中，加入蒸馏水100mL，搅拌使其溶解，冷却后置于聚乙烯塑料瓶中，密封放置数日澄清后，取上清液5.6mL，加新煮沸并冷却的蒸馏水至1000mL。

标定：准确称取0.6g（精确至0.0001g）在105～110℃干燥至恒重的基准邻苯二甲酸氢钾于锥形瓶中，加50mL新煮沸并冷却的蒸馏水，搅拌使之溶解，加2滴酚酞指示剂，用NaOH标准溶液滴至溶液呈微红色30s不褪，同时做空白试验。

⑤ 酚酞指示剂乙醇溶液（10g/L）。

三、分析步骤

取10～20g果汁于锥形瓶中，加入100mL新煮沸冷却的蒸馏水，加入3～4滴酚酞指示剂，用0.1mol/L NaOH标准溶液滴定至微红色在30s内不褪色为终点。

四、结果计算

$$总酸度=\frac{c\times V_1\times M}{V}\times 100\%$$

式中　c——NaOH标准溶液的浓度，mol/L；

V_1——消耗NaOH标准溶液的体积，mL；

V——果汁试样的体积，mL；

M——相应酸的摩尔质量。

五、附注

① 样品颜色过深，可加入适量蒸馏水再滴定，亦可用电位或电导滴定。

② 一般葡萄的总酸度用酒石酸表示，柑橘以柠檬酸表示，核仁、核果及浆果类以苹果酸表示，牛乳以乳酸表示。

③ 挥发酸的测定有直接法和间接法两种。

六、思考题

① 食品的“总酸度”和“pH 值”在概念上有何区别？总酸度通常如何表示？

② 对于颜色较深的果汁饮料，如何准确判断滴定终点？可以采取哪些措施？

③ 若饮料中含有二氧化碳，滴定前应如何进行处理？如果不除去，会对测定结果产生什么影响？

④ 指示剂能用甲基橙吗？为什么？

实验六十六　食品中镉的测定（一）——碘化钾-甲基异丁酮萃取原子吸收光谱法

一、食品中镉的允许量标准

我国食品卫生标准和国外有关食品中镉的允许量见表 6-2 和表 6-3。

表 6-2　各类食品中镉的允许量标准

标准号	品　　种	指标(以 Cd 计)/(mg/kg)
GB 2762—2022	稻谷、糙米、大米(粉)	0.2
GB 2762—2022	芹菜、黄花菜	0.2
GB 2762—2022	新鲜水果	0.05
GB 2762—2022	香菇及其制品	0.5
GB 2762—2022	豆类	0.2
GB 2762—2022	花生	0.5
GB 2762—2022	肉及肉制品(畜禽内脏及其制品除外)	0.1
GB 2762—2022	鱼类	0.1
GB 2762—2022	蛋及蛋制品	0.05
GB 2762—2022	婴幼儿谷类辅助食品	0.06

表 6-3　国外有关食品中镉允许量标准/(mg/kg)

品　种	食品法典委员会(CAC)	德　国	前苏联	法　国	奥地利	日　本
糙米						0.4(厚生省原订) 1.0(1970 年)
精米						0.3(厚生省原订) 0.9(1970 年)
粮食			0.022(1982)			
蔬菜		0.1(1974)	0.03(1982)			
肉		0.008(1974)	0.05(1982)			
水果		0.05(1974)	0.03(1982)			
葡萄酒		0.1(1974)		0.5	0.1	
鱼			0.1(1982)			
奶品			0.1(1982)			
饮料			0.002(1982)			
各种食品					0.02	
食盐	0.5					

二、原理

样品经处理后，使镉转入溶液中，在酸性溶液中镉离子与碘离子形成络合物，并经 4-甲基-2-戊酮萃取分离，导入原子吸收光谱仪中，原子化以后，吸收 228.8nm 共振线，其吸收量与镉量成正比，与标准系列比较定量。

三、仪器与试剂

① 原子吸收分光光度计。

② 马弗炉。

③ 分液漏斗。

④ 磷酸（1+10）。

⑤ 盐酸（1+11）。

⑥ 盐酸（5+7）。

⑦ 硝酸-高氯酸混合酸（3+1）。

⑧ 硫酸（1+1）。

⑨ 碘化钾溶液（250g/L）。

⑩ 4-甲基-2-戊酮（MIBK，又名甲基异丁酮）。

⑪ 镉标准溶液：精确称取 1.0000g 金属镉（99.99%），溶于 20mL 盐酸（5+7）中，加入 2 滴硝酸后，移入 1000mL 容量瓶中，以水稀释至刻度，混匀，贮于聚乙烯瓶中。此溶液含镉为 1mg/mL。

⑫ 镉标准使用液：吸取 10.0mL 镉标准溶液，置于 100mL 容量瓶中，以盐酸（1+11）稀释至刻度，混匀。如此多次稀释至含镉为 0.2μg/mL。

四、分析步骤

1. 样品处理

① 谷类：去除其中杂物及尘土，必要时除去外壳，碾碎，过 30 目筛，混匀。称取 5.00～10.00g 置于 50mL 瓷坩埚中，小火炭化，然后移入马弗炉中，500℃以下灰化约 6h 后，取出坩埚，放冷后再加少量混合酸，小火加热，不使干涸，必要时再加少许混合酸，如此反复处理，直至残渣中无炭粒，待坩埚稍冷，加 10mL 盐酸（1+11），溶解残渣并移入 50mL 容量瓶中，再用盐酸（1+11）反复洗涤坩埚，洗液并入容量瓶中，并稀释至刻度，混匀备用。

取与处理样品相同量的混合酸和盐酸（1+11），按同一操作方法做试剂空白试验。

② 蔬菜、瓜果及豆类：取可食部分，洗净晾干，充分切碎混匀。称取 10.00～20.00g 置于瓷坩埚中，加 1mL 磷酸（1+10），小火炭化，以下按谷类样品处理自“然后移入马弗炉中”起依法操作。

③ 禽、蛋、水产品及乳制品：取可食部分充分混匀，称取 5.00～10.00g 置于瓷坩埚中，小火碳化，以下按①自“然后移入马弗炉中”起依法操作。乳制品经混匀后，量取 50mL，置于瓷坩埚中，加 1mL 磷酸（1+10），在水浴上蒸干，再小火炭化，以下按谷类样品处理自“然后移入马弗炉中”起依法操作。

2. 萃取分离

吸取 25mL 上述制备的样液及试剂空白液，分别置于 125mL 分液漏斗中，加 10mL 硫酸（1+1），再加 10mL 水，混匀。

吸取 0.0mL、0.25mL、0.50mL、1.50mL、2.50mL、3.50mL、5.00mL 镉标准使用液（相当 0μg、0.05μg、0.1μg、0.3μg、0.5μg、0.7μg、1.0μg 镉），分别置于 125mL 分液漏斗中，各加盐酸（1+11）至 25mL，再加 10mL 硫酸（1+1）及 10mL 水，混匀。

于样品溶液、试剂空白液及镉标准溶液中各加 10mL 250g/L 碘化钾溶液，混匀，静置 5min，再各加 10mL 4-甲基-2-戊酮，振摇 2min，静置分层约 0.5h，弃去下层水相，以少许脱脂棉塞入分液漏斗颈部，将 4-甲基-2-戊酮层经脱脂棉滤至 10mL 具塞试管中，备用。

3. 测定

将有机相导入火焰中进行测定，测定条件为：灯电流 6～7mA，波长 228.8nm，狭缝 0.15～0.2nm，空气流量 5L/min，乙炔流量 0.4L/min，灯头高度 1mm，氘灯背景校正（也可根据仪器型号，调至最佳条件），以镉含量对应吸光度，绘制标准曲线比较。

五、结果计算

$$\rho(\mathrm{Cd})=\frac{(A_1-A_2)\times V_3\times 1000}{m\times\dfrac{V_2}{V_1}\times 1000}$$

式中 ρ（Cd）——样品中镉的含量，mg/kg 或 mg/L；

A_1——样品液中镉的含量，μg/mL；

A_2——空白液中镉的含量，μg/mL；

m——样品质量（体积），g（mL）；

V_1——样品处理液的总体积，mL；

V_2——提取用样品处理液的体积，mL；

V_3——样品提取液总体积，mL。

注：原子吸收测定结果是以浓度单位如 A_1 和 A_2 表示，本计算公式已改动，与国标版不同。

六、附注

① 由于仪器型号不同，应针对所用仪器选择最佳测试条件。

② 溶剂提取法，由于有机溶剂有较小的黏度和表面张力，在火焰原子化时，可使样品雾化效率提高，雾粒微小，因而具有提高灵敏度的作用。本法灵敏度为 0.02mg/kg，标准偏差为 0.03，相对标准偏差为 2.8%，回收率为 95%左右。

③ 经萃取得到的样液，导入原子吸收分光光度计测定，大多数常见金属离子不干扰测定，例如在含 0.3μg 镉的样液中，加入 1mg Ca^{2+}、Fe^{3+}、Sb^{3+}、Sn^{4+}、Pb^{2+}、Zn^{2+}、Mn^{2+}、Mg^{2+} 等金属离子，都不干扰镉的检出，同样在 50mL 样液总体积中，加入 3g 氯化钠，经萃取后，也不影响镉的测定。

④ 所用试剂应尽量选用低的空白值，如优级纯试剂，实验用的瓷坩埚等用前最好用 10%硝酸漂洗一次。

七、思考题

① 碘化钾的浓度和酸度对萃取效率有何影响？

② 与直接水相进样相比，这种萃取富集方法的主要优点是什么？

实验六十七　食品中镉的测定（二）——二硫腙-乙酸丁酯萃取原子吸收光谱法

一、原理

样品经处理后，在 pH6 左右的溶液中，镉离子与二硫腙形成络合物，并经乙酸丁酯萃取分离，导入原子吸收光谱仪中，原子化以后，吸收 228.8nm 共振线，其吸收量与镉量成正比，与标准系列比较定量。

二、仪器与试剂

① 混合酸：同碘化钾-4-甲基-2-戊酮法。

② 柠檬酸钠缓冲液（2mol/L）：称取 226.3g 柠檬酸钠及 48.46g 柠檬酸，加水溶解，必要时，加温助溶，冷却后加水稀释至 500mL，临用前用 1g/L 二硫腙-乙酸丁酯溶液处理，以降低空白值。

③ 二硫腙-乙酸丁酯溶液（1g/L）：称取 0.1g 二硫腙，加 10mL 三氯甲烷溶解后，再加乙酸丁酯稀释至 100mL，临用时配制。

④ 氨水。

⑤ 镉标准使用溶液：同实验六十六。

⑥ 原子吸收分光光度计。

要求使用去离子水，优级纯或高级纯试剂。

三、分析步骤

1. 样品处理

① 谷类：去除其中杂物及尘土，必要时，除去外壳。

② 蔬菜、瓜果类：取可食部分洗净晾干，切碎充分混匀。

③ 肉类食品：取可食部分，切碎充分混匀。

称取 5.00g 上述样品，置于 250mL 高形烧杯中，加 15mL 混合酸，盖上表面皿，放置过夜，再于电热板或砂浴上加热消化，消化过程中，注意勿使干涸，必要时再加少量硝酸，直至溶液澄清无色或微带黄色。冷后加 25mL 水煮沸，除去残余的硝酸至产生大量白烟为止，如此处理两次，放冷。以 25mL 水分次将烧杯内容物移入 125mL 分液漏斗中。

取与处理样品相同量的混合酸、硝酸，按同一操作方法做试剂空白试验。

2. 萃取分离

吸取 0mL、1.50mL、2.50mL、3.50mL、5.0mL 镉标准使用液（相当 0μg、0.3μg、0.5μg、0.7μg、1.0μg 镉），分别置于 125mL 分液漏斗中，各加盐酸（1+11）至 25mL。

于样品处理溶液、试剂空白液及镉标准溶液各分液漏斗中加入 5mL 2mol/L 柠檬酸钠缓冲液，以氨水调节 pH 值至 5～6.4，然后各加水至 50mL，混匀。再各加 5.0mL 1g/L 二硫腙-乙酸丁酯溶液，振摇 2min，静置分层，弃去下层水相，将有机层放入具塞试管中，备用。

3. 测定

同实验六十六。

四、结果计算

$$\rho(Cd)=\frac{(A_3-A_4)\times V_4\times 1000}{m\times 1000}$$

式中 ρ（Cd）——样品中镉的含量，mg/kg；

A_3——测定用样品中镉的含量，μg/mL；

A_4——试剂空白液中镉的含量，μg/mL；

V_4——提取液总体积，mL；

m——样品质量，g。

五、附注

① 本法采用湿法消解，在 pH5 左右的介质中，镉和二硫腙生成疏水性的络合物，然后用乙酸丁酯萃取，导入火焰中进行原子吸收测定。

② 本法在取样 5g 时，最低检出浓度为 0.06mg/kg，相对标准偏差 7.5%。

③ 试样加入混合酸，放置过夜后，易于消解。消解过程中，不能使内容物干涸，否则难以达到样液澄清，并且回收率也差。

六、思考题

① 请比较“二硫腙-乙酸丁酯萃取法”与“碘化钾-甲基异丁酮萃取法”在操作流程、优缺点和适用场景上的异同。

② 测定痕量镉时，实验用水、试剂和器皿的清洁度至关重要，应采取哪些措施来防止污染？

实验六十八 食品中镉的测定（三）——不经分离的石墨炉原子吸收光谱法

一、原理

样品经灰化或酸消解后，直接注入石墨炉原子吸收光谱仪中，电热原子化后，吸收 228.8nm 共振线，在一定浓度范围其吸光度与镉含量成正比，与标准系列比较定量。

二、仪器与试剂

① 原子吸收光谱仪，附石墨炉及镉空心阴极灯。

② 压力消解罐。

③ 干燥恒温箱。

④ 硝酸、硫酸和高氯酸。

⑤ 过氧化氢（30%）。

⑥ 混合酸：硝酸 4 份，高氯酸 1 份。

⑦ 硝酸（0.5mol/L）：取 31.5mL 硝酸，加入 500mL 水中并用水稀释至 1000mL。

⑧ 镉标准储备液：精确称取 1.0000g 金属镉（99.99%），溶于 20mL 5mol/L 盐酸中，加 2 滴硝酸，移入 1000mL 容量瓶中，以水稀释至刻度，混匀，贮于聚乙烯瓶中。此溶液含镉为 1mg/mL。

⑨ 镉标准使用液：吸取 10.0mL 镉标准储备液于 100mL 容量瓶中，以 0.5mol/L 硝酸稀释至刻度，混匀。如此多次稀释至含镉为 0.100μg/mL。

要求使用去离子水（电阻率在 $8\times10^5\Omega$ 以上）和优级纯试剂。

三、分析步骤

1. 样品处理

① 在采样和制备过程中，应注意污染问题。

② 粮食、豆类样品去壳，去杂物，粉碎后过 20 目筛，储于聚乙烯瓶中。

③ 新鲜样品，洗净取可食部分捣碎。

2. 样品消解（根据实验条件任选一项）

① 干法灰化：称样品 1.00～5.00g（根据含镉量及水分而定）于坩埚内，先小火炭化至无烟，移入（500℃）马弗炉中灰化 6～8h，若个别灰化不完全，则加 1mL 混合酸在小火上加热，重复至灰化呈白色或灰白色，用 0.5mol/L 硝酸溶解并少量多次地过滤至 10～25mL 容量瓶中定容备用，同时做空白试验。

② 压力消解：称取 0.50～2.00g 样品（粮食、豆类干样不得超过 1g，蔬菜、水果、动物性样品控制在 2g 以内，水分大的样品称样后先蒸水分至近干）于聚四氟乙烯罐内，加硝酸 2～4mL，放置过夜，再加过氧化氢 2～3mL（内容物不能超过罐容积的 1/3），盖上内盖，然后旋紧不锈钢外套，放入恒温箱中 120～140℃消解 2～3h，在箱内自然冷却至室温，将消解液滤入 10.0～25.0mL 容量瓶中，用水少量多次洗罐，一并滤入容量瓶，定容，同时做试剂空白试验。

③ 湿法消解：称样品于烧杯中，放数粒玻璃珠，加 10mL 混合酸，加盖过夜，并加一小漏斗，加热（电炉或煤气）消解直到冒烟至透明，放冷过滤于 10.0～50.0mL 容量瓶，用水分次洗烧杯，过滤，合并滤液，定容，同时做空白试验。

3. 测定

① 仪器条件：将原子吸收光谱仪调至最佳状态。

参考条件：波长 228.8nm，狭缝 0.7nm，灯电流 8mA；干燥 120℃，20s；灰化 350℃，20s；原子化 2100℃，3s，背景校正。

② 标准曲线绘制：吸取镉标准使用液 0mL、1.0mL、3.0mL、5.0mL、7.0mL、10.0mL 于 100mL 容量瓶中，加 0.5mol/L 硝酸稀释至刻度，相当于 0μg/mL、0.001μg/mL、0.003μg/mL、0.005μg/mL、0.007μg/mL、0.010μg/mL，各吸取 10μL 或 20μL 注入石墨炉中，测定其吸光度，求得与浓度关系的线性回归方程。

③ 样品测定：将样液和空白液分别吸取 10μL 或 20μL 注入石墨炉中，必要时可注入与样液等量的 20%磷酸铵作基体改进剂，测得吸光度，根据回归方程计算含量。

四、结果计算

$$\rho(\mathrm{Cd})=\frac{(A_1-A_2)\times V\times1000}{m\times1000}$$

式中 ρ（Cd）——样品中镉含量，μg/kg 或 μg/L；

A_1——测定样液中镉含量，ng/mL；

A_2——空白液中镉含量，ng/mL；

V——样品的定容体积，mL；

m——样品质量或体积，g 或 mL。

注：石墨炉原子吸收测定结果以浓度单位，如 A_1 和 A_2 表示，样品溶液与标准溶液进样量相同时，样品溶液浓度与进样体积无关。本计算公式已改动，与国标版不同。

五、附注

① 高压消解-石墨炉原子吸收法测定食品中的镉，方法简便、快速，谷类及其制品的回收率为 95.2%，水产品及其制品的回收率为 109.5%，乳类及其制品的回收率为 107.4%。方法相对标准偏差为 9.1%～10%。

② 高压消解样品具有用酸量少、防污染及损失的优点。操作时应按规定使用，注意样品取样量不可超过规定，严格控制加热温度，不可使用高氯酸，避免使其与硝酸形成爆炸性化合物。

③ 石墨炉原子吸收光度法测定食品中的微量元素具有高灵敏度的特点，但原子吸收光谱的背景干扰是个复杂问题，除使用仪器本身的特殊装置，例如连续光源背景校正器、氘灯扣背景及塞曼效应背景校正技术外，选用合适的基体改进剂十分重要。对复杂的样品应注意使用标准参考物质核对结果，避免产生背景干扰。

六、思考题

① 简述石墨炉原子吸收光谱法（GFAAS）的工作原理。与火焰法相比，其主要优点是什么？

② 为什么食品等复杂样品可以不经过分离直接进样测定镉？通常加入什么基体改进剂？其作用原理是什么？

③ 尽管使用了基体改进剂，食品中的高盐分或有机物仍可能干扰测定。可以通过哪些手段进一步消除干扰？

实验六十九　食品中亚硝酸盐的测定——盐酸萘乙二胺法

一、原理

样品经处理、沉淀蛋白质、去除脂肪后，亚硝酸盐与对氨基苯磺酸在弱酸条件下重氮化，再与盐酸萘乙二胺偶合，形成紫红色偶氮染料，在波长 538nm 处有最大吸收，测定吸光度以定量。反应式如下：

二、仪器与试剂

① 亚铁氰化钾溶液：称取 106g 亚铁氰化钾 [$K_4Fe(CN)_8 \cdot 3H_2O$]，溶于水，定容 1000mL。

② 乙酸锌溶液：称取 220g 乙酸锌 [$Zn(CH_3COO)_2 \cdot 2H_2O$]，加 30mL 冰醋酸溶解，

用蒸馏水定容1000mL。

③ 饱和硼砂溶液：称取5g硼酸钠（$NqB_4O_7 \cdot 10H_2O$），溶于100mL热水中，冷却后备用。

④ 0.4%对氨基苯磺酸溶液：称取0.4g对氨基苯磺酸，溶于100mL 20%盐酸中，避光保存。

⑤ 0.2%盐酸萘乙二胺溶液：称取0.2g盐酸萘乙二胺，以水定容100mL，避光保存。

⑥ 亚硝酸钠标准液：精确称取0.0500g亚硝酸钠（使用前于硅胶干燥器中干燥24h），用重蒸馏水溶解并定容500mL。此液含100μg/mL亚硝酸钠。

⑦ 亚硝酸钠标准使用液：吸取标准液5.00mL于100mL容量瓶中，用重蒸馏水定容。此液含5μg/mL亚硝酸钠。临用时配制。

三、分析步骤

1. 样品处理

称取2g经绞碎混匀的样品，置于50mL烧杯中，加6mL硼砂饱和液，搅拌均匀，以70℃的水30mL将样品洗入100mL容量瓶中，于沸水浴中加热15min，取出后冷至室温，然后一边转动、一边加入2mL亚铁氰化钾溶液，摇匀，再加入2mL乙酸锌溶液，以沉淀蛋白质。加水至刻度、摇匀，放置半小时，除去上层脂肪，清液用滤纸过滤，弃去初滤液10mL，滤液备用。

2. 标准曲线绘制

吸取0.00、0.50、1.00、2.00、3.00、4.00mL亚硝酸钠标准使用液（相当于0、2.5、5、10、15、20μg亚硝酸钠），分别置于50mL比色管中，加入2mL 0.4%对氨基苯磺酸溶液，混匀，静置3～5min后各加入1mL 0.2%盐酸萘乙二胺溶液，加水至刻度，混匀，静置15min，用2cm比色皿，以零管调零，于分光光度计538nm波长测定吸光度，绘制标准曲线。

扫码看视频

3. 试样测定

吸取25mL样品处理液于50mL比色管中，按标准曲线绘制同样操作，于538nm处测定吸光度，从标准曲线上查出样品溶液含亚硝酸盐的量。

四、结果计算

$$\rho_{(NO/g \cdot kg^{-1})} = \frac{m_1 \times V_1}{m \times V_2}$$

式中 m_1——比色用样品液中含亚硝酸盐的量，μg；

m——样品质量，mg；

V_1——样品处理液总体积，mL；

V_2——比色时取样品处理液体积，mL。

五、附注

1. 样品预处理时，一定要绞得粉碎，否则浸泡不完全，导致测量结果偏低。
2. 蛋白质、脂肪的去除要彻底，否则溶液显色会混浊，比色无法进行。

六、思考题

① 实验中对样品进行提取时为何使用饱和硼砂溶液？其作用是什么？

② 沉淀蛋白质时为何选用亚铁氰化钾和乙酸锌溶液？它们协同作用的机理是什么？

③ 若样品溶液本身带有较深的颜色（如酱油、陈醋），应如何消除其对光度测定的干扰？

实验七十　食品中亚硝酸盐的快速检测

一、原理

亚硝酸盐在弱酸性条件下与对氨基苯磺酸重氮化，然后与盐酸萘乙二胺进行偶合，生成紫红色化合物，且颜色深浅与亚硝酸盐含量成正比，根据化学显色反应制备出一种检测试纸。样品中亚硝酸盐与检测试纸发生反应生成红色物质，与标准色卡比较定量。该方法简单、快速，携带方便，适合于现场快速检测。

反应式如下：

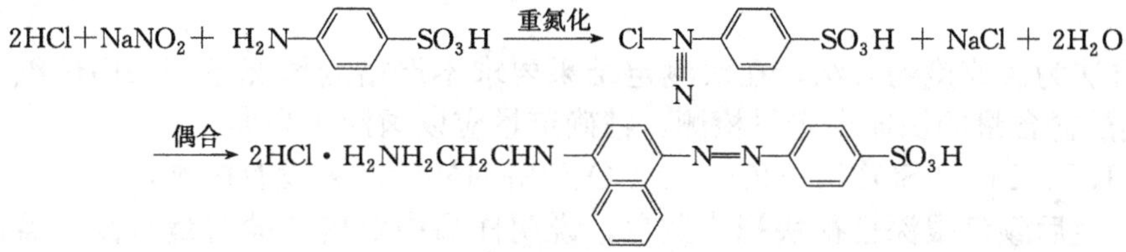

二、仪器

① 102 定性滤纸：剪成 2cm×1cm 的纸条。

② 盐酸：ρ=1.19g/mL。

③ 亚铁氰化钾：称取 106g 亚铁氰化钾［$K_4Fe(CN)_8 \cdot 3H_2O$］，溶于水，定容至 1000mL。

④ 乙酸锌：称取 220g 乙酸锌［$Zn(CH_3COO)_2 \cdot 2H_2O$］，加 30mL 冰乙酸溶解，用蒸馏水定容至 1000mL。

⑤ 饱和硼砂溶液：称取 5g 硼酸钠（$Na_2B_4O_7 \cdot 10H_2O$），溶于 100mL 热水中，冷却后备用。

⑥ 酒石酸溶液：50g/L，取适量酒石酸干燥，称取 50g 于烧杯中溶解，然后移入 1000mL 容量瓶中，用水稀释至刻度。

⑦ 对氨基苯磺酸溶液：1.2%，称取 1.2g 对氨基苯磺酸，溶于 100mL 20%盐酸中，避光保存。

⑧ 盐酸萘乙二胺溶液：0.6%，称取 0.6g 盐酸萘乙二胺，以水定容至 100mL，避光保存。

⑨ 亚硝酸钠标准储备溶液：精确称取 0.25g 亚硝酸钠（事先于硅胶干燥器中干燥 24h），用二次蒸馏水溶解并定容至 500mL，此液含 500mg/L 亚硝酸钠，储备液经适当稀释后得到标准工作溶液。

⑩ 氯化铵-氨水缓冲溶液：pH=10，称取 67.5g 氯化铵溶于 200mL 水中，加 570mL 氨水，用水稀至 1000mL。

三、分析步骤

① 试纸的制备

将 102 定性滤纸剪成 2cm×1cm 的纸条，分别移取 5mL 1.2%对氨基苯磺酸溶液、5mL 0.6%盐酸萘乙二胺溶液、2.5mL 50g/L 酒石酸溶液于 100mL 烧杯中，然后用氯化铵-氨水缓冲溶液调节 pH 至 2.0，将备用试纸条放入烧杯中，并使之分布均匀，浸泡 15min，最后在 40℃真空干燥箱中干燥 30min，将试纸取出密封避光保存。

② 标准比色卡

用胶头滴管吸取 0mg/L、5mg/L、10mg/L、20mg/L、40mg/L、60mg/L、80mg/L $NaNO_2$ 标准溶液滴加在试纸条上，5min 后观察颜色变化，此系列即标准比色卡。

③ 样品测定

将样品粉碎，称取 10g 粉碎试样于 50mL 烧杯中，加入 12.50mL 硼砂饱和溶液，搅拌均匀，用 70℃左右的水将样品洗入 250mL 锥形瓶中，水浴加热 15min，取出冷却至室温，转入 500mL 容量瓶中，然后一边转动一边加入 5.00mL 亚铁氰化钾溶液，摇匀，加入 5.00mL 乙酸锌溶液，定容。静置 30min，过滤，弃去初滤液 25mL，滤液备用。然后用胶头滴管吸取少许样品处理液滴加在试纸条上，5min 后观察试纸条颜色。将此试纸条与标准比色卡比较，读出亚硝酸钠含量。

四、附注

① 本方法为快速检测方法，在对测定结果要求不严格的情况下，采用试纸法可以进行食品中亚硝酸盐含量的快速半定量检测，精确定量应以国标法为准。

Na^+、K^+、Cl^-、SO_4^{2-}、HCO_3^-、CO_3^{2-} 等对实验结果没有影响，

② 若显色后颜色很深且很快褪为黄色，说明样品中亚硝酸盐含量很高，需加大稀释倍数重新试验，否则会得出错误结论。有颜色的液体样品可加入一些活性炭脱色过滤后测定。

③ 采用温度大于 45℃的电热鼓风干燥箱对试纸进行干燥，会出现粉底色，采用真空干燥箱干燥可排除试纸的底色干扰。试纸在空气中 2h 过后开始变色，应密封保存。保存良好的试纸在 30d 内测量结果显色情况基本一致，因此一个月内可保持试纸测量的准确性。

④ 试纸法具有成本低、操作简单、携带方便、检测快速等优点，能够满足半定量和定性分析的要求。

⑤ 部分食品中亚硝酸盐的限量标准见表 6-4。

表 6-4　部分食品中亚硝酸盐的限量标准（以 $NaNO_2$ 计）

品　名	限量标准/(mg/kg)
食盐(精盐)、牛乳粉	≤2
鲜肉类、鲜鱼类、粮食	≤3
蔬菜	≤4
婴儿配方乳粉、鲜蛋类	≤5
香肠(腊肠)、香肚、酱腌菜、广式精肉、火腿	≤20
肉制品、火腿肠、灌肠类	≤30
其他肉类罐头、其他腌制罐头	≤50
西式蒸煮、烟熏火腿及罐头、西式罐头	≤70
矿泉水(以 NO_2^- 计)	≤0.005
瓶装饮用纯净水(以 NO_2^- 计)	≤0.002

五、思考题

① 常用的亚硝酸盐的快速检测试纸是基于什么化学显色反应？

② 快速检测方法的主要优点和局限性是什么？其结果的准确性和精密度与国标法（如分光光度法）相比如何？

③ 快速检测技术最适合在哪些场合使用?

实验七十一　食品中氟的测定——离子选择电极法

一、原理

试样经预处理，使食品中氟以氟离子状态进入溶液，加入总离子强度调节缓冲液，以氟电极为指示电极，在酸度计上测定。在一定浓度下，氟离子选择电极的氟化镧单晶膜对氟离子产生选择性的对数响应，氟电极和饱和甘汞电极在被测试液中，电位差可随溶液中氟离子活度的变化而改变，电位变化规律符合能斯特（Nernst）方程式。

$$E=E^{\ominus}-\frac{2.303RT}{F}\lg c(\mathrm{F^-})$$

式中，E 与 $\lg c(\mathrm{F^-})$ 成线性关系。$2.303RT/F$ 为该直线的斜率（25℃时为 59.16）。

与氟离子形成络合物的 Fe^{3+}、Al^{3+} 及 SiO_2^{2-} 等干扰测定，其他常见离子无影响。测量溶液的酸度 pH5～6，用总离子强度调节缓冲液，消除溶液中总离子强度及酸度的影响。

二、仪器与试剂

① 氟电极。

② 酸度计。

③ 磁力搅拌器。

④ 232 型甘汞电极。

⑤ 3mol/L 乙酸钠溶液：称取 204g 乙酸钠（$CH_3COONa\cdot 3H_2O$），溶于 300mL 水中，加 1mol/L 乙酸调节 pH 值至 7.0，加水稀释至 500mL。

⑥ 柠檬酸钠溶液（0.75mol/L）：称取 110g 柠檬酸钠（$Na_3C_6H_5O_7\cdot 2H_2O$），溶于 300mL 水中，加 14mL 高氯酸，再加水稀释至 500mL。

⑦ 总离子强度调节缓冲液：3mol/L 乙酸钠溶液与 0.75mol/L 柠檬酸钠溶液等量混合，临用时配制。

⑧ 盐酸（1+11）。

⑨ 氟标准溶液：称取 0.2210g 经 95～105℃干燥 4h 的分析纯 NaF，溶于水，移入 1000mL 容量瓶中，稀释至刻度，转移至塑料瓶中保存，此溶液含氟为 0.1mg/mL。

⑩ 氟标准使用液：吸取 10.0mL 氟标准溶液，置于 100mL 容量瓶中，加水稀释至刻度。如此反复稀释至此溶液含氟为 1μg/mL。

本方法所用水均为去离子水，全部试剂贮于聚乙烯塑料瓶中。

三、分析步骤

① 称取 1.00g 粉碎过 40 目筛的样品，置于 50mL 容量瓶中，加 10mL 盐酸（1+11），密闭浸泡提取 1h（不时轻轻摇动），应尽量避免样品粘于瓶壁上。提取后加 25mL 总离子强度调节缓冲液，加水至刻度，混匀，备用。

② 吸取 0mL、1.0mL、2.0mL、5.0mL、10.0mL 氟标准使用液（相当 0μg、1μg、2μg、5μg、10μg 氟），分别置于 50mL 容量瓶中，于各容量瓶中分别加入 25mL 总离子强度调节缓冲液，10mL 盐酸（1+11），加水至刻度，混匀，备用。

③ 将氟电极和甘汞电极与测量仪器的负端与正端相连接。电极插入盛有水的 25mL 塑

料杯中，杯中放有套聚乙烯管的搅拌子，在磁力搅拌器中，读取平衡电位值，更换 2～3 次水后，待电位值平衡后，即可进行样液与标准液的电位测定。

④ 以电极电位为纵坐标，氟离子浓度为横坐标，在半对数坐标纸上绘制标准曲线，根据样品电位值在曲线上求得含量。

四、计算

$$\rho(F)=\frac{A\times V\times 1000}{m\times 1000}$$

式中 $\rho(F)$——样品氟的含量，mg/kg；

A——测定用样液中氟的浓度，μg/mL；

m——样品质量，g；

V——样液总体积，mL。

五、附注

氟与人体健康的关系密切，是参与人体正常代谢的一个微量元素，每天需 3～4.5mg，机体摄入氟不足，则可促进龋齿的形成；摄入适量的氟有利于牙齿的健康。但若长期摄入过量的氟，则对骨骼、肾脏、甲状腺和神经系统造成损害，严重者可形成氟骨症，使人丧失劳动力。一般食品中均含有微量氟，主要富集在动物骨骼及植物叶片中，由于工业“三废”的排放，含氟农药的使用及地质因素，常可使食品受到氟的污染。近年来，由于食品氟含量过高造成的慢性氟中毒症已有报道。因此，制定食品氟的允许限量十分必要。

1980 年美国修订的每人每日氟安全和适宜摄入量为：4～7 岁儿童，1.0～2.5mg；7～11 岁儿童和青少年，1.5～2.5mg；成人，1.5～4.0mg。我国食品中氟允许限量研制协作组根据全国食品氟污染的现状及食品氟本底含量调查以及氟的急性毒性、氟的亚急性毒性的动物试验、局部地区的流行病学调查资料，提出每人每日氟允许摄入量为 3.5mg。

仪器开启后应预热 30min，使用前用去离子水调节电位达到－340mV 以上方可测量。

六、思考题

① 样品在预处理中应注意些什么？

② 氟离子电极使用中会出现哪些问题？应如何处理？

③ 总离子强度调节缓冲液的作用是什么？

④ 哪些离子对氟电极测定有显著干扰？

实验七十二　饮料中维生素 C 的测定——直接碘量法

一、原理

维生素 C(Vc) 中烯二醇具有还原性，能被 I_2 定量氧化成二酮基，用 $Na_2S_2O_3$ 标准溶液滴定过量的 I_2 即可求得 Vc 的含量。

二、仪器与试剂

① I_2 溶液 $\left[c\left(\frac{1}{2}I_2\right)=0.1mol\cdot L^{-1}\right]$：称取 3.3g I_2 和 5g KI，置于研钵中（通风橱中操

作）加少量水研磨，待 I_2 全部溶解后，将溶液转入棕色试剂瓶中，加水稀释至 250mL，充分摇匀，放暗处保存。

② I_2 标准溶液 $\left[c\left(\frac{1}{2}I_2\right)=0.01\text{mol}\cdot\text{L}^{-1}\right]$ 将①所得溶液稀释 10 倍即可。

③ KI 溶液（200g/L）。

④ 淀粉溶液（5g/L）。

⑤ $Na_2S_2O_3$ 标准溶液（$0.01\text{mol}\cdot\text{L}^{-1}$）：称取 2.5g $Na_2S_2O_3\cdot5H_2O$ 于烧杯中，加入 300mL 新煮沸经冷却的蒸馏水，溶解后，加入约 0.1g Na_2CO_3，定容于 1L 容量瓶中（棕色），在暗处放置 3～5 天后标定。

$Na_2S_2O_3$ 标定：准确移取 25mL $K_2Cr_2O_7$ 标准溶液于锥形瓶中，加入 5mL $6\text{mol}\cdot\text{L}^{-1}$ HCl 溶液、5mL $200\text{g}\cdot\text{L}^{-1}$ KI 溶液，摇匀放在暗处 5min，待反应完全后，加 100mL 蒸馏水，用待标的 $Na_2S_2O_3$ 溶液滴定至淡黄色，然后加入 2mL 5g/L 淀粉指示剂，继续滴定至溶液呈现亮绿色为终点，计算 $c_{Na_2S_2O_3}$。

⑥ 乙酸（$2\text{mol}\cdot\text{L}^{-1}$）。

⑦ 盐酸（$6\text{mol}\cdot\text{L}^{-1}$）。

三、分析步骤

① I_2 溶液的标定：吸取 25mL 已标定的 $Na_2S_2O_3$ 标准溶液三份，分别置于 250mL 锥形瓶中，加 50mL 水、2mL 淀粉溶液，用 I_2 溶液滴定至稳定的蓝色，30 秒内不褪色即为终点。

② 饮料中 Vc 含量的测定：取饮料 50mL，加入 10mL $2\text{mol}\cdot\text{L}^{-1}$ 乙酸、2mL 淀粉溶液，立即用 I_2 标准溶液滴定至稳定的蓝色，计算饮料中 Vc 的含量。

四、结果计算

$$\rho(\text{Vc})=\frac{c\times V_1}{V}\times176.12\times10^3$$

式中 $\rho(\text{Vc})$——饮料中维生素 C 的质量浓度，g/L；

c——I_2 标准溶液浓度，$\text{mol}\cdot\text{L}^{-1}$；

V_1——滴定所消耗的 I_2 标准溶液体积，mL；

V——分取饮料体积，mL；

176.12——Vc 的摩尔质量。

五、附注

① 本法对含色素较多的饮料不适宜，因为过多的色素会遮盖或影响碘与淀粉发生的颜色反应。可加一定量白陶土，充分振荡 5min，过滤后再滴定。

② 标准维生素 C 溶液和被检测饮料的 pH 值，必须调到 3 左右，以保持溶液的酸性环境，防止 Vc 被破坏。

③ 滴定前必须将酸式滴定管洗干净，再用碘溶液洗 2 次。

④ 滴定过程中，要保持缓慢滴定，同时要摇动锥形瓶，这样可以防止碘溶液过量，又可以使碘溶液被滴定溶液充分混合。

六、思考题

① 饮料中加入乙酸的作用是什么？

② 配制 I_2 溶液时加入 KI 的目的是什么？

③ 饮料样品若颜色过深或含有其他还原性物质，会如何干扰测定？应如何对样品进行预处理？

④ 直接碘量法测定维生素 C 的优缺点是什么？它适用于测定所有类型的食品吗？

综合实验（一） 食品中多元素的测定——原子吸收光谱法

Ⅰ 钙、铅、铜、锌的测定

一、原理

样品经消化后，导入原子吸收光谱仪中，经火焰原子化后，吸收 Ca 422.7nm、Pb 283.3nm、Cu 324.8nm、Zn 213.8nm 共振线，其吸收量与含量成正比，与标准系列比较定量。

二、仪器与试剂

① 原子吸收光谱仪。

② 捣碎机。

③ 马弗炉。

④ 盐酸。

⑤ 硝酸。

⑥ 高氯酸。

⑦ 硝酸溶液（0.5mol/L）：量取 45mL HNO_3，加去离子水稀至 1000mL。

⑧ 混合酸消化液：HNO_3-$HClO_4$（4+1）。

⑨ 氧化镧溶液（25g/L）：称取 25g 氧化镧（纯度＞99.99%），加 75mL 盐酸于 1000mL 容量瓶中，用去离子水定容。

⑩ 标准溶液：精确称取高纯度：a. 碳酸钙 2.4972g、氧化镧 25g，加水 100mL，加盐酸溶解。b. 金属铜（99.99%）1.000g，金属铅（99.99%）1.000g。分次加少量硝酸（1+1），加热溶解，总量不超过 40mL。c. 金属锌（99.99%）1.000g，加 10mL 盐酸，在水浴上蒸发至近干。

将上述四种标准物质移入 1000mL 容量瓶中，以水稀至刻度。贮于聚乙烯瓶中，此溶液含 Ca、Pb、Cu、Zn 各为 1.0mg/mL。

⑪ 标准使用液：取标准贮备液 10mL 于 100mL 容量瓶中，用 0.5mol/L HNO_3 定容，此溶液含 Ca、Pb、Cu、Zn 各为 100μg/mL。

三、分析步骤

1. 样品处理

① 谷类：去除其中杂物及尘土，必要时除去外壳，碾碎，过 40 目筛，混匀。称取 5.00～10.00g，置于 50mL 瓷坩埚中，小火炭化至无烟，然后移入马弗炉中，(500±25)℃以下灰化约 8h 后，取出坩埚，放冷后再加少量混合酸，小火加热，不使干涸，必要时再加少许混合酸，如此反复处理，直至残渣中无炭粒，待坩埚稍冷后，加 10mL 1mol/L 盐酸，溶解残渣并移入 50mL 容量瓶中，再用 1mol/L 盐酸反复洗涤坩埚，洗液并入容量瓶中，并

稀释至刻度，混匀备用。

取与处理样品相同量的混合酸和 1mol/L 盐酸按同一操作方法做试剂空白试验。

② 禽、蛋、水产及乳制品：取可食部分充分混匀。称取 5.00～10.00g，置于瓷坩埚中，小火炭化以下按谷类样品自“然后移入马弗炉中”起，依法操作。

乳类样品经混匀后，量取 50mL，置于瓷坩埚中，加 1mL 磷酸（1＋10），在水浴上蒸干，再小火炭化，以下按谷类样品自“然后移入马弗炉中”起，依法操作。

2. 测定

吸取 0.0mL、0.10mL、0.20mL、0.40mL、0.80mL 标准使用液，分别置于 50mL 容量瓶中，以 1mol/L 盐酸稀释至刻度，混匀（各容量瓶含 Ca、Pb、Cu、Zn 分别为 0μg、0.2μg、0.4μg、0.8μg、1.6μg）。

其他实验条件：仪器狭缝、空气及乙炔的流量、灯头高度、元素灯电流等均按使用说明书调至最佳状态。

将消化好的样液、试剂空白液和各元素的标准系列分别导入火焰中进行测定，绘制好工作曲线，比较定量。

四、结果计算

① 标准曲线法：以各浓度系列标准溶液与对应的吸光度绘制标准曲线。

测定用样品液及试剂空白液标准曲线查出浓度值（c 及 c_0），再按下式计算。

$$X=\frac{(c-c_0)\times V\times f\times 100}{m\times 1000}$$

式中 X——样品中元素的含量，mg/100g；

c——测定用样品中元素的浓度（由标准曲线查出），μg/mL；

c_0——试剂空白液中元素的浓度（由标准曲线查出），μg/mL；

V——样品定容体积，mL；

f——稀释倍数；

m——样品质量，g；

$\frac{100}{1000}$——折算成每百克样品中元素的质量，以 mg 计。

② 回归方程法：由各元素标准稀释液浓度与对应的吸光度计算出回归方程（也可以输入计算器得出回归方程），计算见下式

$$c=ay+b$$

式中 c——测定用样品中元素的浓度（可由计算器直接得出），μg/mL；

a——曲线斜率；

y——元素的吸光度；

b——曲线的截距。

由回归方程或计算器得出测定样液及试剂空白液的浓度后，再由下式计算。

$$X=\frac{(c-c_0)\times V\times f\times 100}{m\times 1000}$$

式中，各符号的含义同曲线法说明。

五、附注

① 微量元素分析的样品制备过程中应特别注意防止各种污染。所用设备如电磨、绞肉机、匀浆器、打碎机等必须是不锈钢制品。所用容器必须使用玻璃或聚乙烯制品，做钙测定的样品不得用石磨研碎。湿样（如蔬菜、水果、鲜鱼、鲜肉等）用水冲洗干净后，要用去离子水充分洗净。

② 铜原子在层流火焰中分布较广，因而燃烧铜的位置不如其他元素重要。

③ 一般食品中铜含量较高，所以灰化后制成溶液可以进行直接喷雾原子吸收测定，但铜含量低，共存元素干扰大的食品则可采用吡咯烷二硫代氨基甲酸铵络合，再用甲基异丁酮萃取浓缩，进行测定。

④ 样品中有大量钾盐和钠盐时，会由于分子吸收而产生正误差，用有机溶剂萃取后可得到正确结果。

⑤ 一般食品通过样品处理后的试样水溶液直接喷雾原子进行原子吸收测定即可得出准确的结果，但是当食盐、碱金属、碱土金属以及磷酸盐大量存在时。需用溶剂萃取法将锌提取出来，排除共存盐类的影响，对锌较低的样品如蔬菜、水果等，也可采用萃取法将锌浓缩，以提高测定灵敏度。

六、思考题

① 为获得最佳的分析性能，需要优化仪器参数，为每个待测元素选择最合适的分析线的依据是什么？

② 食品基体对测定有显著影响，在分析一批未知样品时，哪些质量控制措施可以用来确保数据的可靠性？

Ⅱ 铁、镁、锰的测定

一、原理

样品经湿法消化后，导入原子吸收光谱仪中，经火焰原子化后，铁、镁、锰分别吸收248.3nm、285.2nm、279.5nm的共振线，其吸光度与它们的含量成正比，与标准系列比较定量。

二、仪器与试剂

① 原子吸收光谱仪。

② 盐酸。

③ 硝酸。

④ 高氯酸。

⑤ 混合酸消化液：硝酸-高氯酸（4+1）。

⑥ 硝酸溶液（0.5mol/L）：量取45mL硝酸，加去离子水稀释至1000mL。

⑦ 铁、镁、锰标准溶液：精确称取金属铁、金属镁、金属锰（纯度大于99.99%）各1.0000g，或含1.0000g纯金属相对应的氧化物。分别加硝酸溶解，移入三支1000mL容量瓶中，加0.5mol/L硝酸溶液并稀释至刻度。贮存于聚乙烯瓶内，4℃保存。此三种溶液含Fe、Mg、Mn各为1mg/mL。

⑧ 铁、镁、锰标准使用液的配制见表6-5。

表 6-5 标准使用液的配制

元　素	标准溶液浓度/(μg/mL)	吸取标准溶液的体积/mL	稀释体积(容量瓶)/mL	标准使用液浓度/(μg/mL)	稀释溶液
铁	1000	10.0	100	100	0.5mol/L 硝酸溶液
镁	1000	5.0	100	50	
锰	1000	10.0	100	100	

铁、镁、锰标准使用液配制后，贮存于聚乙烯瓶内，4℃保存。

所用玻璃仪器均以铬酸洗液浸泡数小时，再用洗衣粉充分洗刷，后用水反复冲洗，最后用去离子水冲洗晒干或烘干，方可使用。

要求使用去离子水，优级纯试剂。

三、操作步骤

1. 样品处理

湿样（如蔬菜、水果、鲜鱼、鲜肉等）用水冲洗干净后，要用去离子水充分洗净。干粉类样品（如面粉、奶粉等）取样后立即装容器密封保存，防止空气中的灰尘和水分污染。

2. 样品消化

精确称取均匀样品干样 0.5～1.5g（湿样 2.0～4.0g，饮料等液体样品 5.0～10.0g）于 250mL 高形烧杯中，加混合酸消化液 20～30mL，上盖表面皿。置于电热板或电砂浴上加热消化。如未消化好而酸液过少时，再补加几毫升混合酸消化液，继续加热消化，直至无色透明为止。加几毫升去离子水，加热以除去多余的硝酸。待烧杯中的液体接近 2～3mL 时，取下冷却。用去离子水洗并转移至 10mL 容量瓶中，加去离子水至刻度（测钙时用 20g/L 氧化镧溶液稀释定容）。

取与消化样品相同量的混合酸消化液，按上述操作做试剂空白试验。

3. 测定

将铁、镁、锰标准使用液分别配制不同浓度系列的标准稀释液方法见表 6-6，测定操作参数见表 6-7。

表 6-6 不同浓度系列标准稀释液的配制方法

元　素	使用液浓度/(μg/mL)	吸取使用液的体积/mL	稀释体积(容量瓶)/mL	标准系列浓度/(μg/mL)	稀释溶液
铁	100	0.5	100	0.5	0.5mol/L 硝酸溶液
		1		1.0	
		2		2.0	
		3		3.0	
		4		4.0	
镁	50	0.5	500	0.05	
		1		0.1	
		2		0.2	
		3		0.3	
		4		0.4	
锰	100	0.5	200	0.25	
		1		0.5	
		2		1.0	
		3		1.5	
		4		2.0	

表 6-7 测定操作参数

元 素	波长/nm	光 源	火 焰	标准系列浓度范围/(μg/mL)	稀释溶液
铁	248.3	紫外	空气-乙炔	0.5～4.0	0.5mol/L 硝酸溶液
镁	285.2	紫外		0.05～0.4	
锰	279.5	紫外		0.25～2.0	

其他实验条件：仪器狭缝、空气及乙炔的流量、灯头高度、元素灯电流等均按使用的仪器说明书调至最佳状态。

将消化好的样液、试剂空白液和各元素的标准浓度系列分别导入火焰中进行测定。

四、结果计算

① 标准曲线法：以各浓度系列标准溶液与对应的吸光度绘制标准曲线。

测定用样品液及试剂空白液由标准曲线查出浓度值（c 及 c_0），再按下式计算。

$$X=\frac{(c-c_0)\times V\times f\times 100}{m\times 1000}$$

式中 X——样品中元素的含量，mg/100g；

c——测定用样品中元素的浓度（由标准曲线查出），μg/mL；

c_0——试剂空白液中元素的浓度（由标准曲线查出），μg/mL；

V——样品定容体积，mL；

f——稀释倍数；

m——样品质量，g；

$\frac{100}{1000}$——折算成每百克样品中元素的含量，以 mg 计。

② 回归方程法，同铝、铅、铜、锌的测定。

五、附注

① 本方法同实验室平行测定或连续两次测定结果的重现性，铁、镁、锰均小于 10%。最低检测限分别为：铁 0.2μg/mL，镁 0.05μg/mL，锰 0.1μg/mL。

② 由于微量元素在自然界的普遍性，样品在分析制备过程中都有可能污染微量元素。因此应特别注意防止各种污染。所用设备如电磨、绞肉机、匀浆器、打碎机等必须是不锈钢制品，所用容器必须使用玻璃或聚乙烯制品。

六、思考题

① 为什么铁、镁、锰的标准储备液和样品消解液通常需要溶解在少量的稀硝酸中，而不是蒸馏水中?

② 铁、镁、锰在空气-乙炔火焰中测定时，会受到某些化学干扰。其中，镁 特别容易受到哪种主要化学干扰？说出两种在测定镁时用以克服或消除这种干扰的有效方法。

Ⅲ 钾、钠的测定

一、原理

样品处理后，导入火焰光度计中，经火焰原子化后，分别测定钾、钠的发射强度。钾发射波长 766.5nm，钠发射波长 589nm。其发射强度与它们的含量成正比，与标准系列比较定量。

二、仪器与试剂

① 火焰光度计。

② 硝酸。

③ 高氯酸。

④ 混合酸消化液：硝酸-高氯酸（4+1）。

⑤ 钠及钾标准溶液：将氯化钾及氯化钠（纯度大于 99.99%）于烘箱中 110～120℃ 干燥 2h。精确称取 1.9068g 氯化钾及 2.5421g 氯化钠，分别溶于去离子水中，并移入 1000mL 容量瓶中，稀释至刻度，贮存于聚乙烯瓶中，4℃保存。此溶液每毫升相当于 1mg 钾或钠。

⑥ 钾标准使用液：吸取 5.0mL 钾标准溶液于 100mL 容量瓶中，用去离子水稀释至刻度，贮存于聚乙烯瓶中，4℃保存。此溶液含钾为 50μg/mL。

⑦ 钠标准使用液：吸取 10.0mL 钠标准溶液于 100mL 容量瓶中，用去离子水稀释至刻度。贮存于聚乙烯瓶中，4℃保存。此溶液含钠为 100μg/mL。

实验中所用玻璃仪器均以铬酸洗液浸泡数小时，再用洗衣粉充分洗刷后，用水反复冲洗，最后用去离子水冲洗晾干或烘干，方可使用。要求使用去离子水，优级纯试剂。

三、分析步骤

1. 样品处理

精确称取均匀样品干样 0.5～1g，湿样 1～2g，饮料等液体样品 3～5g，于 250mL 高形烧杯中，加 20～30mL 混合酸消化液，上盖表面皿。置于电热板或电砂浴上加热消化。如消化不完全，再补加几毫升混合酸消化液，继续加热消化，直至呈无色透明为止。加几毫升去离子水，加热以除去多余的硝酸。待烧杯中的液体接近 2～3mL 时，取下冷却。用去离子水洗并转移到 10mL 容量瓶中，定容（也可用测钙、铁、锰的消化好的样液进行钾和钠的测定）。

取与消化样品相同量的混合酸消化液，按上述操作做试剂空白测定。

2. 测定

① 钾的测定：吸取 0.0mL、0.5mL、1.0mL、1.5mL、2.0mL、2.5mL 钾标准使用液，分别置于 250mL 容量瓶中，用去离子水稀释至刻度，混匀（容量瓶中溶液分别含 0.0μg、0.1μg、0.2μg、0.3μg、0.4μg、0.5μg 钾）。将消化样液、试剂空白液、钾标准稀释液分别导入火焰，测定发射强度。测定条件为波长 766.5nm，或用钾滤光片。空气压力 0.4×10^5Pa，燃气（煤气或丁烷气）的调整以火焰中不出现黄火焰为准。以钾含量对应浓度的发射强度绘制标准曲线，其线性相关系数为 0.9998。

② 钠的测定：吸取 0.0mL、1.0mL、2.0mL、3.0mL、4.0mL 钠标准使用液，分别置于 100mL 容量瓶中，用去离子水稀释至刻度（容量瓶中溶液分别含 0.0μg、1.0μg、2.0μg、3.0μg、4.0μg 钠）。

将消化样液、试剂空白液、钠标准稀释液分别导入火焰，测定其发射强度。测定条件为波长 589nm 或用钠滤光片，空气压力 0.4×10^5Pa，燃气（煤气或丁烷气）的调整以火焰中不出现黄火焰为准。以钠含量对应浓度的发射强度绘制标准曲线，其线性相关系数为 0.9997。

四、结果计算

同钙、铅、铜、锌测定（Ⅰ）。

五、附注

① 本方法最低检测限：钾为 0.05μg，钠为 0.3μg。

② 同实验室平行测定或连续两次测定结果的重复性：钾小于 7%，钠小于 9%。钾的回收率为 101%～105%，钠的回收率为 95%～103%。

六、思考题

① 钾和钠是极易电离的元素，在高温火焰中会发生明显的电离现象，解释什么是“电离干扰”，它会对钾、钠的测定结果产生什么影响？

② 食品中钾和钠的含量通常很高，在样品消解并定容后，直接测定往往会导致吸光度值超出标准曲线的线性范围，或者使检测器信号饱和，此时应如何处理？

综合实验（二） 食品中氟虫腈及其代谢产物测定——气相色谱-三重四极杆质谱法

一、原理

待测物质经汽化后以分子状态进入质谱仪，经过电子轰击后，成为各种不同质荷比的碎片离子并进入四极杆，在四极杆中的电场作用下离子进行振荡，改变前进方向。带电的碎片离子到达接收端的时间不同，质荷比太小或太大的碎片离子方向变换会过快或过慢，从而碰触极杆失去电荷不能到达检测器，特定质荷比的离子按质荷比由小到大的顺序先后到达检测器而被检测。

二、仪器与试剂

① 实验室用水均为超纯水。

② 氟虫腈标准品：纯度 98.76%。

③ 氟甲腈、氟虫腈砜、氟虫腈亚砜标准储备溶液：均为 100μg/mL。

④ 乙腈。

⑤ 样品标准溶液：准确称取适量氟虫腈标准品，移取氟甲腈、氟虫腈砜、氟虫腈亚砜标准溶液，用乙腈溶解得到 4μg/mL 标准溶液，避光于 4℃下保存，使用前稀释。

⑥ 氯化钠。

⑦ 有机滤膜：孔径 0.22μm。

⑧ 净化剂：硅胶（C_{18}）、*N*-丙基乙二胺（PSA）、石墨化炭黑（GCB）。

⑨ 7890B-7000C 气相色谱-三重四极杆质谱仪（美国安捷伦公司）。

⑩ XS205 十万分之一天平（美国梅特勒公司）。

⑪ TDL-5 离心机（上海安亭科学仪器厂）。

三、分析步骤

① 混合标准系列溶液的配制

准确移取适量4μg/mL的氟虫腈、氟甲腈、氟虫腈砜、氟虫腈亚砜标准溶液到10mL离心试管中，用乙腈定容，配制各待测物浓度为0.005μg/mL、0.020μg/mL、0.040μg/mL、0.100μg/mL、0.200μg/mL、0.400μg/mL的混合标准系列溶液，用于标准曲线的测定。

② 样品处理

称取2g样品于15mL离心试管中，加5mL超纯水、5mL乙腈，涡旋提取2min，加入1g氯化钠，涡旋振荡2min，5000r/min离心2min。迅速移取2mL乙腈层溶液，加入到装有150mgC_{18}、50mg PSA和150mg GCB净化剂、100mg无水硫酸镁的15mL离心试管中，涡旋2min，5000r/min离心5min，过0.22μm有机滤膜，待测。

③ 气相色谱条件

色谱柱HP-5MS UI（30m×250μm×0.25μm）；进样口温度250℃，不分流进样，载气为氦气，1mL/min。程序升温：初始温度90℃，保持1min，以15℃/min速率升至180℃，再以5℃/min速率升至230℃。

④ 质谱条件

EI源70eV；离子源温度230℃；四极杆温度150℃；传输线温度280℃；采集方式，多反应检测（MRM）模式；溶剂延迟6min；驻留时间200ms。四种农药残留物质谱条件见表6-8。

表6-8　氟虫腈等四种残留物质谱分析条件

名称	保留时间/min	母离子(m/z)	子离子(m/z)	碰撞能量/V
氟虫腈	13.39	366.9	365.6①,331.6	35,15
氟甲腈	11.17	387.9	386.6①,332.8	35,25
氟虫腈砜	15.25	383.0	381.7①,334.9	35,35
氟虫腈亚砜	13.17	351.1	349.3①,254.8	45,35

①为定量离子。

⑤ 测定

在仪器最佳参数条件下，设定好分析方法，点击运行序列，对混合标准系列进行测定，测定完毕后从获得的数据文件中得到标准曲线。在同一条件下测定样品溶液中氟虫腈、氟甲腈、氟虫腈砜、氟虫腈亚砜的含量。

四、附注

① 该法测定上述4种物质的回收率在70.71%～110.88%范围内，相对标准偏差3.7%～7.5%。与传统方法相比，本方法有机试剂消耗少、速度快。

② 方法检出限为1.0～2.5μg/kg，能满足食品中氟虫腈及其代谢产物的检测要求。

五、思考题

① 如何根据质谱峰定性判断待测物？

② 本实验的主要误差来源是什么？

③ 简述气相色谱-三重四极杆质谱法的分析流程和原理。

④ 与单四极杆质谱相比，三重四极杆质谱 在复杂食品基质分析中的优势是什么？

设计性实验　食品中有效成分和有害成分分析

一、实验目的

1. 培养学生在食品分析中解决实际问题的能力，并通过实践加深对理论课程的理解。

2. 培养学生阅读文献资料的能力，提高设计水平、操作水平及完成实验报告的能力。

二、基本内容和要求

1. 由学生自己选择食品，如火腿肠、罐头、水果、饮料等，分析其有效成分和有害成分。

2. 在参考资料的基础上，拟定方案，经教师批阅后，写出详细的实验报告。

3. 由教师指定或学生自选一种化工产品，分析其中的主要成分和杂质成分。

4. 在参考资料的基础上，拟定初步方案，经教师批阅后写出详细的实验内容包括：

① 题目；

② 方法概述；

③ 仪器及试剂品种、数量和配制方法；

④ 实验内容及分析步骤（标定、测定等）。

5. 按拟订方案进行实验，并写出实验报告。实验报告内容包括：题目、方法提要、实验结果的相关数据及计算公式与计算结果、对实验结果及所选方案的评价与讨论。

三、思考题

① 请选择一种具体食品（如婴幼儿奶粉、果蔬汁、熟肉制品或食用油），列出两种需要监控的关键有效成分和两种需要严格限制的潜在有害成分。

② 针对选定的有效成分和有害成分，它们通常在含量、存在形式和食品基质复杂性上存在巨大差异，你选择每种方法的依据是什么？

③ 食品基质极为复杂，请分析在你的测定过程中，主要可能遇到哪些干扰？这些干扰物会如何影响你的测定结果？

● 综合探究

某食品公司推出一款新的营养保健食品，宣称富含多种维生素和矿物质。为了验证其营养成分的含量是否符合标签声明，某检测机构采用常规的营养成分分析方法对产品进行检测。然而，初步检测结果表明，部分营养成分的含量与标签声明存在显著差异，这引起了消费者的关注和监管部门的调查。在进一步的分析中，检测机构发现，可能由于样品前处理不当、分析方法选择不当或仪器条件未优化等问题，导致检测结果有偏差。因此，需要对整个分析流程进行深入审查，找出导致结果偏差的原因，并提出改进措施。请根据食品中营养成分分析的基本原理和操作流程，分析可能导致检测结果偏差的原因，并提出相应的解决方案。

扫码见参考答案

参考文献

[1] 本钢板材股份有限公司检化验中心.钢铁质量检验技术.北京:冶金工业出版社,2021.

[2] 董清华,刘亚莉.金属材料化学分析.北京:机械工业出版社,2021.

[3] 分析化学手册编委会.分析化学手册.3版.北京:化学工业出版社,2016.

[4] 黄一石,吴朝华.化验员必读·仪器分析入门、提高、拓展.北京:化学工业出版社,2018.

[5] 姜玉梅,肖洁.化工产品检测技术.北京:化学工业出版社,2025.

[6] 李若愚.水质分析实验.北京:中国石化出版社,2021.

[7] 刘杰.食品分析实验.北京:化学工业出版社,2019.

[8] 聂立水,王登芝.土壤分析.北京:中国林业出版社,2019.

[9] 聂英斌.化工产品检验技术.3版.北京:化学工业出版社,2023.

[10] 盛晓东.工业分析技术.2版.北京:化学工业出版社,2020.

[11] 孙丽平.食品分析.北京:科学出版社,2024.

[12] 田宏哲,李修伟,秦培文.仪器分析实验教程.北京:化学工业出版社,2024.

[13] 王建梅,曾莉.化验员实用操作指南.北京:化学工业出版社,2020.

[14] 王世平.现代仪器分析原理与技术.北京:科学出版社,2021.

[15] 王永华,戚穗坚.食品分析.3版.北京:中国轻工业出版社,2017.

[16] 奚旦立.环境监测.5版.北京:高等教育出版社,2019.

[17] 于世林,杜振霞.化验员读本.5版下册:仪器分析.北京:化学工业出版社,2017.

[18] 张冬梅,王长基,钟起志.岩石矿物分析.北京:化学工业出版社,2022.

[19] 张燮,罗明标.工业分析化学.3版.北京:化学工业出版社,2018.

[20] 周心如,杨俊佼,柯以侃.化验员读本.5版上册:化学分析.北京:化学工业出版社,2017.